从入门到精通，全面解答挑选、施工、保养、搭配问题

选好建材一看就懂

装潢建材详解

漂亮家居编辑部 著

江西美术出版社
全国百佳出版单位

图书在版编目（CIP）数据

装潢建材详解 / 漂亮家居编辑部著. -- 南昌 : 江西美术出版社, 2019.12
ISBN 978-7-5480-6923-2

Ⅰ.①装… Ⅱ.①漂… Ⅲ.①建筑材料－装饰材料 Ⅳ.①TU56

中国版本图书馆CIP数据核字(2019)第054210号

《装潢建材全能百科王【畅销典藏增订版】》
漂亮家居编辑部　著
中文简体字版©2019年由北京迪赛纳图书有限公司出版发行

出 品 人：周建森
责任编辑：李　佳
责任印制：汪剑菁
策　　划：迪赛纳图书
设　　计：袁家宁 刘　杨

装潢建材详解 ZHUANGHUANG JIANCAI XIANGJIE

漂亮家居编辑部 著

出　　版：江西美术出版社
地　　址：南昌市子安路66号
电子邮箱：jxms@163.com（网址：www.jxfinearts.com）
电　　话：0791-86566241
邮　　编：330025
经　　销：全国新华书店
印　　刷：广东省博罗县园洲勤达印务有限公司
开　　本：787mm × 1092mm 1/16
印　　张：22.5
版　　次：2019年12月第1版
印　　次：2019年12月第1次印刷
ISBN 978-7-5480-6923-2
定　　价：118.00元

从入门到精通，全面解答挑选、施工、保养、搭配问题

选好建材一看就懂

装潢建材详解

CONTENTS

第 8 章 涂料

第 9 章 壁纸

第 10 章 玻璃

第 11 章 收边保养材

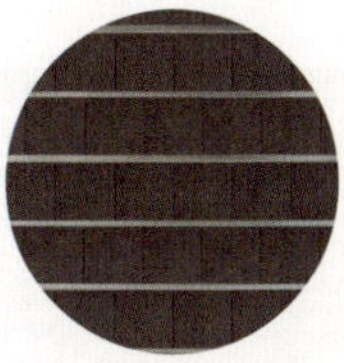

Plus　趋势新建材

附录

编辑手记

住好宅，从挑对建材开始

每个人一生都在寻找一个好宅，而想达到好宅的标准，不外乎是要满足居住者的生活需求、营造舒适的居住空间、规划完善的使用动线等。

要达到这些条件，最终都要回归到“挑到对的建材”。你知道有多少人因为不了解建材，被不好的装修施工队偷偷将硅酸钙板换成更便宜的氧化镁板，使得装潢没多久天花板就开始漏水，又得花大钱重新整修。你知道有多少人因为不了解建材，而听信设计师的说法，选用看起来美观又具有质感的地砖，却难以保养，不符合居住者的使用习惯，没过几年又得打掉重铺。所以用错建材，不但在事后增生了许多困扰，还必须经历漫长修复的过程以及金钱的损失。

因此，该如何挑得安心、用得方便，认识建材特性就成了一件很重要的事！

为了帮助刚开始接触建材的读者能够快速了解全面性的建材，本书以建材元素为分类标准，介绍石材、砖材、木素材、金属、水泥、板材、塑料材、玻璃、涂料、壁纸、厨房设备、卫浴设备、门窗、窗帘、照明设备、趋势新建材等 18 类 280 种居家常用的基础建材。

同时，在内容编排上依照装修的流程，依序介绍建材的特性、种类、挑选法则、施工及监工验收方式、保养秘诀。让你不论在开工前、装修中、完工后都能有效运用。而条例式的说明方法，在阅读上更清楚易懂。

另外，在每个篇章的一开始就针对同一种类不同材质的建材进行优缺点和价格的评比。为了方便读者快速搜寻建材资讯，每种建材都详列其适用风格及空间、产地来源、计价方式等。

从设计师的专业角度出发，从建材外观、性价比和好清洁保养程度三大面向分析，选出心目中的理想素材。

再通过案例，归纳解析设计师常用的建材的选搭法则，不论是自己装潢或是请设计师设计，都能作为参考范例使用，最后附录建材采购资讯和掌握退换货流程的基本技巧，供读者参考。

责任编辑

蔡竺玲

本书材料价格是在中国台湾市场采集的价格，仅供读者参考。

使用说明

本书针对装修前后想了解建材知识的读者提供全面性的知识概要，整理出常见建材的特性和种类、施工监工方法，并由室内设计师推荐具有优质性价比的建材，找出建材的选搭规则和逻辑，解决在装修上关于建材的疑难杂症。

章节

本书共分17个章节，依照建材特性分成石材、砖材、木素材、金属、水泥、板材等。另外再附加提供趋势新建材的章节，列出完整的建材资讯。

设计师推荐私房素材

以室内设计师的专业角度，从建材外观、性价比和好清洁保养程度三大面向，选出心目中的理想素材，供读者参考。

建材比一比

同一种类不同产品的建材评比，依照材质特性、优缺点和价格带列出表格，概略了解建材基础资讯。

设计数据

丁荷芬 · 采荷设计

将各国多元的文化融合中国台湾的人文特质，让空间看似国外居家，却结合了中国台湾本土的生活。不局限单一风格，将房主特质、生活习惯和喜好，融入设计规划中。

www.colorlotus-design.com

王思文 · 摩登雅舍室内装修

结合实用功能与人文美学，规划充满温馨情境及丰富柔美的空间氛围，并从房主个人特质及个性出发，营造专属的居家风格。

www.modern888.com

30 秒认识建材

列出适用空间、风格、计价方式、产地来源、价格带和优缺点，方便读者快速浏览。

建材须知

针对装修流程中，所有必须知道的建材知识，详细列出材质特性、种类、挑选方法以及施工验收方式，提供全面性的建材分析。

种类有哪些

这样施工才没问题

这样挑就对了

监工验收就要这样做

New

收录新增章节或建材品项。

装潢建材详解

特殊用途涂料

涂鸦记事超实用

30 秒认识建材

选这个真的没问题吗

1 黑板漆的种类有哪些？要怎么选才对呢？ 解答见 P.191

2 黑板漆只有绿色的看起来好单调，有没有其他选择呢？ 解答见 P.190

3 可以自己涂刷黑板漆吗？要怎么施工才不会出错呢？ 解答见 P.191

种类有哪些

这样挑就对了

这样施工才没问题

监工验收就要这样做

这样保养才用得久

达人单品推荐

1 水性白板漆

2 水性磁性漆

3 Flügger Dekso5 水性多彩黑板漆 - 纯白色

选这个真的没问题吗

搜罗装修过程中最容易遇到的问题，并列出解决方法的所在页码以便于搜寻。

王俊宏 · 森境 & 王俊宏室内设计

居家规划应回归居住者的真正需求及使用习惯，使其住得舒适自在。因此材质的选择与应用，相对就非常重要，因为那是影响空间风格与视觉效果的最重要元素。

www.wch-interior.com/newwch.html

邱柏洲 · 朵卡室内设计

对于生活美学充满热情，室内设计作品往往看似冲突、却又完美融合，让人讶异却又有“原来如此”的惊喜。

www.dolkar.com

洪韡华 · 权释国际设计

“豪宅不等于好宅”，而好宅的元素，在于如何在简洁的空间线条中通过材质的掌控，表现出空间的质感及氛围，从简单中找寻最耐人寻味的生活场景。

www.allness.com.tw

达人单品推荐

罗列至少 2 种产品资讯，提供建材产品的市场脉动。

搭配加分秘技

从案例分析，归纳出 1~3 个设计师常用的私房搭配秘技，提供建材运用的灵感。

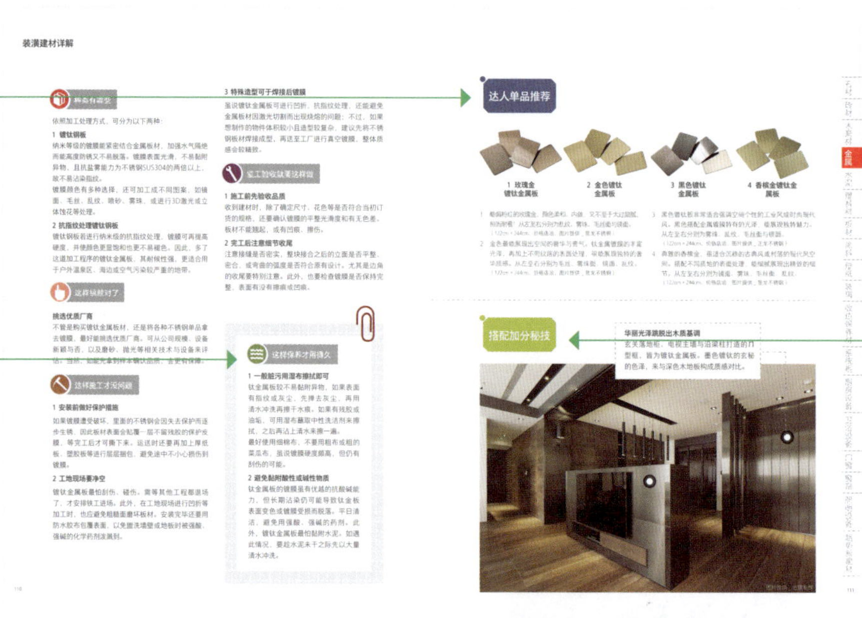

装潢建材详解

依照加工处理方式，可分为以下两种：

1 镀钛钢板

纳米等级的镀膜能紧密结合金属板材，加强水气隔绝而能高度防锈又不易脱落。镀膜表面光滑，不易黏附异物，且抗盐雾能力为不锈钢SUS304的两倍以上，故不易沾染指纹。

镀膜颜色有多种选择，还可加工成不同图案，如镜面、毛丝、乱纹、喷砂、雾珠，或进行3D激光或立体蚀花等处理。

2 抗指纹处理镀钛钢板

镀钛钢板若进行纳米级的抗指纹处理，镀膜可再提高硬度，并使颜色更显饱和也更不易褪色。因此，多了这道加工程序的镀钛金属板，其耐候性强，更适合用于户外温泉区、海边或空气污染较严重的地带。

3 特殊造型可于焊接后镀膜

虽说镀钛金属板可进行凹折、抗指纹处理，还能避免金属板材因激光切割而出现烧熔的问题；不过，如果想制作的物件体积较小且造型较复杂，建议先将不锈钢板材焊接成型，再送至工厂进行真空镀膜，整体质感会较精致。

挑选优质厂商

不管是购买镀钛金属板材，还是将各种不锈钢单品拿去镀膜，最好能挑选优质厂商。可从公司规模、设备新颖与否，以及磨砂、抛光等相关技术与设备来评估。当然，如能先拿到样本确认品质，会更有保障。

1 安装前做好保护措施

如果镀膜遭受破坏，里面的不锈钢会因失去保护而逐步生锈，因此板材表面会黏覆一层不留残胶的保护皮膜，等完工后才可撕下来。运送时还要再加上厚纸板、塑胶板等进行层层捆包，避免途中不小心损伤到镀膜。

2 工地现场要净空

镀钛金属板最怕刮伤、碰伤。需等其他工程都退场了，才安排铁工进场。此外，在工地现场进行凹折等加工时，也应避免粗糙面磨坏板材。安装完毕还要用防水胶布包覆表面，以免磨洗墙壁或地板时被强酸、强碱的化学药剂泼溅到。

1 施工前先验收品质

收到建材时，除了确定尺寸、花色等是否符合当初订货的规格，还要确认镀膜的平整光滑度和有无色差。板材不能翘起，或有凹痕、擦伤。

2 完工后注意细节收尾

注意接缝是否密实，整块接合之后的立面是否平整、密合，或弯曲的弧度是否符合原有设计。尤其是边角的收尾要特别注意。此外，也要检查镀膜是否保持完整、表面有没有擦痕或凹痕。

这样保养才用得久

1 一般脏污用湿布擦拭即可

钛金属板较不易黏附异物，如果表面有指纹或灰尘，先掸去灰尘，再用清水冲洗再擦干水痕。如果有残胶或油垢，可用湿布蘸取中性洗洁剂来擦拭，之后再沾上清水来擦一遍。

最好使用细棉布，不要用粗布或粗的菜瓜布，虽说镀膜硬度颇高，但仍有刮伤的可能。

2 避免黏附酸性或碱性物质

钛金属板的镀膜虽有优越的抗酸碱能力，但长期沾染仍可能导致钛金板表面变色或镀膜受损而脱落。平日清洁，避免用强酸、强碱的药剂。此外，镀钛金属板最怕黏附水泥，如遇此情况，要趁水泥未干之际先以大量清水冲洗。

达人单品推荐

1 玫瑰金镀钛金属板

2 金色镀钛金属板

3 黑色镀钛金属板

4 香槟金镀钛金属板

搭配加分秘技

华丽光泽跳脱出木质基调

玄关落地柜、电视主墙与沿梁柱打造的\Pi型框，皆为镀钛金属板。墨色镀钛的玄秘的色泽，来与深色木地板构成质感对比。

这样保养才用得久

针对各项建材，列出说明事后清理保养的技巧，延长建材的使用年限。

设计数据

唐忠汉 · 近境制作

坚持“好的、对的就应当坚持”的信念，设计作品自然、清新，空间中一种隐藏着的轴线关系，创造出和谐的比例。

www.da-interior.com

张德良、殷崇渊 · 演拓空间室内设计

主张“无风格”设计，空间风格应决定于空间使用者，设计师的责任在于打造抚慰人心的居家空间，依空间使用者的需求量身定做无负担空间。

www.interplay.com.tw

趋势新建材品项

针对石材、砖材、板材、涂料、玻璃、卫浴设备等，介绍近五年的新兴和趋势流行建材，给读者提供最新的资讯。

装潢建材详解

灯具
聚焦视觉点缀空间

30秒认识建材

适用空间	客厅、餐厅、卧室
适用风格	各种风格适用
计价方式	以盏或组计价
价格带	RMB 22~1567元以上
产地来源	中国、日本
优点	装饰性强、易于营造空间氛围
缺点	进口灯饰造价较高

选这个真的没问题吗

1 购买吊灯时，吊灯长度要估计多少，才不会因为太长而有压迫感？ 解答见P 335

2 家里的坪数已经很小了，如果用立灯会不会很占空间而且妨碍动线？ 解答见P 335

灯具的选择多元、风格各异，可营造出空间氛围。从古至今，不少艺术大师设计许多极具风格的经典灯具。照明对人们而言不再是唯一功能，灯具成为空间中不可或缺的艺术装置之一。

常见灯具的样式可分为吊灯、立灯、壁灯、桌灯等，可依照使用用途和空间选择。一般来说，客厅多使用吊灯、嵌灯、吸顶灯等，另外可使用间接照明、立灯或台灯，看电视较不会觉得刺眼，视觉更舒适柔和。在餐厅若安装吊灯，则建议外加灯罩，尽量不要让灯泡外露，预防眼睛直视灯泡造成不适。卫浴或厨房的天花板因有装设管路而下压，建议装设压克力吸顶灯或嵌灯，这类的灯具不会太大或过重，也可让空间得到充分的平均照度。另外也可以在厨房流理台加装工作灯，让料理更安全方便。在浴室中的灯具建议加装防潮灯罩，避免湿气入侵，以延长灯泡的使用寿命。

种类有哪些

1 嵌灯

为镶嵌在平面内的灯具，厚度厚，但整体空间高度会降低，给人压迫感较重，较适合装设于挑高空间。可技巧地遮住梁或天花板，光源较均匀，照明范围较广泛。样式可分为下投灯、局部可调灯以及洗墙灯。

2 吸顶灯

厚度较薄，约15~25cm，相对而言，空间的压迫感较轻，且安装简易，整个灯座可拆卸下来，容易清理。但照明范围无法太广，若装设于房间边角则光线会偏暗。

3 吊灯

长度长，造型多变，通常成为空间中的聚焦所在。其长度需配合空间的高度做变化，以免产生压迫感。照明范围广，主要装设在客厅、餐厅等。

4 立灯

多置于空间的一角，高度不一，可选择适合空间高度的立灯做配置。若在经常使用的空间放置立灯，可运用立灯作为空间的过场，可统合空间的视觉，让视觉有些区隔与层次，即使是物件多的小面积空间也不会显得凌乱。

5 桌灯

可分为Table与Desk两种，Table灯以气氛为主，适用于床头柜、矮柜、边桌等；Desk就是阅读灯。气氛型桌灯的造型与材质变化多样，在于营造空间层次、亮点与区隔空间，也适合放于地面。阅读灯以聚光为要，亮度在60~100W，不适合选择透光材质灯罩。

6 壁灯

通常以墙面装饰为重，适合用在狭长的走廊、过道、楼梯转角，除了有装饰作用外，有时也兼具夜灯的功效，黄色的光源让夜间下楼的人产生温馨与安心的感受。

这样挑就对了

1 餐厅吊灯依桌型挑选

餐厅吊灯建议与餐桌的桌型统一搭配，若为圆桌，则选用圆形吊灯；方桌则使用方形吊灯，这样搭配的美感较为恰当。一般而言，目前流行的二盏或三盏的灯具序列式地搭配，不适用于圆桌；长方形餐桌视长度，可以两盏或三盏灯具搭配；椭圆形桌则可以选择水平线性（比例上是长型）但灯具为圆形等变化形式来搭配，也要视空间其他条件的配合。

2 餐厅吊灯高度离地170cm为宜

西方习惯将餐桌吊灯高度订于餐桌上方75cm，等于离地150cm的高度，因为他们认为餐桌是用于坐着吃饭的区域，餐桌灯在于使菜色更可口，营造聊天轻松气氛。但大多数国人觉得站立时会遮挡彼此视线，多定在离地170cm位置。

3 立灯以180cm高为佳

一般来说，若是2.3m~2.6m左右的天花板高度，建议180cm左右的立灯高度，视觉线条也较适当。经常性使用空间的立灯，可选用一盏打向天花的200W~300W的2m高立灯，作为空间照明；北欧等小空间则在沙发旁、书柜旁等区域摆放160cm高的立灯，营造空间层次并具阅读灯功能。

4 注意水晶灯的品质是否良好

选购水晶灯时，要注意水晶的品质是否良好，不好的水晶灯不仅可能有褪色状况，光芒也不会如刚购买时漂亮。

这样施工才没问题

1 事先测量空间高度

装吊灯前要确认该空间能容纳的高度，若因空间不足将吊灯锁链缩短，只留灯体，就失去装吊灯的意义。另外，若是木作天花板，要先告知木作师傅未来将装多重的吊灯灯具，以预作处理。

2 较重的吊灯以膨胀螺丝固定

建议过重的吊灯最好不要直接锁在线盒上，要另外打膨胀螺丝加以固定，避免过重而掉落。

监工验收就要这样做

确认灯具支架是否稳固

若是DIY自行装设，要确认灯具的支架是否稳固，螺丝一定要锁紧，以防地震来时倾覆。

照明设备

335

材质透视

重点整理趋势建材的特性，方便读者快速浏览。

郭宗翰 · 石坊空间设计研究

擅长简洁、时尚的现代风格。以细腻的人性化思维，将深厚的学术理论化为平易近人的住宅空间。

www.mdesign.com.tw

陈嘉鸿 · IS 国际设计

凭着天生的空间感加上独特的美学品位，精准掌握比例线条，善于运用垂直及水平线条来捉出空间向度，隐藏式的收纳方法及家具的搭配，打造出独特的居家风格。

ideaservice.pixnet.net/blog

黄铃芳 · 馥阁设计

以环保无毒、健康安全、节能减碳为中心思想，体现乐活环保住宅概念，选用环保及天然建材，以绿建筑的概念出发，将乐活的态度融入住宅设计中。

www.folkdesign.tw

第 1 章

最坚固耐久的地板材

石材

石材，是一种坚硬的、不腐朽的，并不受时间影响的材质，用作室内地板是最适合不过了。

一般家中最常使用的石材包括大理石、花岗石、板岩、文化石以及抿石子，这些建材各异其趣。大理石与生俱来的雍容气质，经常成为空间中的主角；而花岗石的硬实，保留了建筑的古老风貌。板岩本身就是个天然的艺术品，具有令人惊艳的特殊纹路。文化石粗糙的表面，加上层层叠叠的石材堆砌，呈现出隽永的乡村风味。抿石子所造成的特殊效果，无论是运用在现代空间或是自然休闲风格，甚至和式禅风皆十分适合。

种类	大理石	花岗石	板岩	文化石	抿石子	薄片石材	洞石
特色	纹理独特有质感，适合作为地板材和主视觉墙设计	大多用于公共区域或当作户外建材使用	质朴粗犷，多用于庭院造景	以天然石材或硅钙、石膏制成，外观保有石材的自然纹理	呈现不同的石头种类与色泽，能展现居家的粗犷石材感	薄片石材取自板岩、云母石，每片石材厚度仅约 2mm	因表面有许多天然孔洞，展现原始的纹理而得名
优点	硬度和抗磨性高	硬度最高，耐候性佳	耐火耐寒、不易风化	风格营造强烈，可 DIY 施作	耐压性高，不易剥落	可轻松运用于一般厚重石材不易施作的地方，如门片、柜体、厨具等，应用广泛且施工轻便	天然洞石表面富有孔洞，纹理特殊。人造洞石抗污性佳，不像天然洞石需要定期养护
缺点	表面有毛细孔，吸水易产生变质	纹路较单调，选择性较少	表面较粗糙，较不适用于室内地板	易卡脏污，需要勤清理	缝隙多，清理不易	厚度太薄，不适用铺设地板	天然洞石易有白华、生锈现象。人造洞石的自然度比不上天然石材
价格带	RMB: 600~2453 元 / m^2	RMB: 484~1100 元 / m^2	RMB: 336~560 元 / m^2	RMB: 204~410 元 / m^2	RMB: 40~336 元 / 公斤	RMB: 600~1000 元 / m^2	RMB: 884~1030 元 / 片（人造洞石）

设计师推荐私房素材

IS 国际设计 · 陈嘉鸿 推荐

图片提供_IS 国际设计

1 大理石 · 贵气奢华的代表

大理石自然高贵的质感，是其他材质所无法取代的。想要提升空间的质感并营造低调奢华的氛围，大理石最适合，而且大理石的花色纹路多、选择性高，不论古典或现代风的家都很适合。虽然价格较贵，保养也比一般建材麻烦，但使用年限也较长，用个百年都没问题。

摄影 _Yvonne

石坊空间设计 · 郭宗翰 推荐

2 大理石 · 呈现独特出众质感

大理石本身为自然原生素材，其质感与表情具有独特性及时间痕迹。用于局部或当作主画面，都能有出众且独特的表情。单价较高但保养简易，定期进行抛光，可让大理石永保如新。

图片提供 _ 石坊空间设计

近境制作 · 唐忠汉 推荐

3 板岩 · 展露石材真实面貌

此为采用板岩的石皮部分，石材的真实原色一览无遗，展现质朴粗犷的面貌。板岩的表面粗糙且易吃色，通常会涂上一层防护剂便于清理。建议用于壁面，较不易有污渍附着。

图片提供 _ 近境制作

大理石
变身豪宅一定要用

30 秒认识建材

适用空间	客厅、餐厅
适用风格	古典风、奢华风
计价方式	以 m^2 计价
价格带	RMB:600~2453 元 / m^2
产地来源	中国、东南亚
优点	纹路多变、质感贵气
缺点	有污渍则难清理，保养不易

Q 选这个真的没问题吗

1 大理石要怎么买才不会选到劣质品或黑心货？该如何判断大理石的优劣？ 解答见 P.17

2 听说大理石很难保养？使用久了会不会产生变质的情形？ 解答见 P.18

3 大理石施工上要注意哪些地方？用于壁面时有否不同？ 解答见 P.17

大理石乃因造山运动而形成的石材，莫式硬度约 3 度左右，硬度虽然没有花岗石高，但比起石英砖、瓷砖都来得硬，不论铺设在地面或壁面皆可。而大理石本身有毛细孔，一旦与水汽接触太久，水汽就会渗入石材，与矿物质产生化学变化，造成光泽度降低，或是有纹路颜色加深的情形出现。

因此，较不建议将大理石铺设在浴室等容易潮湿的地方，若要铺设的话，在打底防护上可以选择高品质的水泥砂浆，石材防水工程也要做到表面的六面防护。另外，大理石易吃色，若是不小心沾到饮料、酱油等有色液体，要尽快擦拭干净。

一般最常遇到的大理石病变问题为白华、吐黄。之所以会产生白华，主要是因为在铺设时，防水处理未做完善，水分渗透到混凝土中，而渗出大理石表面，水分蒸发后，就在大理石表面形成一层碳酸钙，因此建议在铺设大理石前要做好防水措施。

图片提供_演拓空间室内设计

种类有哪些

一般来说，依照表面色泽和加工方式，大理石大致可分为浅色系、深色系和水刀切割而成的拼花大理石。

1 浅色系

主要有白色系和米黄色系大理石。白色系的大理石适合用于空间中的基底色系，但其毛细孔较大，吸水率较高，硬度较深色系大理石为软，在养护上要多费心。建议可将白色系大理石用在不常使用的区域。

2 深色系

深色系的大理石材较浅色大理石坚硬，且毛孔细小，吸水率相对较低，再加上深色的底色，防污效果较浅色系显著。

3 水刀切割的拼花大理石

包含花卉、几何图案等，图案富变化，常用于玄关地坪点缀。而各家的图案多样，建议可依自己的喜好选择。

这样挑就对了

1 依空间挑选

因大理石较易吸水，不适用所有空间，像是厨房容易产生脏污的区域就不适合。

2 要注意纹路颗粒

大理石最吸引人的就是花纹，在挑选时要考虑纹路的整体性。而纹路颗粒越细致，代表品质越佳。若表面有裂缝，则表示日后易有破裂的风险。

3 一观、二听、三试

一观就是观察，看石材外表是否方正，取材率就较高，同时石材本身密度高的，亮度与反射程度也较好，品质较高；二听是可用硬币敲敲石材，声音较清脆的表示硬度高，内部密度也较高，抗磨性较好、吸水率较小，若是声音闷闷的，就表示硬度低或内部有裂痕，品质较差；三试则是用墨水滴在表面或侧面上，密度越高的越不容易吸水。

这样施工才没问题

铺设大理石时，一般施工方式有：

▲ 用于浴室的大理石要加强排水，以避免变质。

1 干式软底施工法

铺设在地面时，多使用干式软底施工法。必须先上 3 ~ 5cm 的土路（水泥砂），再将石材粘贴于上。

2 湿式施工法

铺在壁面时，基于防震的考量，则使用湿式施工法，施作时使用 3 ~ 6 分夹板打底，黏着时较牢靠，增加稳定度。另外，在拼接大理石时，为增加美观，目前有无缝美容的手法，让大理石之间的缝隙变得不明显。

3 填缝须配合石材颜色

施工使用之黏着剂须依照大理石色泽深浅添加色粉，且深色大理石使用深色硅利康，浅色大理石则使用浅色。

监工验收就要这样做

1 尽量选择同一块石材

若铺设大面积的地坪或壁面时，基于色泽和纹路的考量，最好材料都是来自同一块石材。

2 注意石材编号

原石剖片之后都会有编号，严禁抽片，否则会造成纹路无法连接的情况。并注意在安装过程中是否有造成污损或刮痕的情形。

3 铺设在壁面时要注意支撑力

放置壁面大理石时要注意载重问题，需要先确认挂载的方法是否足够支撑。并注意不可歪斜，可使用水平尺测量。

达人单品推荐

1 卡迪亚

2 阿拉伯白

3 樱桃红

4 Antiantic Fish

5 Blue Line

1 具有如泼墨山水般的波浪纹路，不规则的分布往往能带来视觉的惊喜感受。
（尺寸、价格电洽，摄影_Amily，产品提供_毕卡索石材）

2 写意般的线条有规律地在表面延展，展现有秩序的美感。
（尺寸、价格电洽，摄影_Amily，产品提供_毕卡索石材）

3 暗红中带有不规则分布的纹路，呈现温润厚实的石材质感。
（尺寸、价格电洽，摄影_Amily，产品提供_毕卡索石材）

4 模组化的水刀拼花突破传统的水刀拼花一体成型，使水刀拼花更易施工，图案更创新，不再局限固定尺寸，施作于浴室空间，如置身在海洋里与鱼共游。
（30.5cm × 30.5cm，价格店洽，图片提供_蔚林实业）

5 精品化的设计，流线型与鲜艳的色彩，施作于居家，不只是精致的触动，同时使身心得到舒解。
（30.5cm × 30.5cm，价格店洽，图片提供_蔚林实业）

※ 以上为参考价格，实际价格将依市场而有所变动

这样保养才用得久

1 避免用过湿的拖把
由于大理石的吸水率较高，先以静电拖把吸附灰尘，防止灰尘细沙刮伤表面，再使用拧得很干的拖把擦拭。

2 使用专用清洁剂
市面上有大理石专用的清洁剂，在保养清洁上较方便。若用一般的清洁剂时，务必选用中性的清洁剂，避免强酸或强碱，否则会腐蚀表面造成破损。

3 建议定期打磨美容
在正常的使用情况下，大约 8 ~ 10 年左右可以定期做打磨美容，维持表面光泽透亮。

4 以稀释的过氧化氢减轻吃色情况
若有色饮料渗入大理石时，可将棉花蘸上稀释过的过氧化氢，加上保鲜膜覆盖在表面发黄处，依发黄状况静置一段期间，发黄的状况即会减轻。

搭配加分秘技

流动感石纹与光感不锈钢的冷冽邂逅
主卧浴室内分别在地面与壁面以石砖与石材做铺面，浓黑的锈铜砖与深具张力感的石纹，再搭配不锈钢的层板与面盆区的柱状线条，营造出利落与光感的生活品位。

图片提供_近境制作

图片提供 _ 邑舍设纪

银狐大理石吧台，简约中流露奢华味道

利用一座白栓木集成材打造的中岛吧台，作为工作区与用餐区的界定点，同时以银狐白石材包覆简约的П字型大餐桌，让木与石的清新色调衬托食物美色，呈现时尚优雅美感。

圣诞树造型石墙

以石材展现大气的客厅，设计特别用心之处在于，整个墙面拼贴像是圣诞树造型，精巧拼贴的对花，让墙面设计更加丰富。并为了保持墙面完整性，墙面不加装电视机，改采隐藏式投影幕。

图片提供 _ 相即设计

花岗石
硬度高的耐久石材

30 秒认识建材

适用空间	厨房、卫浴、阳台
适用风格	古典风、乡村风
计价方式	以 m^2 计价
价格带	RMB: 484~1100 元 / m^2（不含施工）
产地来源	中国、印度、南非
优点	质地坚硬，取材容易，价格相对便宜
缺点	花色变化较单调

Q 选这个真的没问题吗

1 花岗石的质地坚硬吗？和大理石相比，哪个比较适合做成室内地板？ 解答见 P.20

2 花岗石可以用在浴室的洗手台面吗？会不会容易吃水变色？ 解答见 P.21

3 花岗石平常的清洁保养会不会困难？如果有污渍用盐酸洗净可以吗？ 解答见 P.22

花岗石为地底下的岩浆慢慢冷凝而成，由质地坚硬的长石与石英组成，莫氏硬度可达到 5 ~ 7 度。其中，矿物颗粒结合得十分紧密，中间孔隙甚少，也不易被水渗入。吸水率低且硬度高的特性，使得花岗石的耐候性强，能经历数百年风化的考验，相较于建筑寿命长许多。因此，花岗石十分适合作为户外建材，大量用于建筑外墙和公共空间。目前市售的花岗石主要产于南非等国。

虽然花岗石的吸水率低、耐磨损、价格便宜，适合做地板材和建筑外墙。但从设计上来看，比起大理石，花岗石的花纹变化较单调，缺乏大理石的雍容质感，因此难以成为空间的主角，一般设计师则较少用在室内地板上。用于室内时，多用在楼梯、洗手台、台面等经常使用的区域，有时也会作为大理石的收边装饰。

花岗石依表面烧制的不同，可分成烧面和亮面，烧面的表面粗糙不平，因此摩擦力较强具止滑效果，建议可用于浴室或人行道等。

图片提供 _ 毕卡索石材

种类有哪些

依照常见颜色的区分，可分成深红色、浅红色、灰白色、黑色、绿色、棕色等。

1 深红色

纹理可分成斑状、等粒、条纹等，粒径因各石种有所不同，多产于中国、印度、北欧和南美。

2 浅红色

粒径偏粗，产地来自中国、印度、西班牙、美国等地。因含铁量较高，若遇水或潮湿时，表面易有锈斑产生。

3 灰白色

浅色矿石，纹理以等粒居多。

4 黑色

纹理以等粒居多，色泽优雅贵气。多来自挪威、南非和印度。

5 绿色

产地多来自中国、印度、西班牙、芬兰等。

6 棕色

纹理有斑状、等粒、条纹，粒径偏中至粗。多来自中国、瑞典、巴西、葡萄牙等地。

这样挑就对了

挑选原石有风险

石材为天然生成的素材，挑选时仅能靠外观判断，但难保切片后内部依旧完美。挑选时，设计师必须善尽告知义务。如有小瑕疵可进行补胶美容。

这样施工才没问题

1 干式施工法

大楼外墙多使用此法。花岗石铺设在墙面时，要注意防震的处理，施工时以固定架及钢丝将石材固定在墙面上，并注意渗水方面的处理，同时石材间需预留 2 厘米的伸缩缝，这样才经得起地震，或热胀冷缩的缓冲。

2 水泥沙施工

室内、桥墩多使用此法，但要注意必须加入铁线补强才能耐久，若施工于浴室等较潮湿的空间，建议在结构面先进行防水处理。

▲ 花岗石最常被用作台面、楼梯使用，边缘可依需求处理导角。导角可分成 1/2 圆角、1/4 圆角等造型，可以喜好决定。

3 选择良好的防护胶和防护粉铺设

花岗石常听到的病变为“水斑”，水斑的形成乃因为花岗石成分含有石英，在施作的过程中与水泥接触，未干的水泥湿气渐渐往石材表面散发，而产生硷硅反应，造成表面有部分的区域色泽变深。而浅色的花岗石因含铁量较高，若遇水或潮湿时，表面易有红色的锈斑产生。因此在铺设花岗石时必须谨慎挑选品质良好的防护胶和防护粉，避免在施工中让花岗岩受到污染。

监工验收就要这样做

1 事前沟通免后悔

由于挑选原石有风险，建议购买石材寻求可靠厂商，并且事前与厂商沟通，主动积极了解切片状况，以免贴上后才发现瑕疵，造成事后难以进行修补。

2 室内、室外有厚度之别

一般使用于室外，石材厚度多达 3 厘米以上，若加上干式施工则须预留 5 ~ 7 厘米厚度；而室内则为 2 厘米厚即可。

▶ 花岗石质地坚硬，耐候力强，作为建筑外墙可经得起风化的考验。

达人单品推荐

1 山东胡桃

2 太阳白

3 紫罗兰

4 金帝黄

5 银灰

1 石材为粉色带黑色结晶，用于建筑基座时，能突显尊贵感。
（30.3cm × 30.3cm、RMB:495 元 / m²，图片提供＿毕卡索石材）

2 白色石材混合米色与灰阶结晶，可使用于外墙与地面。
（30.3cm × 30.3cm、RMB:495 元 / m²，图片提供＿毕卡索石材）

3 色泽较沉稳，结晶色泽偏紫，适用于玄关或电视墙画龙点睛。
（30.3cm × 30.3cm、RMB:594 元 / m²，图片提供＿毕卡索石材）

4 大地色彩中带有交错黑色结晶，使用于建筑外墙呈现低调稳重质感。
（30.3cm × 30.3cm、RMB:495 元 / m²，图片提供＿毕卡索石材）

5 色泽较太阳白沉稳，亮面处理时呈现光可鉴人的感觉。
（30.3cm × 30.3cm、RMB:495 元 / m²，图片提供＿毕卡索石材）

※ 以上为制品单价，不含施工，若非制品则须依照施工面积、表面处理与施工计价。

这样保养才用得久

1 以吸尘器或静电拖把除尘

保养花岗石最重要的是彻底除尘及清洁，最好能使用吸尘器或静电拖把，这样效果较佳。

2 使用专用清洁剂

尽量选用专用的清洁剂，若用一般的清洁剂时，务必选用中性的清洁剂，避免强酸或强碱，否则会腐蚀表面造成破损。

3 定期抛光研磨

经过长期的使用，花岗石的亮度会减低，定期请专人抛光研磨来恢复亮度。

搭配加分秘技

烧面花岗石铺陈现代大器之姿

这个卫浴间，在邻近低尺度大窗的位置，以烧面处理的黑色花岗石打造出宽敞的浴缸；让屋主在轻松泡澡的同时，还可眺望窗外的景色。

图片提供＿奇逸空间设计

冷暖基调打造舒适办公氛围

地坪以黑白花色花岗石铺陈，边柜橡木采取染色，桌面的梧桐木为本色，刻意诉求简单的木素材组成，减少杂物，整个创作环境十分舒适宜人。

图片提供＿大雄设计 SnuperDesign

板岩
自然风就要它

30 秒认识建材

| 适用空间 | 客厅、餐厅、书房、卫浴、阳台
| 适用风格 | 美式风、乡村风
| 计价方式 | 以 m^2 计价
| 价 格 带 | RMB: 336~560 元 / m^2
| 产地来源 | 中国
| 优　　点 | 不易风化、耐火耐寒
| 缺　　点 | 每片厚度不一，较难清理

Q 选这个真的没问题吗

1 板岩最明显的特色是什么？近年来使用上有何不同？ 解答见 P.24

2 板岩和其他石材的差别为何？多应用在哪些空间？ 解答见 P.24

3 板岩施工时要特别注意什么地方？ 解答见 P.25

板岩本身就是个天然的艺术品，具有令人惊艳的特殊纹路，却没有花岗岩或大理石般的冰冷，十分适合与木作搭配，展现宛如峇里岛般度假的休闲风格，经常被广泛运用在庭园造景、休闲住宅、高级旅馆等建筑上。

而板岩的结构紧密、抗压性强、不易风化，甚至有耐火耐寒的优点，早期原住民的石板屋都是使用板岩盖成的。早期因为板岩加工不多，其特殊的造型较少运用于室内，反而被广泛运用在园林造景、庭院装饰等，展现建筑物天然的风情。但近年来石材的运用日渐活泼，板岩自然朴实的特性，也被许多重视休闲的人所接受。

由于板岩含有云母一类的矿物，很容易裂开成为平行的板状裂片，但厚度不一，铺设在地板时须注意行走的安全，在清洁上也需多费工夫。板岩的吸水率虽高，但挥发也快，也很适合用于浴室的装潢，防滑的石材表面，与一般常用的瓷砖光滑表面大不相同，有种回归山林的解放感，触感更为舒适。

图片提供 _ 蔚林实业

种类有哪些

板岩一般以颜色与表面处理方式区分，颜色可分成黄板岩、绿板岩、锈板岩、黑板岩，各种类依照矿物质含量不同而有天然色差。其次可依表面处理方式分成蘑菇面、劈面、几何面、自然面、风化面等。一般来说，自然面和风化面的纹理较为粗犷质朴，常用于户外或建筑外墙，而室内则以纹理较细致的蘑菇面和劈面的处理手法居多。

这样挑就对了

1 依空间选择

板岩适合铺在浴室的地、壁面，其防滑且易吸水的特性，再加上粗犷天然的风格，可营造如度假般的悠闲感。但因板岩易吸油，则不适合铺在厨房等易生油烟的地方。

2 考量家庭成员

板岩的厚度不一，铺设起来较不平整。家里若有老人或小孩，则较不建议铺设在室内地板上，以免发生危险。

这样施工才没问题

1 墙面施工

板岩用于墙面时，要注意保持水平从底部开始砌起，在堆砌时要小心放置，未凝固前不要动到石块，每次堆砌的高度，以不超过 3 米为佳。同时上下两层的石片最好要交错安置，避免垂直的缝隙出现。

2 黏着剂的使用

板岩在施工前要先调和适量的水与浓稠度适中的灰浆作为黏着材料，然后涂在干净平整的台面上。若是贴在木板等光滑的立面，则建议使用专用的黏着剂或 AB 胶，以增加附着力。

监工验收就要这样做

1 是否留有沟缝

一般板岩多以乱数单元做成模组，施工做得好且不留缝痕，可营造出整面效果。

2 注意衔接界面的契合度

板岩硬度介于花岗岩与大理石之间，畸零角落可现场切割使用，但要注意衔接界面是否契合，才能展现一体感。

达人单品推荐

1 蘑菇面系列
——RP-14N

2 劈面系列
——RP-18C

3 几何面系列
——RP-03F

1 石材加工为中央突起，表面具有明显立体面，质感粗犷，适合使用于户外景观。
（610mm × 152mm × 15 ~ 18mm、价格店洽，图片提供 _ 蔚林实业）

2 石材劈开面的表面略为平整，适合使用于室内空间。
（尺寸、价格店洽，图片提供 _ 蔚林实业）

3 以各种不同长条尺寸的板岩乱数组合，增加粗犷感，适合使用于户外。
（610mm × 152mm × 15 ~ 25mm、价格店洽，图片提供 _ 蔚林实业）

这样保养才用得久

1 使用水性或中性之清洁剂刷净

施工过程中，如有污损，建议立即用水性或中性清洁剂刷净，去除石材表面及施工面之污物、油脂及杂物。

2 以清水刷洗脏污

平时只需用鸡毛掸子掸去灰尘，脏污则以清水刷洗即可；如有特别之要求则建议使用水性透气型防护剂，于黏着材完全干燥后，方可施作。

搭配加分秘技

呈现回归大自然的原始况味
宛如艺术品的板岩，依照矿物质含量不同而有天然色彩。贴覆在电视墙上，创造出来的效果，让人在室内就能感受自然的原始滋味。

图片提供 _ 向喆空间设计

木与石搭配散发人文气息
客厅主墙采用创新的黑色薄型板岩，自然的石材纹理和纯黑的质感成为室内的一大焦点，再搭配实木层板，散发出浓浓的人文气息。

图片提供 _ 禾筑设计

图片提供_明代空间设计

自然肌理展现丰富表情

客厅电视墙以大理石不规则拼贴铺陈，搭配深色板岩低台度台面，呼应地坪的浅色抛光石英砖，让材质的自然肌理表现，创造丰富的空间表情。

文化石
乡村风非它不可

30 秒认识建材

适用空间	客厅、餐厅
适用风格	现代风、乡村风
计价方式	以 m^2 计价（不含施工）
价格带	RMB: 204~410 元 /m^2
产地来源	中国台湾、美国
优点	施作方便，可尝试自行 DIY
缺点	易卡脏污，需要勤清理

Q 选这个真的没问题吗

1 文化石可以贴在木作墙面吗？要怎么施工才比较稳固不会掉？ 解答见 P.29

2 文化石墙面凹凸不平，会不会很难清理？ 解答见 P.29

3 铺砌文化石时，想用角砖在墙角做收边，要先贴角砖，还是先贴文化石呢？ 解答见 P.29

文化石可分为天然文化石和人造文化石两种。天然文化石是将板岩、砂岩、石英石等石材加工后，成为适用于建筑或室内空间的建材，因为保有石材原本的特色，因此在纹理、色泽、耐磨程度上，都与石材的特质相同。人造文化石则是采用硅钙、石膏等制造而成，质地轻，重量为天然石材的三分之一左右，又具备防燃、防霉的特性，且可以客制化调配颜色，安装上也较为容易。

文化石粗糙的表面，加上层层叠叠的石材堆砌，呈现出欧式古堡，或是乡村风味的感觉，这就是文化石给人最鲜明的形象。其质朴的石材原色，很容易给人回归大自然的原始况味。

在空间配置上，文化石经常作为电视主墙、餐厅壁面或玄关装饰等，但占整体空间的比例不能过高，较适合局部点缀。近年来因为人造文化石有更多新颖的设计，现在反而多用白墙来搭配，让文化石变得较为单纯，多了一点自然风与时尚风格，成为受欢迎的新趋势。

图片提供＿沛特贸易有限公司

种类有哪些

文化石最早从美国进口，为使用 100% 水泥制造的人造材料，现在也有不少以天然石材、手工砖方式制造，主要可分为天然文化石和人造文化石两类。

1 天然文化石

使用天然石材打造成的文化石，有板岩、砂岩、石英石等，色泽纹理丰富，但重量较重。

2 人造文化石

使用 100% 进口白水泥制造，也可添加轻质骨材减轻重量，使用色粉调色，有黑、白等各种不同色彩；此外也有使用陶烧手工砖产品。

这样挑就对了

1 注意比例配置

基本上文化石仅作为空间中的局部点缀，可当作电视主墙、壁面或玄关装饰。若是文化石的使用比例太高，就像是住在石头城堡中，反倒失去了韵味。

2 硬度要够

品质不好的文化石硬度不够，日后容易产生龟裂，因此建议选用台制或欧美进口产品。

3 角砖挑选

部分文化石有生产角砖，选购前先问清楚，才能确认铺砌成果。

这样施工才没问题

1 RC 墙与木板墙的施工方式

文化石施工黏剂早期多用水泥砂浆，现则多使用益胶泥。天然文化石与人造文化石施工方式差异不大，主要在于施工墙面若为木板墙，则建议先钉上细龟甲网，再以水泥胶着才可以牢固结合；一般 RC 墙若有粉光则须打毛后，以益胶泥黏着。

2 使用角砖注意

铺砖方式建议一排排由下往上砌，若使用角砖则建议先粘贴角砖再往中间施工，让需裁切的文化石随机分布在墙面中间。

摄影＿沈仲达

▲ 贴覆文化石时，可将水泥砂浆抹于表面后再拭去，表面砖纹能形成陈旧感，更添复古韵味。

3 拼贴技巧

依石材与呈现效果不同，可分成密贴与留缝两种。天然文化石多采用密贴，效果类似板岩墙，而留缝也可选择是否填缝，也有填缝后再上水泥漆，模仿早期砖墙油漆的效果。

监工验收就要这样做

水平一致

密贴法尤其要注意水平，可观察墙顶的切砖是否有歪斜的情形，建议每施工一排就测量一次，以免误差越来越大。

这样保养才用得久

1 切勿涂鸦

若被原子笔或奇异笔画到，则不容易洗除。若不慎弄脏，可用砂纸磨掉。

2 室外使用保护漆

文化石平时不须用特别的清洁剂，用清水湿布擦拭即可。若使用于户外则可上平光保护漆，避免下雨积污、卡沙粉。因文化石具有吸水性，除非通风良好，尽量不要使用在浴室，以免发霉。

达人单品推荐

1 Mountain Ledge 山礁石（天然色）

2 Old Castle 古堡石（天然色）

3 盐砖

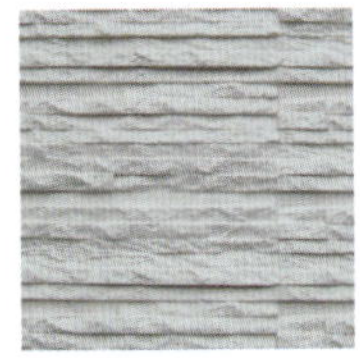

4 白玉石

5 火红砖

1　山礁石系列产品，富有浓厚的乡村气息，在葛瑞士的产品当中属于质地较粗犷的产品。
（不规则大小，厚度约为 4 ~ 7cm、RMB:407 元 / m^2，图片提供 _ 沛特贸易有限公司）

2　此系列为古堡石系列，具有比城堡石更厚重的外表与厚实的视觉感，可轻松地塑造古罗马时期的建筑风格。
（不规则大小，厚度约为 4 ~ 7cm、RMB:407 元 / m^2，图片提供 _ 沛特贸易有限公司）

3　表面如风化过的切片盐砖系列，利用风化后的表面让墙面更生动，也富有文化的故事。
（10cm × 20cm、厚约 1 ~ 1.5cm、RMB:407 元 / m^2，图片提供 _ 沛特贸易有限公司）

4　净白的色系一向能带来明亮宽敞的空间感受，再加上具有粗犷的砖面，让空间表面多些变化。
（尺寸、价格电洽，图片提供 _ 永逢建材）

5　仿造旧时红头砖屋厝的朴实，为居家带来质朴氛围。
（尺寸、价格电洽，图片提供 _ 永逢建材）

※ 以上为参考价格，实际价格将依市场而有所变动

搭配加分秘技

黑白对比，展现冲突之美

沙发背墙以白色文化石为底，黑色墙面和画作衬托，强烈的对比，呈现现代的冲突美感。文化石的质朴手感和缓了空间氛围，让人感受回归自然的况味。

图片提供_理本室内设计

以文化石墙打造质朴风味
运用文化石作为餐厅主墙，净白而质朴的味道，营造出丰富的视觉效果，再辅以嫩绿色沙发，呈现现代且具有质感的风格。

图片提供 _ 墨比雅设计

结合三种异素材带出视觉层次
电视墙结合木作、文化石与烤漆带出视觉的层次。底部以文化石衬托自然质感，电视墙本体则以灰色烤漆搭配沟缝线条，创造几何造型的视觉效果。而木作层板转折至下方成为台面，不仅有实际的收纳功能，也兼具视觉效果。

图片提供 _ 墨比雅设计

抿石子
细致多变抗候耐久

30 秒认识建材

| 适用空间 | 客厅、浴室、室外地面或建筑立面
| 适用风格 | 自然风
| 计价方式 | 以 kg 计价（不含施工）
| 价 格 带 | RMB: 40~336 元 / kg（材料费）
| 产地来源 | 中国台湾、东南亚
| 优　　点 | 色泽丰富，选择性多
| 缺　　点 | 缝隙多，清理不易

Q 选这个真的没问题吗

1 用在浴室地面的抿石子应该选择哪一种才不会滑倒呢？ 解答见 P.33

2 抿石子的缝隙多，平时该如何清洁和保养呢？ 解答见 P.34

抿石子是一种泥作手法，将石头与水泥砂浆混合搅拌后，抹于粗坯墙面打压均匀，其厚度约 0.5cm ~ 1cm，多用于壁面、地面，甚至外墙，依照不同石头种类与大小色泽变化，展现居家的粗犷石材感。

抿石子所造成的特殊效果，无论是运用在现代空间或是自然休闲风格，甚至和式禅风皆十分适合，其拿捏之处在石材颗粒的大小粗细。小颗粒石头铺陈在墙面较为细致简约，大颗粒的石头则呈现自然野趣感，而深色的石头则会因为时间抚触的次数而越显光亮，是相当有趣的壁面材质。

抿石子耐压效果良好，也较不会如地砖易因热胀冷缩凸起，而用在外墙也不用担心剥落等问题。

产品提供 _ 弘象企业　摄影 _ 李佳芳

种类有哪些

抿石子使用材质一般可分为天然石、琉璃与宝石三类，单价依序以天然石、琉璃至宝石最高。

1 天然石

一般多为东南亚进口之碎石制作，仅有宜兰石为台湾自产，生产时工厂会依照颜色、粒径分类。若铺设面积小，可购买不同色彩和大小的天然石，但大面积使用建议购买调配好的材料包，以免不同批施工产生色差。

2 琉璃

为玻璃烧制的环保建材。

3 宝石

如白水晶、玛瑙、紫水晶、珍珠贝等制作，折光性与透光性较琉璃高，多进口自东南亚，单价也最高。

这样挑就对了

1 粒径小，效果细致；粒径大，则较粗犷

依照空间属性与呈现美感挑选不同材质或粒径，若想呈现细致的效果，水泥露面看来较少，建议选择 0.7cm 左右的粒径；若要粗犷点，则可选择 1.2 分的粒径（1 分约为 0.5cm）。

2 打底水泥不同

除了一般灰色水泥与白水泥外，亦有俗称抿石宝的调和水泥可选用。抿石宝一般多偏黄色，也可添加色粉调制成深咖啡、深黑色等，可与石子色彩同色系搭配使用或呈现跳色效果，甚至可再添加亮粉制造闪耀效果。

3 透过灯光观察宝石的好坏

宝石单价远高于琉璃，若要避免混淆，建议可于灯光下观察。宝石不仅透亮且具有特殊折光感，效果相当显著，而琉璃的透光度仅如玻璃。

这样施工才没问题

1 施工顺序

抿石子施工前，若是 RC 粗坯必须先以水泥沙打底制作粗体，才能施工；若立面已经水泥粉刷，则必须先打毛，才能施工，否则会有黏着不上

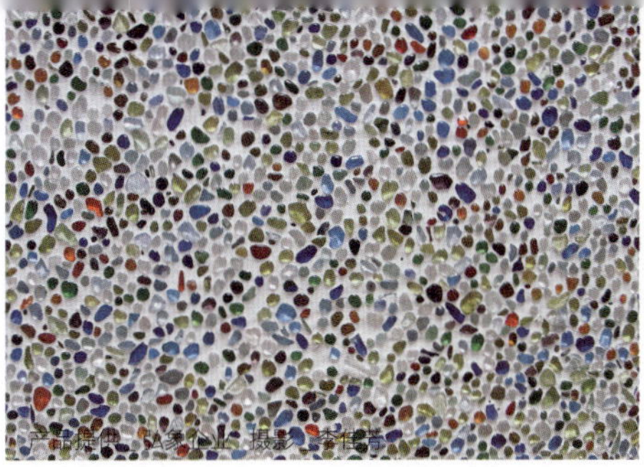

▲ 琉璃材质不建议施作于室外，遇雨易滑倒。

去的情形。

2 以海绵拭去水泥，表面更圆滑

一般人常说的洗石子，和抿石子的前期工法一样，只是洗石子的最后阶段是用高压水柱冲洗多余水泥，但抿石子则用海绵擦拭表面水泥，让混拌其中的石子浮现而出。抿石子及洗石子，皆属于可呈现天然石材质感的运用工法。

洗石子的完成面摸起来表面较刺，也较容易卡尘，加上清洗时污水四散，容易污染到附近邻居或土地，因此现今多采用海绵擦洗的抿石子，其表面摸起来较圆润，质感也较精致。

3 琉璃材质不建议施作在室外

建议琉璃材质尽量不要施作于室外，下雨容易湿滑，且室外建议挑选粒径较大者，止滑效果较好。为避免户外酸雨、雨垢，浅白色水泥打底的抿石子建议加上纳米防水剂。

4 掌握塑型时间

抿石子施工时必须多个师傅同时配合，同时进行铺设与检查动作。塑型时间尤为重要，须等待混凝土稍吸水后才能进行，太快塑型会让石子剥落，太慢则表面干燥（俗称臭干），表面水泥清洗不掉，则必须用强酸强碱才能洗净，相当麻烦。

5 施工看天气

室外下雨天时必然不能施工，此外七八月施工品质会稍受影响，因内外温差大，水泥表面干得快、里面却还未干透，因此容易产生细小裂痕。且粉色或白色水泥的硬化程度更高，细纹状况也更多。

监工验收就要这样做

验收看外观

抿石子施工完成若表面看来“雾茫茫”，表示清洗动作时不够好。建议清洗时一边进行检查工作，且必须清洗三次才行，若有瑕疵可要求厂商再用强酸或强碱洗洁。不过，要是宝石类抿石子用强酸或强碱则会伤害表面，一开始就要选用手路细的师傅来施工。

达人单品推荐

1 天然石系列——寒水石

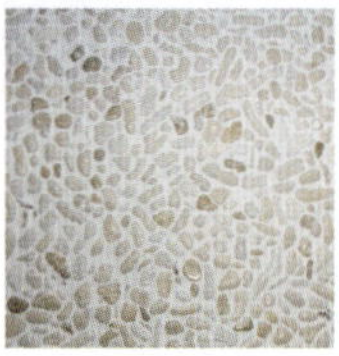

2 天然石系列——CAS-104

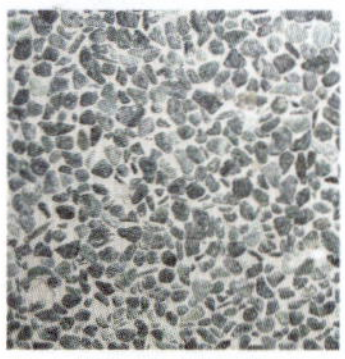

3 天然石系列——CAS-130

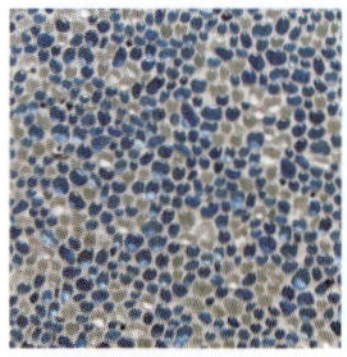

4 琉璃系列——天蓝 + 透明白

5 宝石系列

1 寒水石色泽偏灰，适合使用 1 ~ 1.2 分，室内外皆可，使用得当远看可以制造如同石材的效果。
（20kg、RMB: 36 元 / 包，产品提供 _ 弘象企业 摄影 _ 李佳芳）

2 材料为米贝，为海滩贝壳制作，形状较为不一，粒径越大越不细致，建议选择 1.2 分以下（小于米粒）。
（20kg、RMB: 45 ~ 49 元 / 包，产品提供 _ 弘象企业 摄影 _ 李佳芳）

3 为 7mm 蛇纹石搭配粉绿色抿石宝，远看有仿石材效果。
（20kg、RMB: 36 元 / 包，产品提供 _ 弘象企业 摄影 _ 李佳芳）

4 青蓝、宝蓝琉璃系列很适合用于营造希腊地中海风格，也可混入透明白琉璃增添特色。
（10kg、RMB: 179 元 / 包，产品提供 _ 弘象企业 摄影 _ 李佳芳）

5 混合白水晶、粉晶与绿玛瑙，给人闪亮奢华感，使用室内约 1 分效果最佳，若使用室外建议大小粒径以 2:1 混合，止滑度较好。
（RMB: 34 ~ 45 元 / kg，产品提供 _ 弘象企业 摄影 _ 李佳芳）

※ 以上为参考价格，实际价格将依市场而有所变动

这样保养才用得久

使用抑菌填隙剂防霉

抿石子较常见的问题是水泥间隙发生长霉状况，这跟当初施工时选用的材料与工法细致的程度有关联。在施作时应选用具有抑菌成分的填隙剂，并于施工完成后使用防护漆将水泥间隙的毛细孔洞完全密封，将霉菌生长的环境降到最低。

搭配加分秘技

机能与装饰兼具

玄关地面以抿石子地坪铺成，能使室外的灰尘落尽，并拉出一道弧形使空间充满活泼变化，机能与装饰兼具。

图片提供 _ 馥阁设计

黑色抿石子搭配雾面玻璃的 SPA 情趣

浴室的墙壁及地板采用抿石子，洗手台面则是先以水泥塑形，并加装铁件支撑，再以抿石子覆盖在水泥上，令洗手台面犹如悬空的状态。整体空间呈现黑白的单纯画面，随着光影产生对话，营造犹如 SPA 的生活享受。

不同色系界定使用机能

从地板开始，以灰色抿石子铺陈，一路延伸至浴缸、户外阳台，在淋浴空间用上黑色抿石子，界定出功能及用途。

薄片石材
石材轻薄更升级

30 秒认识建材

适用空间	各种空间适用
适用风格	各种风格适用
计价方式	依尺寸及花色计价
价 格 带	RMB:600~1000 元 / m^2
产地来源	德国
优　　点	可轻松运用于一般厚重石材不易施作的地方如门片、柜体、厨具等，应用广泛且施工轻便
缺　　点	厚度太薄，不适用铺设地板

Q 选这个真的没问题吗

1 设计师叫我用薄片石材做电视墙，这种材质具有什么样的特性？ 解答见 P.36

2 收到建材后，要怎么观察品质的好坏？ 解答见 P.37

3 薄片石材好保养吗？会不会容易吃色有脏污？ 解答见 P.38

现今人们的环保意识抬头，针对有限矿产资源的石材，避免在居家装潢中大块石材的消耗，因此而制作出薄片石材，或可称为矿石板。不但保留了石材独特的自然纹理，也减少取材时的浪费，在装潢时想要营造不凡品位更是轻而易举。

从德国进口的天然薄片石材材料，主要以板岩、云母石制成。板岩纹路较为丰富，而云母矿石则带有天然丰富的玻璃金属光泽，在光线照射下相当闪耀，可轻松营造华丽风格。另外，还有使用特殊抗 UV 耐老化透明树脂的薄片，可在背面有光源的情况下做出透光效果，展现更清透的石材纹路。

由于每片石材厚度仅约 2mm，施工更加简单、快速、容易，可轻松运用于一般厚重石材不易施作的地方，如门片、柜体、厨具流理台等，或贴合于各种木材、纤维水泥板、石膏板、硅酸钙板和金属上，也可以轻松做出弧形的效果，这都是传统石材较难做出的效果，可以为消费者大幅节省安装成本。此外，薄片石材具防水、耐低温功能，还可以应用于建筑物外立面装饰。

图片提供＿樱王国际

种类有哪些

1 板岩薄片
因矿石本身具有丰富纹理，板岩薄片的石材纹路较为丰富，可以呈现较为朴质的质感，适合搭配禅风路线装修居家。

2 云母薄片
云母矿石带有天然丰富的玻璃金属光泽，在光线照射下相当闪耀动人，可轻松营造华丽风格。

3 透光薄片
透光系列使用特殊抗 UV 耐老化透明树脂，在背面有光源的情况下可做出透光效果，与人造云石相较，石材纹路更自然漂亮。

这样挑就对了

1 从外表观察有无脏污
纹理是否自然、干净。若是的话，代表天然石材含量高达 90% 以上；再细看有没有黑灰色看起来脏脏的感觉，若有的话，可能是背胶的黑色树脂渗透，那属于劣品，避开为妙。

2 摸摸背胶是否均匀
品质不佳的薄片石材背面树脂涂布不均匀，呈现凹凸不平，铺设的效果将大打折扣。

3 可依室内设计风格选择
自然、简约等风格适用板岩系列，而若想营造奢华、摩登、华丽等风格，则建议使用云母系列。

这样施工才没问题

1 木作锯台就能裁切
可采用一般木作贴皮方式施工，裁切上使用木作锯台裁切。施工前先确认待施作位置及丈量尺寸，待施作表面需平整。

2 拼贴前先对好花色
每片的纹理及色泽不尽相同，施作前须先确认对花及排列方式。裁切前需先将耗料计算进去。

3 刨刀与磨砂纸修饰
使用圆锯切割机台即可轻松裁切成所需规格，亦可使用剪刀切割。再使用刨刀将切口修理平整，如切口有裂痕不平的部分可用磨砂纸轻轻擦拭去除。

图片提供_樱王国际

图片提供_樱王国际

▲ 施工时，以一般木作锯台裁切即可。拼贴完后用双手在平面施压，让它更平整。

4 安全防护隔绝粉尘
因裁切时会产生粉尘，请一定要戴护目镜、手套及口罩。

5 避免油污接触表面
此产品为天然石材，表面有毛细孔，施工过程中必须避免油性污物接触石物表面，对于一般污物必须立即用清水清洁。

监工验收就要这样做

1 转角处看接缝是否处理细致
施工上若有运用到转角处，可使用刨刀或细砂纸将材料接合处磨成 45 度导角进行接合，接缝处会更细致，所以在检查时可细看转角处有没有处理好。

2 注意表面平整
施作后务必让石物材料紧密贴合，师傅通常会用橡胶槌或糊轮等工具在表面施压，使接着更紧密。检查时也要密切注意有无贴合不周的地方，或者有凹凸不平之处。

达人单品推荐

1 晶典矿石（矿石板）

2 云母系列——SS-53 玄铁黑

3 板岩系列——SS-100 冰原

1 有别于传统石材的厚重，矿石板仅仅是传统石材的 1/10 重，而厚度更是只有 1.5mm 左右。因此应用更广，不管是室内还是室外，其柔软的特性、造型上的变化更是一般石材无法相比的。
（610mm × 1,220mm，价格店洽，图片提供 _ 荣隆建材）

2 玄铁黑花色特殊的斜纹效果，可轻松营造出大器质感，电视墙、柜体、门片、沙发背墙皆适用。
（210cm × 105cm，RMB: 2686 元 / 片，图片提供 _ 樱王国际）

3 板岩系列冰原花色走灰白色大地色系，非常适合用于日式禅风、自然简约风格的空间使用，与实木或实木贴皮搭配，再好也不过。
（122cm × 61cm、约 RMB: 716 元 / 片，图片提供 _ 樱王国际）

※ 以上为参考价格，实际价格将依市场而有所变动

这样保养才用得久

1 表面涂上专用拨水剂可防手痕和污渍

由于为天然石材制成，表面会留有毛细孔，容易被灰尘阻塞，施工后可使用专用的拨水剂进行养护，避免沾染上污渍及手痕。

2 平日保养以清水擦拭即可

除定期使用拨水剂外，平日养护只需使用清水擦拭脏污即可，无须使用清洁剂。

搭配加分秘技

倒 V 自然斜纹，展现沉稳气势

玄关大门大面积使用玄铁黑薄片石材，配合斜纹拼贴出倒 V 字形的纹理，不但相当沉稳有特色，更展现不凡的气势。

图片提供 _ 樱王国际

图片提供 _ 樱王国际

相异素材更显特色
墙面运用米白混色的薄片石材，搭配素净的地砖，一静一动间衬出对比之美。

图片提供 _ 樱王国际

天然底色错落有致，木质百搭
浅色系的冻土借由每片不同的天然底色，刻意拼贴出错落效果，配合木质贴皮，呈现质朴温润的一面。

洞石

极具人文质感

30 秒认识建材

适用空间	客厅、餐厅、书房、卧室
适用风格	各种风格适用
计价方式	以片计价（人造洞石）
价 格 带	RMB: 884~1030 元 / 片（人造洞石）
产地来源	意大利、西班牙等欧洲国家
优　　点	天然洞石表面富有孔洞，纹理特殊。人造洞石抗污性佳，不像天然洞石需要定期养护
缺　　点	天然洞石易有白华、生锈现象。人造洞石的自然度比不上天然石材

Q 选这个真的没问题吗

1 **洞石的特性是什么？为何表面有许多孔洞？** 解答见 P.40

2 **喜欢洞石的质感，又害怕它容易变质的缺点，还有其他的选择吗？** 解答见 P.40

洞石因其表面有许多天然孔洞，展现原始的纹理而得名。一般常见的洞石多为米黄色系，若成分中掺杂其他矿物，则会形成暗红、深棕或灰色洞石。其质感温厚，纹理特殊，能展现人文的历史感，常用于建筑外墙。

洞石又称石灰华石，是水流从沉积的废石灰渣堆中流出，溶解石灰渣中的钙，重新堆积而成。在沉淀积累的过程中，当二氧化碳释出时，而在表面形成孔洞。因此，天然洞石的毛细孔较大，易吸收水汽，若遇到内部的铁、钙成分后，较易形成生锈或白华现象，在保养上需耐心照顾。

因此，为了改善其缺点，进而研发出人造洞石，淬取洞石原矿，经过 1300℃的高温煅烧后，去除内部的铁、钙，保留洞石的原始纹路，却更加坚硬，经烧制后密度较高，莫氏硬度可高达 8。表面虽无原始的孔洞，但经过抛光研磨后亮度可媲美抛光石英砖。除此之外，由于原料取材自洞石原矿的粉末，无须大量开采，能降低自然资源的消耗。

图片提供＿新睦丰建材

种类有哪些

不同的矿物成分和沉积层深浅，会使洞石呈现不同的色系，略可分为以下数种：

1 米黄色洞石

为最常见的洞石，通常在比较浅层的位置，较易开采。

2 灰色、深棕色洞石

位于较深的地层，经过较高密度的挤压，硬度比米黄色洞石稍高。

这样挑就对了

1 以品牌和产地挑选

选购前，事先评估商家的品牌和商誉是否有保障。另外，也可从产地来判断，目前品质较高的天然或人造洞石多为欧洲国家进口，像是意大利、西班牙等。

2 依照适用空间选择尺寸大小

一般来说，若是施作于墙面，建议使用尺寸较小的为佳，可减少材料的耗损。

这样施工才没问题

1 天然洞石需先做好表面防护

由于天然洞石的吸水率高，在施作前建议先在表面涂布防护剂，以免污染或刮伤。

2 人造洞石需留出伸缩缝

一般在施作时，需先留出伸缩缝，尺寸大的人造洞石，至少需留出 2.5 ~ 3mm 的伸缩缝。

▲ 天然洞石表面富有许多孔洞。

3 人造洞石和一般大型瓷砖的施作方式相同

人造洞石无毛细孔，抓着力没有天然石材高，除了在施工面扑上水泥沙浆外，在背面需另外加上黏着剂，以增加附着力。

监工验收就要这样做

四边是否有翘起

人造洞石和瓷砖的验收方式相同，收到建材时，应先确认人造洞石的平整度，四边是否有翘起。若有翘起，在施工时就不易贴合。

这样保养才用得久

1 天然洞石需避免水汽侵入

天然洞石具有毛细孔，因此应避开较潮湿的区域，在清洁时以拧干的毛巾擦拭即可。

2 人造洞石以清水保养

若有脏污，用清水擦拭即可，应避免使用强酸强碱。

达人单品推荐

1 米黄煅烧洞石（S）

2 灰色煅烧洞石（L）

3 棕色煅烧洞石（F）

1 洞石，是一种生成时间较短因而造成石材的表面留有许多孔洞的石灰岩。色彩多变，其中的米黄洞石最具代表，具有清晰条纹和自然韵味，使人产生温和、质感丰富的感觉。
（60cm × 120cm、RMB: 884 元 / 片，图片提供 _ 新睦丰）

2 自然孔洞而成的灰色清晰条纹，打造出质感丰富的温暖空间。
（60cm × 120cm、RMB: 962 元 / 片，图片提供 _ 新睦丰）

3 条纹清晰的棕洞石仿若流沙，自然天成，让空间别有韵味。
（60cm × 120cm、RMB: 884 元 / 片，图片提供 _ 新睦丰）

搭配加分秘技

洞石带出自然质朴感

原本设计师设定这面支撑增建区的墙面材质为清水模，但屋主担心清水模太过工业冷调，讨论后改以同样具有质朴自然特性的洞石铺陈。

图片提供＿奇逸空间设计

山形纹洞石突显大气质感

两片纹理清晰的山形纹黄金洞石拼贴而成的电视墙，突显大气的客厅设计。以石材作为电视主墙，施工时必须先以木作打板，再用干式施工手法，将石材用 AB 胶贴附于墙面，不能采用一般石材地坪的湿式工法，否则有石材掉落的危险。

图片提供＿大雄设计

洞石主墙营造自然悠闲步调

位于玻璃屋的餐厅，背景是与房子同高的洞石墙，随机分布的天然孔洞，丰富了大面墙壁的细节，搭配巨型吊灯，有如国外度假住宅。

图片提供＿奇逸空间设计

第2章

地面、墙面皆百搭的基础元素

砖材

砖材，常被用来当作墙砖、地砖使用，较难成为空间的主角，却又是空间里不可或缺的基础元素。近年来，随着烧制技术的逐渐提升，再加上大众对居住环境与设计感的要求，开始在原本苍白的瓷砖表面上玩起创意游戏，仿木纹、金属或石材纹路是最基本的设计。而将艺术家的图腾直接彩绘在壁面上，是最令人惊艳的空间表情，瓷砖从原本的空间配角，一跃成为舞台上的主角。

种类	抛光石英砖	陶砖	板岩砖	复古砖	木纹砖	花砖	马赛克砖	特殊砖材
特色	表面经机器研磨后，呈现平整光亮的感觉	以天然的陶土烧制而成，一般用于户外	利用瓷砖或是石英砖制造，外表仿造岩板的特殊纹理	呈现仿古的色调和花样	表面为仿木纹的纹理	图案多样，多从国外进口	材质多样，石材、玻璃等都可制成马赛克	种类繁多，包含布纹砖、皮革砖以及金属砖
优点	密度和硬度较石材高，耐磨耐压	材质天然，可自然分解	纹路自然耐看，与天然板岩相较，价格较便宜	能营造强烈的风格	和木地板的质感类似	艺术价值高、花样变化丰富	施工简单，可局部自行DIY粘贴	表现风格特殊，有多款样式可挑选
缺点	施工不慎，容易凸起碎裂	表面易卡脏污	陶瓷板岩较脆，表面强度弱	进口价格较高	踩起来没有木地板温暖	有潮流的时效性，容易退流行	缝隙小，易卡污	多由国外进口，价格较贵
价格	RMB:14~68元	RMB:224~1790元	RMB:340~678元	国产RMB:81~95元	RMB:340~678元	进口砖汇率不一，价格不定	进口砖汇率不一，价格不定。	进口砖汇率不一，价格不定

设计师推荐私房素材

采荷室内设计·丁荷芬 推荐　图片提供_采荷室内设计

1 复古砖·乡村与欧式风格的最佳代言：复古砖的价格虽然比起一般瓷砖较高，但复古砖本身就具有强烈的风格特色，容易营造出独特的乡村氛围。有些复古砖的表面还做出仿天然石材的外观，呈现仿若欧式庭园的感觉。在清洁上好整理清洗，保养也容易。

摄影_Yvonne

3 马赛克砖 · 空间中的焦点：马赛克砖通常是点缀整体空间的重点元素，如果运用得宜，对于空间有很大的加分，即便挑选单价高一点的，也能物超所值。而马赛克砖的填缝材料尽量选用防霉防潮的材质，在清洁保养上就能省力很多。

图片提供_演拓室内设计

演拓室内设计 · 张德良 推荐

摩登雅舍室内设计 · 王思文 推荐

2 木纹砖 · 实用与质感并存：木纹砖铺成的地板在视觉上不仅具有木质的温润质感，在耐用度上则更持久，且没有木地板容易受潮的问题，价格更便宜。有些进口的木纹砖做出立体的纹路，质感更佳。对于预算较少，却想拥有木地板质感的屋主，木纹砖是不错的选择。

图片提供_摩登雅舍设计

抛光石英砖
耐刮防滑媲美石材

30 秒认识建材

适用空间	客厅、餐厅、卧室、书房
适用风格	各种风格适用
计价方式	以 m^2 计价（不含施工）
价格带	RMB:14~68 元
产地来源	中国台湾、东南亚、意大利
优点	密度和硬度较石材高，耐磨耐压
缺点	易吃色。若施工不慎，容易凸起碎裂

Q 选这个真的没问题吗

1 我家的抛光石英砖铺了不到一年就凸起碎裂，是不是施工方式有问题，我该如何解决？ 解答见 P.48

2 抛光石英砖的种类有聚晶微粉、多管等，不同种类的抛光石英砖差别在哪里？ 解答见 P.47

3 瓷砖师傅完工后我要怎么确认施工品质？ 解答见 P.48

图片提供＿冠军瓷砖

一般瓷砖的材质可分为陶质瓷砖、石质瓷砖、瓷质瓷砖。陶砖是以天然的陶土所烧制而成，吸水率5%～8%，表面粗糙可防滑，一般用于户外庭园或阳台。石质瓷砖吸水率6%以下，硬度最高，但目前的使用率不高。瓷质瓷砖即为一般俗称的石英砖，制作成分含有一定比例的石英，坚硬的质地让石英砖有着耐磨的功能，耐压度高，吸水率约1%以下，各个空间都适合，但要注意防滑。

石英砖烧成后经机器研磨抛光，表面呈现平整光亮，即为抛光石英砖。其颜色与纹路与石材相仿，具有止滑、耐磨、耐压、耐酸碱的特性，是一般居家最常用的地板建材。因具有石材的质感，价格又比较便宜，颇受消费者欢迎。

常用的尺寸为60cm×60cm、80cm×80cm、120cm×120cm三种。尺寸越大，沟缝越少，看起来比较美观，但大尺寸的石英砖大多由国外进口，不仅价格比较高昂，在施作上也会增加困难度。另外抛光石英砖在表面会烧上一层二氧化钛，可增加表面亮度及好清洁的程度。因此越不亮的越容易刮伤，刮痕也会越明显。

目前抛光石英砖在市场上之所以这么受欢迎，主要就是可改善大理石及花岗石地砖在先天上容易变质、吸水率高等缺陷。然而，抛光石英砖本身具有毛细孔，深色液体、饮料附着表面时容易吃色，应立即擦拭，时间久了会相当难处理。

然而近年来，随着技术的进步，发展出了晶亮抛光石英砖，大大改善了传统抛光石英砖的缺点。晶亮抛光石英砖在原有的抛光石英砖表面再施一层高硬度的混合釉料后再烧制，并再加以二次抛光。其表面的釉料能将砖体的毛细孔完全封除，改善原本易卡污卡色的缺点。也因灰尘、污染物不易附着，产品亮度更高，更好保养清洁。价格约与欧洲进口石英砖相同，每 m^2 RMB: 678~1220元。

种类有哪些

不同的上色方式会影响抛光石英砖的外观，一般可分为4种。

1 渗透釉砖（渗花印刷）

以水溶性色料渗入石英砖坯土内，再经高温烧成，表面抛光后，则成为渗透的抛光石英砖。因此整块是由石英坯土成型，只在表层染印上一层釉色纹路，为早期较常使用的技术。

2 微粉抛光石英砖

利用二次布料机，分别在瓷砖本身的坯土和底层坯土上洒上色料。石英砖最上层未抛光前，颜色彩纹厚度达2mm，经抛光后，厚度为1.2 ～ 1.3mm。

3 多管抛光石英砖

以透心砖制作，但因制作技术的不同而在品质上有所差异。品质较好的透心砖多半经由高科技制造技术的产地进口，如意大利。利用多管布料机，一次下料为一体成型，其纹路非仅呈现表层，而是渗透至底层，即使研磨至最后1mm的厚度，仍旧保持其自然纹路。

4 聚晶微粉抛光石英砖

与多管微粉的品质并无差异，但在下料时多了石英颗料，因此呈现出较佳的纹理质感。

这样挑就对了

1 考量家庭成员

由于抛光石英砖较光滑，家里有老人和小孩则不建议使用，以避免滑倒。

2 密度小、吸水率低

挑选时可以注意它的密度，石英砖的密度会影响其硬度。密度愈密，硬度愈高，吸水率愈低。

3 依尺寸大小判别产地

一般消费者要辨别抛光石英砖是否为品质较好、欧洲进口的瓷砖，可由尺寸大小来看，欧洲最大的正方形石英砖尺寸为60cm×60cm，长方形为60cm×90cm及60cm×120cm。市面上看到的正方形65cm×65cm或以上的尺寸，通常都是东南亚的产品。选购时可稍微留意产地，不要贪便宜而选到等级较差的。

4 不滑触感

比较好的抛光石英砖，因为其密度高、摩擦系数也较高，就算洒了水在上面，反而不会滑，消费者选购时可以摸摸看，比较一下。

5 选购晶亮抛光石英砖可简单以钥匙或硬币试刮

一般抛光石英砖的釉料软抛虽然在初期能呈现足够的亮度和光泽。但因非混合釉料，表面会因摩擦耗损而随着时间减少光泽度，更甚出现刮痕。而晶亮抛光石英砖因表面混合釉料，耐磨度、耐刮度大大提升。

这样施工才没问题

1 大理石干式施工法

使用以适当比例调和的水泥和砂石铺底，铺平的水泥砂，以抹刀抹平后把益胶泥（泥浆）与水泥按 1:4 的比例搅拌均匀，泼洒在砂土上，面积大小略大于一片欲铺设之抛光石英砖，再行施工，益胶泥是为了将抛光石英砖与水泥沙做结合。再以填缝剂补满抛光石英砖之间的沟缝。清扫完后再以适当的水加以擦拭，待干时间需 24 小时，才可踩踏。

2. 半干式施工方式

为了避免大理石施工法有时会有石英砖空心的问题，目前研发出改进的半干式施工。先将水泥沙弄湿，然后在地上找出水平后，在水泥沙还呈现半干时，淋上泥浆，目的是让抛光石英砖与水泥沙更紧密地结合，来避免空心的问题产生。

3 意大利施工法

以目前意大利的施工法来说，以齿度深度 2 cm的齿镘刀做硬底施工，双面涂抹，100%避免了石英砖翘起或空心的问题。而国内一般传统施工在铺设完石英砖后，直接用铁锤敲取水平，但意大利施工则采用特殊的橡胶震动器来做精确的水平基准，并采用高品质的橡胶镘刀及填缝剂补缝。

4 瓷砖铺设时，须特别注意水泥与沙的成分

水泥、沙、水的酸碱成分比例超过标准，会在瓷砖间隙产生透明白色结晶的白华。因瓷砖吸水作用，让表面釉料产生化学变化形成黑斑，因此要特别注意。

监工验收就要这样做

1 与工人沟通施工方式

错误的施工方式可能会造成抛光石英砖不能与地面完美结合，而有凸起破裂的情况，也就是所谓的“膨共”。因此在施作前先和工人确认好正确的施工，并留意瓷砖的间隔需预留 1.5 ~ 2mm 的伸缩缝。

2 沟缝、抹缝要在贴完瓷砖的隔天进行

为了让沟缝材质可以和墙面确实结合，隔天施工可避免事后的剥落和龟裂。

3 装设收边条需注意瓷砖厚度

使用 PVC 角条、收边条时要注意瓷砖的厚度，免得造成有高低差的触感。

4 敲敲看有无空心

完工后可试敲看看，若有空心的声音代表砖体和水泥没有密合，建议打掉重做比较保险。

达人单品推荐

1 晶亮抛光石英砖——千层玉

2 新砂岩

3 莎安娜

1 由意大利进口的晶亮抛光石英砖，运用带有灰阶、冰冷的水泥色调，融合温润、高贵的大理石质感色调。
（59cm × 59cm、价格店洽，图片提供 _ 木丰国际瓷砖精品）

2 为全瓷化坯体抛光砖，具有高强度和硬度、吸水率超低的特性。全新的布粉科技让表面纹路更为多变，呈现天然砂岩矿脉纹理的效果，足以与天然石材媲美。
（60cm × 60cm、80cm × 80cm，价格店洽，图片提供 _ 冠军瓷砖）

3 瓷砖色泽带有微黄，展现柔和温暖的特性，呈现石材的纹理和剔透感。
（60cm × 60cm、80cm × 80cm，价格店洽，图片提供 _ 马可贝里瓷砖）

※ 以上为参考价格，实际价格将因市场而有所变动

这样保养才用得久

以清水加清洁剂清洗

平时以清水擦拭即可，若想去除油渍与油脂及其他可能成为污渍的物质，必须使用温水加上水性清洁剂来彻底进行清洁。若已有渗色问题，可以像大理石一样重新抛光处理。

搭配加分秘技

图片提供_十分之一设计

建立不同层次的白色系空间
运用抛光石英砖、烤漆玻璃等不同质感的纯白材质与间接灯光，营造出圣洁温馨的氛围，让空间不是只有单一的白色系，展现出具有层次的美感。

典雅精致的餐饮空间
餐厅内部运用晶黑的抛光石英砖铺陈，不规则的线条纹理，完美呈现石材纹路肌理与大理石结晶的剔透感。整体以深色系地面和家具凝塑尊贵典雅的精致质感。

图片提供_马可贝里瓷砖

陶砖
调温控湿又环保

30 秒认识建材

| 适用空间 | 客厅、餐厅、阳台
| 适用风格 | 乡村风
| 计价方式 | 以 m^2 计价（不含施工）
| 价 格 带 | RMB: 224~1790 元
| 产地来源 | 中国台湾、西班牙、澳洲、英国、德国
| 优　　点 | 材质天然，可自然分解
| 缺　　点 | 表面易卡脏污

Q 选这个真的没问题吗

1 厨房的地面适合使用陶砖吗？容易保养清洁吗？ 解答见 P.51

2 家里庭院要铺设陶砖，选哪一种比较适合？ 解答见 P.51

严格来说，陶砖是以天然的陶土烧制而成的，吸水率 5% ~ 8%，表面粗糙可防滑，一般用于户外庭园或阳台。而陶砖的毛细孔多，易吸水但也易挥发，可以调节空气中的温湿度，对人体有益，是属于会自然呼吸的材质，同时还具有隔热耐磨、耐酸碱的特性。当陶砖破损或者要丢弃，可以完全粉碎后回归大地，是一种非常环保的建材。

陶砖种类中，壁面材（Bricks）分为可直接砌墙的清水砖及火头砖，或无结构功能而以黏着剂贴在表面的陶土二丁等，都可用于室内外，用于室内时通常以局部装饰为主。地面材（Pavers）则有盖模陶砖及尺二砖，一般以陶砖的厚度来区分室内外建材，室内使用 2cm 以下厚度即可。此外，装饰性功能极佳的陶土马赛克在室内外、壁面地面皆可使用，可发挥画龙点睛的妙用。

摄影＿叶勇宏

种类有哪些

依照烧制方法可分为清水砖、火头砖、陶土二丁挂、盖模陶砖（压模砖）。

1 清水砖

是从 CNS 标准红砖中挑选符合标准的、漂亮的做清水砖，清水砖的表面较光滑，可直接用来砌墙，一般用于室内以局部装饰为主。

空心清水砖比传统实心砖更具有保温、隔热、隔音、防水、不变色、耐久等优异性，一般制成有孔的结构形式，不用表面修饰就能直接呈现红砖墙面效果。

2 火头砖

火头砖的表现以熏黑、粗犷为其特色，在烧制的过程中会加入铁来加强特色，与清水砖同样都可以直接砌墙，用来作为居家局部装饰，风格强烈。

3 盖模陶砖

又称为压模砖，是铺设在地面的陶砖砖材，室内用的以厚度在 2cm 以下的为主。

4 陶土二丁挂

没有结构功能，可以直接粘贴于墙上做装饰，多用于庭院外墙或室内造型墙。

5 尺二砖

30cm × 30cm 的尺寸常用于仿古设计的地面砖材，适合用于室内外，可大量使用。

这样挑就对了

1 先确定用途再挑选

按陶砖的用途可分为室内、室外及壁面、地面等四个面向。用于室内，则讲究外观的细致；用于室外庭院，则要考虑止滑的功能。另外，由于陶砖表面通常不上釉，容易卡污，若施作在油烟较多的厨房，建议用有上釉的陶砖，较好清理。

2 敲击测试品质

最简单的方式就是直接敲敲看，吸水率过高则硬度不足易碎，一般来说陶砖的吸水率为 10% 以下。其次，陶砖的好坏容易受来源土品质的影响，因此原料土的来源是否稳定也是判定品质好坏的标准。

图片提供 _ 奇逸空间设计

▲ 以三孔清水砖砌成，防水性比传统红砖高，除了能用于客餐厅外，也能使用于较潮湿的卫浴空间。

这样施工才没问题

打硬地后以黏着剂铺地

国内目前铺设陶砖地板的方式不一，大多是将陶砖当成一般瓷砖贴，打硬地后直接以黏着剂贴上，再用细砂填缝。在国外，公园或步道则以环保的标准工法施作。先在地基上利用大颗石头及泥土做好一层级配之后、铺上细砂层、陶砖后用细砂填缝，最后再夯实处理。由于标准工法未使用黏着剂，所以陶砖可以无限次使用，没有敲掉重做的问题。

监工验收就要这样做

1 铺设时一定要留缝

陶砖不能密贴，一定要留缝，以一元硬币的厚度为标准。一般来说愈粗犷的质地缝愈大，可以视个人的喜好微调。

2 注意填缝剂的颜色

填缝剂的颜色会影响陶砖铺设后的整体质感。

达人单品推荐

1 百年典藏 II

2 堤香 II

3 亚诺陶

4 法拉陶

1 汲取自然风情灵感，结合极致的数位工艺，展现台湾瓷砖工艺百年荣耀与不断的生命力，创造属于自己生活中的艺术品位。
（60cm × 30cm、30cm × 30cm，价格店洽，图片提供 _ 冠军瓷砖）

2 运用意大利文艺复兴时期知名画家堤香（Titian）细致色彩美学理念，诠释其细腻的纹理与色彩，完美呈现晶亮华丽、柔和细致的两种特色，为居家打造缤纷鲜活的新风格。
（60cm × 30cm、30cm × 30cm，价格店洽，图片提供 _ 马可贝里瓷砖）

3 纯净自然的托斯卡尼陶土，融合了百年传统与现代工艺，轻松打造异国风情。
（15cm × 30cm，RMB:17 元 / 片，图片提供 _ 新睦丰）

4 纯净自然的托斯卡尼陶土，传承百年的专业手艺，打造出漫步意大利的悠然风情。
（30cm × 30cm，RMB:53 元 / 片，图片提供 _ 新睦丰）

※ 以上为参考价格，实际价格将依市场而有所变动

这样保养才用得久

以清水保养

由于陶砖的表面较粗糙，若为户外或阳台可以高压水柱清洗，而作为室内地砖则使用一般的拖把即可。

搭配加分秘技

展露砖墙原色粗犷

在厨房以裸露红砖砌成中岛吧台，不仅具有餐桌和流理台的机能，有效区分厨房和餐厅空间。砖墙不打底的作法，呈现原始的素材表面，粗犷又迷人。

摄影 _ 沈仲达

摄影_叶勇宏

原始素材的自然况味

卧室隔间的砖墙刻意不修饰，以原始样貌呈现，再加上邻墙涂抹绿色漆料，与户外的山林绿意相呼应，呈现朴实隽永的空间氛围。

开阔不设限的户外阳台

为了拥抱山林，特意扩大户外阳台的范围，墙面则以裸露红砖呈现自然风味，再铺上木质天花，自然的素材让室内与户外合二为一。

摄影_叶勇宏

复古砖
营造风格的饰面材

30 秒认识建材

| 适用空间 | 客厅、厨房、餐厅
| 适用风格 | 乡村风、地中海风、普罗旺斯风
| 计价方式 | 以 m^2 计价（不含施工）
| 价 格 带 | RMB: 81~95 元（国产），进口砖则数千元不等
| 产地来源 | 中国台湾、西班牙、意大利
| 优　　点 | 容易营造特殊风格
| 缺　　点 | 搭配需花心思，否则风格容易沦于过时

Q 选这个真的没问题吗

1 **想把家里装潢成乡村风格，该怎么利用复古砖做搭配呢？** 解答见 P.55

2 **复古砖的表面比较粗糙，会容易卡脏污吗？** 解答见 P.55

复古砖给人的手工质感一直深受人们喜爱，其仿古的色调和花样，在空间显现出。为了让复古砖展现更具手感的质朴面，砖体完成后利用后续加工将边缘经过特殊处理，让旧化的质地更强。

复古石英砖利用模具造成瓷砖表面产生凹凸的纹路，以表现石块或石片的质感，或是以釉料利用施釉技巧或窑变方式，让瓷砖的色彩以各种不同的质感或深浅不均的方式呈现。从仿陶面、石面到板岩等都有，像是仿石面的石英砖，则呈现远古建筑的质感，每一片的颜色差异较大，尺寸也不像一般瓷砖的标准来得严谨，有时误差范围较大，目的在于表现粗犷不拘的风格。

图片提供＿安心居

种类有哪些

依照表面的表现风格，可分成仿陶面、仿石面和仿板岩面。

1 仿陶面

表面较细致，多呈现砖红色。

2 仿石面

纹理明显粗糙，大多以模具压制而成。

3 仿板岩面

每一片的形状都不规则，纹路呈现自然石材的粗犷。

这样挑就对了

注意色差

复古砖几乎都有窑变的效果，选购时要注意样品和实际颜色是否有太大的色差，建议先逐一确认现货颜色是否符合需求后再下单购买。同时也要观察一下是否有严重翘曲的情形。

这样施工才没问题

施工前先规划

复古砖的施工和一般瓷砖的施工大同小异，不过由于复古砖的规格误差范围较大，建议施工前应先做好瓷砖规划，并将其瓷砖间缝（一般为 3 ~ 5mm）规划在内，再标线粘贴。

监工验收就要这样做

注意铺贴是否平整

需特别留意铺贴的缝隙是否一致，避免因施工粗糙在完工时产生误差，并注意铺贴是否平整。

这样保养才用得久

搬重物小心伤表面

表面滴到有颜色的液体，要记得马上擦拭，而在搬动物品时，也要注意勿以推移的方式，要小心轻放以免伤及表面。

达人单品推荐

1 复古赭

2 酒庄系列——皮诺

3 浮梁石

4 温泉石石板砖

1 温暖的砖红色泽散发出自在而放松的氛围，让人有回到家的感觉。
（15.2cm × 30.4cm，RMB: 24 元 / 片，图片提供 _ 新睦丰建材）

2 以欧洲顶级酒庄为设计概念，皮诺呈现着充满乡村气息氛围，略带慵懒的轻松写意，令人心醉向往。
（15cm × 30cm、30cm × 30cm，价格店洽，图片提供 _ 安心居）

3 浮梁石系列 - 借由几何规则组合立体模面效果，色系复古自然，精心雕琢每个细节。有独特的自我风格，任意拼贴都好看、易于搭配。适用于庭院、广场、人行道、阳台，具止滑效果。
（30cm × 30cm，价格店洽，图片提供 _ 冠军瓷砖）

4 仿造如古罗马的石板大道，原始的自然石材样貌，展现如徜徉在欧洲小径的悠然氛围。
（15cm × 15cm、30cm × 15cm、30cm × 30cm，价格店洽，图片提供 _ 马可贝里瓷砖）

※ 以上为参考价格，实际价格将依市场而有所变动

搭配加分秘技

仿旧色泽，拥抱旧时代的美好

运用多块不同的仿旧复古砖拼贴，错综分布产生视觉的韵律感。旧时的温暖色泽，既古雅又现代，能带来截然不同的空间氛围。

摄影_安心居

独特复古砖展现缤纷居家

整体风格延续至厨房，从收纳橱柜到墙面地坪，都展现到位的乡村风。

英式古典的居家风味

玄关运用复古花砖铺陈，不仅界定出范围，怀旧的花色也与整体的英式古典风格相呼应，同时柜面用线板装饰，更添古典韵味。

马赛克砖
拼贴营造空间变化

30 秒认识建材

| 适用空间 | 客厅、餐厅、玄关、厨房、卫浴
| 适用风格 | 奢华风、现代风
| 计价方式 | 以 m^2 计价（不含施工）
| 价 格 带 | 进口砖汇率不一，价格不定。特殊材质如贝壳等取材不易，价格较高
| 产地来源 | 欧美、印度、东南亚、日本、意大利、中国台湾
| 优 点 | 施工简单，可局部自行 DIY 粘贴
| 缺 点 | 缝隙小，易卡污

Q 选这个真的没问题吗

1 我在验收时，发现壁面的马赛克砖间距不太一致，这样是正常的吗？ 解答见 P.59

2 在铺设马赛克时，施工上有什么需要注意的地方吗？ 解答见 P.59

马赛克的原意为由各式颜色的小石子所组成的图案，又称为碎锦画或镶嵌细工，在古希腊、罗马地区最盛行，现在泛指 5cm × 5cm 以下尺寸的瓷砖拼贴手法。自 19 世纪末的西班牙建筑师高第创造马赛克拼贴艺术以来，拼砖魅力就一直备受喜爱。

依照制成的材质来看，除了一般的瓷质瓷砖外，加上金箔烧制的特殊瓷砖，石材、玻璃甚至天然贝壳、椰子壳都被拿来做成马赛克砖，这种新兴类型的材质在建材市场上愈来愈风行。而马赛克砖的售价与材料的特殊性、形状大小有关。一般来说，颗粒越小，材质越特殊，则售价就偏高。

在铺设马赛克砖时，可使用片状的网贴马赛克，整片贴上较省事方便，也可买零散的马赛克发挥创意，随性拼出喜欢的图样。

图片提供＿摩登雅舍

种类有哪些

1 石材马赛克

将大理石、板岩、玄武岩等石材切割制成马赛克，表面有天然石材的纹路与毛细孔，上釉后呈现更多元的色彩。

2 陶瓷马赛克

传统的马赛克都是以陶瓷烧制而成，喷釉后形成陶瓷表面，产品变化性较小。

3 玻璃马赛克

玻璃马赛克的制程方式大致可分成两种，一种为将瓷砖底釉烧成玻璃面，另一种则直接将玻璃切割成马赛克，色彩更缤纷。

4 贝壳马赛克

原料取自天然野生贝壳或是人工养殖贝壳。贝壳本身无毛细孔，一般家用的清洁用品、茶、咖啡等酸碱物质不会造成外观变化。而贝壳与生俱来的自然光泽，再加上防水、耐刮、抗酸碱的特性，使得空间的运用范围变大，举凡电视主墙、卫浴壁面，甚至柜体的立面与门片都可使用。

5 椰壳马赛克

以天然椰壳制成的最新环保建材，椰壳的天然纹理可完美呈现南洋风、峇里岛风的居家设计。

这样挑就对了

依使用空间挑选合适的材质

因为石材马赛克本身有毛细孔，吸入水汽后容易造成石材变质、变色，通常施作完毕会上一层防护剂保护。因此若在水汽较多的浴室中，则要特别留意保持通风和干燥。而椰壳马赛克本身虽经过防虫处理等加工设计，但易受潮的特性，也不适合施作在潮湿处。

这样施工才没问题

1 选用专用的黏着剂

施作马赛克时，需选用专用的黏着剂来增加吸附力，要注意使用的黏着剂分量不要太多，以免从缝隙中溢出。而马赛克的颗粒较小，所以也要等完全干后再抹缝。

▲ 复古砖及马赛克砖拼贴图案为空间增加朴实美感。

2 施工顺序摆在最后

施作马赛克时，最好保留在装潢工程的最后阶段进行，如此才不会因为同时进行其他工程而破坏马赛克的装饰面。

监工验收就要这样做

1 材质验收

由于马赛克种类众多，在施工前宜先对材质本身做一次验收，确认颗粒是否完整。不过有些材质以自然感为诉求，纹路及质感不以平整为其特色。

2 施工验收

拼贴好的马赛克不应该看得出是一张张贴起来的，若有这样的情形，表示师傅在粘贴时没有注意到每张的间距。

3 是否有上防护漆

未上防护漆的马赛克砖特别容易让水渗入砖内，形成脏污，验收时应注意是否有上防护漆，尤其是铺设在浴室需特别注意。

达人单品推荐

1 列夫卡石——沁心马赛克

2 黑蝶贝

1 由充满白色系的希腊小村庄开始，运用米、灰、白等色系及银白花砖交错打造，装点局部细致品位。
（30cm×30cm，价格店洽，图片提供＿安心居）

2 以深浅不同的贝类交错拼接，置于吧台立面宛如点点繁星点缀星空，展现神秘优雅的氛围。
（尺寸、价格电洽，图片提供＿金贝特生科有限公司）

※ 以上为参考价格，实际价格会依市场而有所变动。

这样保养才用得久

1 以清水擦拭

马赛克砖和一般的瓷砖相同，在清洁时以清水去除脏污即可，特别脏时才需使用中性清洁剂。

2 完工后上防护剂

马赛克砖完工后建议上一层水渍防护剂，平常利用海绵清洗时也比较好整理。但若壁面为珪藻土材质就不能上防护剂，如此才不会影响其吸附有害物质、调节湿度的功能。

搭配加分秘技

手贴马赛克的童趣

为了让卫浴空间更加缤纷，屋主特意亲自手贴马赛克砖拼贴出黄色小鸭的意象，让小孩增添洗浴的童趣，也成为空间中最显眼的视觉焦点。

摄影＿叶勇宏

图片提供 _ 大雄设计 Snuper Design

亮眼卫浴空间

使用反射性高的金属砖和马赛克砖，感受不同特色，让空间产生多元变化。

亮面马赛克营造低调华丽风格

卫浴墙面利用局部跳色的马赛克砖营造低调华丽感，镜面则利用喷砂玻璃造型制造灯光变化，为空间增添趣味。

图片提供 _ 演拓室内空间设计

板岩砖
均质耐磨的地板材

30 秒认识建材

适用空间	客厅、餐厅、厨房、卫浴
适用风格	现代风、自然风
计价方式	以 m^2 计价（不含施工）
价 格 带	RMB: 340~678 元
产地来源	意大利、西班牙、土耳其、东南亚、中国台湾
优　　点	吸水率低，与天然板岩相较价格较便宜
缺　　点	陶瓷板岩有瓷砖易脆、破裂，表面强度弱等缺点

Q 选这个真的没问题吗

1 **听说板岩砖铺起来的质感很好，平时会不会难保养呢？** 解答见 P.63

2 **板岩砖的尺寸很多，若用在浴室的地面，哪种尺寸比较好呢？** 解答见 P.63

人造板岩砖又称仿岩砖或仿石砖，是利用人工方式将瓷砖或是石英砖仿造成岩板纹理，一般常见的是陶瓷板岩砖及石英板岩砖。目前市面上的板岩砖，大部分皆以石英砖的材质制作，耐用度和硬度较好。

以国外进口板岩砖而言，所生产的板岩砖，坯底扎实、密度高、耐磨度高、吸水率低，不只可用于室内，更可用于室外。而新的数位上釉技术，让板岩砖纹路更自然，就像是天然石材切片般，有如将大自然的氛围带进室内，让消费者拥有开阔舒适的感受。其制成的方法为，由坯土研磨、调制成形后，再利用高温窑烧后裁切修边制成。

图片提供＿马可贝里瓷砖

种类有哪些

依照制成的方法，可分为陶瓷板岩砖和石英石板岩砖。

1 陶瓷板岩砖

材质为瓷制瓷砖，在表面进行仿造岩石面的烧制。表面强度较弱，易脆裂。

2 石英石板岩砖

石英石板岩砖的耐用度及强度等数值都较瓷制砖好。

这样挑就对了

1 依空间挑选

板岩砖适合铺设的区域很广泛，唯一要注意的是地面的铺设以硬度较好的石英材质为佳。板岩砖表面纹路较清楚，具有止滑效果，也适合铺在浴室等潮湿的地方。

2 大尺寸可呈现大器感

板岩砖尺寸多样，客厅公共空间的地坪可以挑选较大的尺寸表现大气感，其他小空间如浴室地坪，则以 30cm × 60cm 的尺寸施作，较好处理泄水坡度。

这样施工才没问题

1 拼贴应留缝 2mm

因中国台湾处于地震带，施工时不建议紧密拼贴的方式，最好应留缝 2mm，以作为缓冲，避免因地震时隆起。

2 以水刀裁切，边缘较平整

因地坪空间大小而需要裁切时，建议以水刀切割，这样较能裁切出平整的切边。

3 填缝剂避免整面涂抹

板岩砖的填缝剂要避免整片涂抹，乃因板岩砖凹凸不平的纹路容易残留填缝剂，事后不易清洁。应在板岩砖的缝隙直接以镘刀少量涂抹填缝剂，或采用勾缝的方式，以填缝袋尖端直接施作。

监工验收就要这样做

与工人沟通施工方式

与一般瓷砖工法类似，由于错误的施工方式可能会造成板岩砖产生“膨共”的问题，因此在施作前先和工人确认施工方式，并留意瓷砖的间隔需预留 2mm 左右的伸缩缝。

达人单品推荐

1 Stone Box
宝格系列——白

2 Pure Stone
纯粹系列——灰

3 奥瑞亚

1 精选全世界石材纹路中最漂亮的 36 种纹路，以数位印刷印于瓷砖表面。纹路表现细致自然。
（45cm × 90cm，价格店洽，图片提供 _ 木丰国际瓷砖精品）

2 设计灵感来自简单的概念，将石材切片的原本纹路直接印制于瓷砖，不多做筛选，随机呈现。再加上 3D 立体感的线条及云彩，让纹路更自然、逼真。
（80cm × 80cm，价格店洽，图片提供 _ 木丰国际瓷砖精品）

3 以先进数位喷墨印刷工艺，搭配立体浮雕模面，让天然山峰纹理清晰自然，层次更加分明、细致，通过细腻的工艺，让空间溢满天然脉络。
（60cm × 30cm，价格店洽，图片提供 _ 马可贝里瓷砖）

※ 以上为参考价格，实际价格会依市场而有所变动。

这样保养才用得久

以清水保养

目前市面上的板岩砖，大部分皆以石英砖的材质制作，与天然板岩相比较，清洁时更为容易，平时使用清水保养即可。但板岩砖的表面略微粗糙，虽可防滑，也容易卡皂垢脏污，建议可定期用专门的瓷砖清洁剂清洁。

搭配加分秘技

悠闲自适的洗浴空间

延续全室沉稳舒适的视觉感受，卫浴空间以淡米色的板岩砖铺陈，再辅以全黑的台面和木色柜体，有效稳定空间重心。同时利用双面盆的设计，让两人可以一起梳洗。木百叶的设计，展现多层次的风貌，拥有更悠闲自适的盥洗空间。

图片提供＿大雄设计 Snuper Design

黑色调打造沉稳卫浴风格

同色系黑色的板岩砖为卫浴空间的主色调，能带来放松沉静的感觉，仿石的纹理营造度假般的悠闲风格。大面积的镜面可扩大空间感。

图片提供＿虫点子室内设计

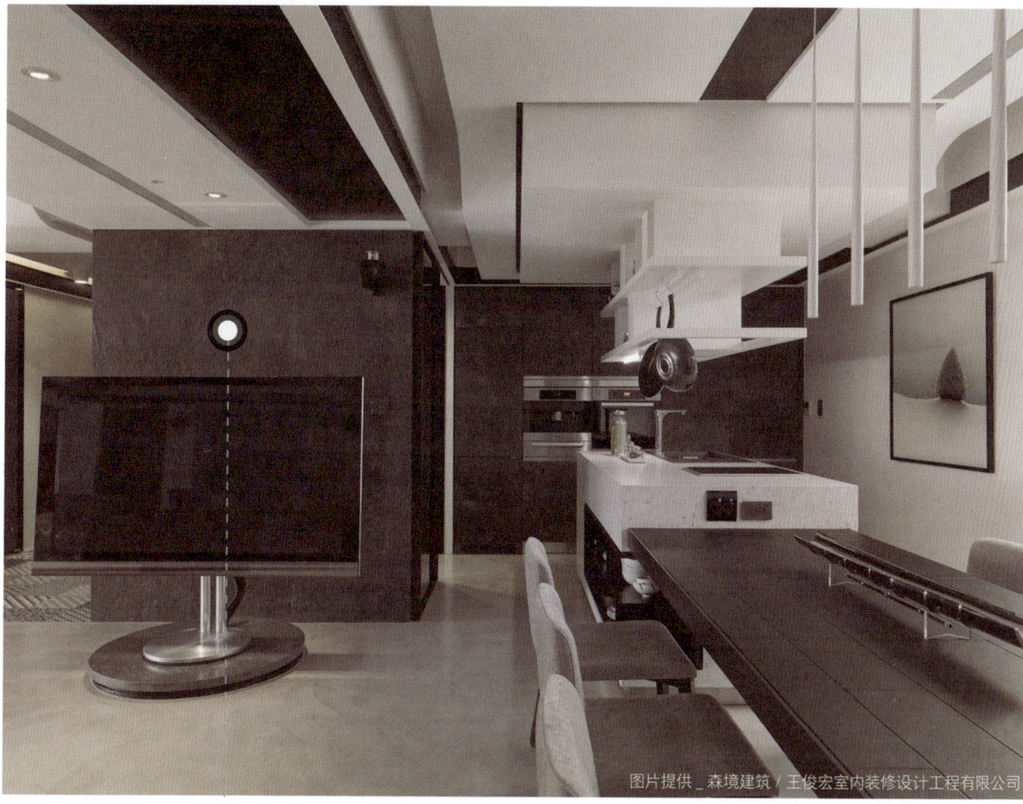
图片提供＿森境建筑／王俊宏室内装修设计工程有限公司

黑色板岩砖一展视觉张力

空间以黑、白、灰为组成基调，从电视端景墙延伸至厨具柜体墙，选用黑色板岩砖来做表现，重色且大面积的使用下，一展强而有劲的视觉张力，而随着转折面体的指引，使用动线上也变得更为清晰。板岩砖在拼贴上特别做了不规则的分割，呈现出来的细线效果，又替整体做了点变化。

仿石纹砖创造自然气质的空间

为了让四方水泥空间能更充满自然气息，设计师使用了天然石材、木皮等元素，在地面部分砖材上为了能与其相呼应，便以板岩砖为主，宛如真实石材般细腻逼真，贴覆时也不刻意对花，而是自然地随纹理走向铺叙出来，这画龙点睛的元素，更加突显空间的自然气质。

图片提供＿大雄设计 Snuper Design

木纹砖
木地板的最佳替身

30 秒认识建材

适用空间	客厅、餐厅、厨房
适用风格	各种风格适用
计价方式	以 m^2 计价（连工带料）
价 格 带	RMB: 340 ~ 678 元
产地来源	欧美
优　　点	具原木温润的视觉效果，且易清理保养
缺　　点	价钱较高，踩起来没有木地板温暖

Q 选这个真的没问题吗

1 挑选木纹砖时，有什么需要注意的吗？ 解答见 P.67

2 木纹砖和其他瓷砖的差别在哪里？优缺点分别是什么？ 解答见 P.66

所谓木纹砖，顾名思义就是仿木纹的瓷砖。由于中国台湾潮湿的气候，使得向来怕水、怕腐蚀的木头不易维护和保养，若作为地板使用，在硬度和耐磨度上，易坏损的概率相当高，因此，在这种情形下，开始研发耐磨、耐刮又好清理的仿木纹瓷砖。木纹砖虽是属于瓷砖材质，但因表层经过釉药处理，和抛光砖与石材比起来，不但防滑功效比较好，在使用感上虽不及木头来得温润，但还是比较具有温暖度。

在发展的过程中，木纹砖在花纹风格、颜色深浅上做变化外，在尺寸上也出现长条与方形的规格，从常见的 15cm × 60cm，到大尺寸的 60cm × 120cm、20cm × 120cm 等一应俱全，让木纹砖在拼贴手法上，也拥有和木地板多变的拼贴方式。同样的，根据烧制温度的不同，木纹砖也分有陶质、石质和瓷质三个种类。一般来说，瓷质吸水率最低，硬度和耐磨度也高，适合在浴室或户外空间使用。

图片提供 _ 安心居

种类有哪些

依木纹类型，可分成原始木纹和古木纹。

1 原始木纹

单纯仿木纹的图案，主要是保留原木的纹路，营造天然的氛围。

2 古木纹

呈现如古木般有着深刻岁月斑驳的刻痕纹路为主，讲究的是自然不矫情的原始风格。

这样挑就对了

1 确定木纹砖铺设位置

依照空间特性选择适合的材质，瓷质的木纹砖因硬度和耐磨度高，适合用在户外空间；若铺在浴室，则可以选择表面纹理较深的木纹砖来增加止滑度。

2 用价钱辨认品质

辨认品质最好的方法，是直接以价格来判断，因为烧成技术越好，纹路便会越趋近真实，价钱当然越高。

3 注意瓷砖的平整度

木纹砖常会仿效木地板的拼贴方法，因此若砖面不平整，铺设后的视觉感便会相当凌乱。在选购时，可请店家当场试拼，确认平整度。

这样施工才没问题

注意填缝剂的使用

因木纹砖具有木质素材的颜色，然而平时的填缝剂多以灰色系为主，在视觉观感上比较不适合，因此可选用接近木纹砖色调的填缝剂做搭配。

监工验收就要这样做

1 确认瓷砖平整度

铺设前要先确认瓷砖是否有翘曲的情形，可用两片砖面对面比对。

2 确认花色有无错误

看看瓷砖是否色泽平整、花纹是否有方向错误的情况。

达人单品推荐

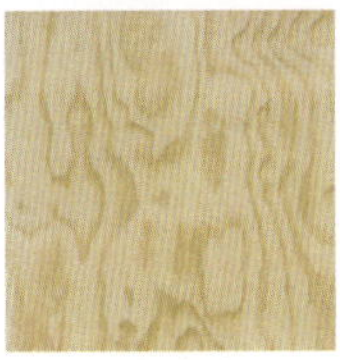

1 生态木

2 普普木 Uonuon

3 杉峰石木纹砖

4 珂米木纹砖

5 Fusion 融合系列

1 单纯的木纹注入北欧的环保概念成就了另一番自然风味。
（60cm × 120cm，RMB:76 元 / 片，图片提供 _ 新睦丰 ）

2 打破过往木纹砖的规则和限制，将 14 种不同颜色的木纹砖，透过黑白色两种正负片效果，创造砖面色彩的多变样貌，略带普普风的设计，可以很前卫，也能融入复古空间，同时隐含了向现代艺术大师 Andy Warhol 致意的意涵。
（20cm × 120cm，RMB:463 元，by 14 Ora Italiana，图片提供 _ 新睦丰 ）

3 透过先进的数位喷墨印刷技术，采用天然原木印象，有白杨木、橡木等纹理设计。
（15cm × 75cm，价格店洽，图片提供 _ 冠军瓷砖 ）

4 怀着对天然森林的敬意，运用先进的数位喷墨印刷技术，拟真呈现实木的木质纹理层次。
（60cm × 120cm，价格店洽，图片提供 _ 马可贝里瓷砖 ）

5 呈现浑然天成的木质色泽，仿造木质地板的天然原貌所打造的手刮痕立体表面，以手指轻抚，触感独特自然。
（15cm × 90cm，价格店洽，图片提供 _ 冠军瓷砖 ）

※ 以上为参考价格，实际价格会依市场而有所变动。

搭配加分秘技

以色彩表现风格

地板通常是决定家中风格的主要元素，如果希望居家风格比较沉稳内敛，可选用较深色的木纹砖；反之，白色的木纹砖则可以营造干净清爽的轻松氛围。

图片提供 _ 马可贝里瓷砖

鲜艳色彩型塑抢眼风格

木纹砖除了可平铺在地面上，也能多元运用于壁面或楼梯，以色彩鲜艳的砖材点缀其中，塑造视觉焦点，让人一眼就感到惊艳！

图片提供 _ 新睦丰

这样保养才用得久

1 使用具有酵素的清洁剂

白色的填缝剂虽然看起来美观，但容易有吃色的问题，就算弄脏后马上清理也难以去掉污渍。因此建议可使用具有酵素的清洁剂清理。若是无法完全去除脏污，可自行 DIY 挖除脏的填缝剂再进行回填。

2 使用牙刷、软布等工具清理

若在瓷砖上的木纹花纹卡污，可用牙刷、软刷、油漆刷或是软质的布辅助擦拭清洁。

图片提供_奇逸空间设计

利用材质转换进行开放场域的分野

开放式的公共空间利用地坪材质界定区域，客厅以横向铺设的木纹砖产生延伸空间的效果，餐厨区域则转换为米白色的雾面瓷砖，并由地坪转折延续至墙面，与厨具色调相互交融，不同材质借由和谐的色感调和出一致的风格调性。

图片提供_森境建筑／王俊宏室内装修设计工程有限公司

褐色木纹砖彰显空间中式文雅风情

深具中式味道的空间，在色彩规划上以中式传统的红、黑作为对比，勾勒出紧凑的用餐氛围。但是在地坪则回归沉稳、文雅，选用褐色的木纹砖为主，拼贴时刻意用白色突显拼贴沟缝效果，再加上材质表面带有宛如实木的纹理，与整体相搭配，既不失自然感，又拥有自己独特的味道。

花砖
最吸睛的重点装饰

30 秒认识建材

适用空间	客厅、餐厅、卧室、厨房、卫浴
适用风格	各种风格适用
计价方式	以片或组计价（连工带料）
价 格 带	进口砖汇率不一，价格不定
产地来源	欧美
优　　点	艺术价值高、花样变化丰富
缺　　点	有潮流的时效性，且价格稍贵

Q 选这个真的没问题吗

1 **玄关的地面想用花砖和复古砖做搭配，在材质挑选上有什么需要注意的？** 解答见 P.71

2 **听说花砖很贵，一般是如何计价？我可以只买单片吗？** 解答见 P.71

花砖的设计是瓷砖最大的特色，向来是各瓷砖厂商展现创意与新技术的重要产品，尤其每年秋季，在意大利波隆纳的瓷砖展，更可以见到引领时尚潮流的各式花砖产品。通过瓷砖的印刷技术、上釉手法、高温窑烧的方式，以及瓷砖的表面处理，每一个步骤都会影响花砖的视觉效果。

一般来说，花砖多用于壁面装饰，若要用于地面做装饰，地砖和壁砖使用上的差别通常是以硬度及止滑度作为区隔的；若要用壁砖作为地砖，建议局部装饰即可，且需有耐磨处理过的。

近年来，瓷砖厂商非常乐于跨界合作，插画家和艺术家的设计也提高了花砖的艺术价值。一般来说，花砖图案以花卉和抽象几何的图形为主流，在空间设计上通常会搭配同系列的素砖让空间产生多层次的变化。

图片提供_KC Design Studio

种类有哪些

依花纹的大小，可分为单块花砖和拼贴花砖。

1 单块花砖

在一片瓷砖上呈现完整的图案，称为单块花砖。

2 拼贴花砖

用数片的砖合拼成一幅完整的图案，尺寸较大，多使用于范围较广的壁面。

这样挑就对了

1 采购时最好整组采买

由于每一家厂商或每一款花砖的尺寸都不尽相同，若随意更换搭配恐怕会有尺寸不合的问题，最好是整组花砖加素砖统一采购。

2 不适合作为地面材

一般花砖用在壁面为主，不建议铺设于地面，除非有抗磨处理，选购时先咨询清楚。

3 温泉区不可选用含金属釉料的花砖

温泉区的酸碱度会让金属釉料变黑，选购时要特别注意。

这样施工才没问题

1 注意对花

由于拼贴式的花砖，最重要的是要注意对纹是否精确，因此，在施工前需先丈量尺寸从中间开始贴，让两边的瓷砖对称。

2 转角处收边

在壁面或地面的转角处要精准算入瓷砖的厚度后，以磨背斜 45 度切割，才能完美地拼贴出漂亮的花砖。或者直接以转角砖替代。

监工验收就要这样做

确认花色有无贴错

看看瓷砖是否色泽平整、花纹是否有方向错误的情况。

达人单品推荐

1 姿意系列——飞舞米

2 当代石系列——印象白

3 花季——繁

4 威尼斯柱饰

5 坎德培拉

1 姿意系列的不规则朦胧色调，不规则的线条刻痕呈现多种光影变化，除了米色之外，也有黑色可供选择。
（60cm × 60cm，价格店洽，图片提供 _ 安心居）

2 以泼墨式的笔触，搭配似油画般的线条，呈现特殊淋釉的立体感。
（48cm × 96cm，价格店洽，图片提供 _ 安心居）

3 花，一直是浪漫的代表，其柔软、婉约的印象，成为生活艺术中不可缺少的一环。花季系列，将花朵的剪影细致地呈现于瓷砖表面。让花朵也有永久的保鲜期。
（50cm × 50cm、100 × 100cm，价格店洽，图片提供 _ 木丰国际瓷砖精品）

4 古典欧风的柱饰图腾衬以优雅的米黄色调，使人仿佛置身于水都威尼斯。
（91.5cm × 91.5cm，RMB 5170 元 / 组，图片提供 _ 新睦丰）

5 融合天然石材的元素，在砖面呈现细腻的光泽，其表面造型与色彩更加丰富与多样，构筑了写意又舒适的生活空间。
（60cm × 60cm、20cm × 60cm，价格店洽，图片提供 _ 安心居）

※ 以上为参考价格，实际价格会依市场而有所变动。

搭配加分秘技

图片提供＿泛得设计

加上花砖，丰富视觉感受

水泥地板加高再搭配清玻璃方式，圈围出独立区块，周边再由花砖铺成，能丰富彩度变化，创造更舒适的饮食氛围。

流露复古怀旧的气息

运用六角、菱形等复古花样堆砌而成的墙面，不同花纹的随意排列形成写意自然的舒适氛围，怀旧的米色花纹使空间流露美好的旧日情怀。

图片提供＿安心居

这样保养才用得久

使用中性的清洁剂

一般使用中性的清洁剂，可不伤害瓷砖本身。

特殊砖材

布纹金属各异其趣

30 秒认识建材

适用空间	客厅、餐厅
适用风格	各种风格适用
计价方式	以 m^2 计价（连工带料）
价 格 带	进口砖汇率不一，价格不定
产地来源	欧美
优　　点	表现风格特殊，有多款样式可挑选
缺　　点	多由国外进口，价格较贵

Q 选这个真的没问题吗

1 设计师说不用贴壁布，现在用瓷砖也可以呈现布面的质感，是真的吗？ 解答见 P.73

2 家里想用皮革质感的瓷砖做装饰，要怎么搭配才会好看？ 解答见 P.75

因近年来瓷砖的印刷技术日趋进步，可逼真地模拟出各种材质的纹理，像是布纹、皮革或是金属等，在表现手法上不仅多了创意，也融合了瓷砖耐用好保养的特性。

布纹砖和皮革砖仿造天然织品和动物皮纹，视觉上看起来较有暖度。而金属砖带有冷冽的金属光泽，呈现极简冷调的氛围，适合用于营造现代风格。

虽然表现出来的材质不同，但实际上还是基本的瓷砖，制成的材质包含陶质、瓷质、石英砖三种。建议选购时，还是要依照材质去搭配使用空间，像石英砖和瓷质较坚固，适合用于地面和壁面，而且石英砖不容易热胀冷缩，特别受到广大消费者的喜爱；而陶质壁砖则不适合用于地面。

图片提供 _ 安心居

种类有哪些

依表面呈现的材质可分成仿石材砖、布纹砖、金属砖和皮革砖。

1 仿石材砖

通过压纹和颜色的变化处理，让瓷砖表面呈现如砂岩、纹岩、石英石等不同触感。经过压纹处理的砖，本身具有止滑效果，应用在卫浴十分适合。

2 布纹砖

运用色彩突显织品的纤维与图案，将软性材质质感与硬质瓷砖结合，流露温暖的调性，展现质朴、自然的居家感。

3 金属砖

以釉彩呈现金属光泽的效果，可展现冷冽质感，多用于现代风的居家设计。

4 皮革砖

一般常见的有牛皮、鳄鱼皮、大象皮等皮革纹理，改写了瓷砖给人的冷冽质感。近期市面上还出现仿斑马纹、仿豹纹等珍稀动物毛皮的立体瓷砖。

这样挑就对了

注意素材的运用与平衡感

像金属砖这种冷冽的砖材，比较适合局部使用，若运用于大面积的壁面时，可搭配浅色等具备温暖调性的素材，来保持空间的平衡感。

这样施工才没问题

施工前先规划

施工和一般瓷砖的施工大同小异，建议施工前应先做好规划，再依标线粘贴。

监工验收就要这样做

1 注意填缝剂的颜色

填缝剂的颜色会影响铺设后的整体质感，验收时应多留意。

2 其他验收注意事项与一般瓷砖相同

达人单品推荐

1 清水模砖

2 坎德培拉——巴洛克白金

3 伦巴第金

4 铸晶石微晶砖系列

5 西斯汀 Sistina 微晶砖系列

1 本系列运用数位印刷的技术，让瓷砖有了清水模的面貌。不但保留了清水模经典质朴的特色，也解决了可能的施工不良及粉尘问题，让居家空间简约、自然，也更安全。
（60cm × 60cm，价格店洽，图片提供 _ 木丰国际瓷砖精品）

2 古典的表面刻纹，再加上隐约闪耀的光泽，呈现大气雍容的空间氛围。
（60cm × 60cm、20cm × 60cm，价格店洽，图片提供 _ 安心居）

3 亮眼的金黄色泽演绎出大户人家的奢华气派。
（15.2cm × 15.2cm，RMB: 31 元 / 片，图片提供 _ 新睦丰）

4 以先进数位喷墨印刷技术真实重现原石纹路肌理，运用全新的干粒微晶施釉烧结科技，呈现天然石材的纹理层次，营造出空间时尚优雅的魅力。
（90cm × 90cm，价格店洽，图片提供 _ 冠军瓷砖）

5 运用工艺陶瓷“干粒微晶施釉烧结科技”，纹理更加立体、细致。数位印刷的石材纹路栩栩如生，花色多元唯美，质感晶莹剔透。
（90cm × 90cm，价格店洽，图片提供 _ 马可贝里瓷砖）

※ 以上为参考价格，实际价格会依市场而有所变动。

搭配加分秘技

水泥砖与铁件型塑冷硬氛围
在工业风的空间中，运用强调原貌的水泥砖，搭配不可或缺的铁件元素，型塑出冷硬的空间氛围。大尺寸的砖型，减少沟缝的产生，也更突显 Loft 空旷感。

图片提供_新睦丰

展现高雅气息
卫浴壁面以特殊的菱格布纹砖展现雅致的调性。

图片提供_陶玺空间设计

这样保养才用得久

以清水擦拭
和一般的瓷砖相同，在清洁时以清水去除脏污即可。

第3章

天然舒适的无压建材

木素材

家，是每个人最放松的地方，想营造出自然无压的空间，就一定要挑选质地温厚的木材。其温润的质地、香味，不论是用于地板、墙面抑或是家具，往往都能将人从整日的紧张感中释放出来。

依照制成手法和树种，可分成实木、集层材、特殊树材和二手木。其中实木以整块原木裁切，最能完整呈现木材质感；集层材经过各类木种压缩加工，另成一种崭新的面貌；除了原木之外，人们也开始寻找替代建材，能够取代日渐耗竭的森林资源。其中生长快速的竹子和具有柔韧特性的软木塞，就成了现今的新宠儿。另外，基于永续环保的观念，利用价格便宜的二手木，回收再造使木料美丽变身，让木材的生命能延续不绝。

种类	实木	集层材	特殊树材	二手木
特色	整块原木裁切而成	由三四块木料拼接而成	以竹材和橡树制成，为环保耐用的绿建材	回收旧木材制成
优点	没有人工胶料或化学物质，只有天然的原木馨香	有效节省天然木料的使用	为实木的替代建材，实现环保观念	价格低廉
缺点	价格高昂、抗潮性差，易膨胀变形	无法100%模拟自然木质	造价贵、使用不普遍	品质不一，需避免选到泡过水的木材
价格	RMB: 305~2035元	RMB: 204~542元	RMB: 305~1220元	依木种和重量而定

设计师推荐
私房素材

石坊空间设计 · 郭宗翰推荐
图片提供＿石坊

1 海岛型木地板 · 赋予空间温厚的氛围：天然的纹路肌理呈现出独一无二的表情，本身特有的温润感赋予舒适、温暖的质地，夹板与实木的交互构成，切合着气候时节的变化。价格中等，但也因实木厚度部分有些许的差异。在地面材的运用上，可赋予空间温厚质朴的氛围，自然木面的呈现，随着时间的变化展现出不同的韵味。

摄影 _ Yvonne

馥阁设计 · 黄铃芳推荐

2 二手木 · 带有历史的陈旧风味：二手木的价格约是一般木材的二到三折，且上面特有的多色泽或纹路，经过岁月的洗礼而显得独特柔和，并可随创作者的巧手设计后，化身为独一无二的商品，自然是一个经济实惠又具设计感的高CP值推荐品。另外，由于大部分的二手木皆为老木，不易龟裂，所以在清洁保养上更显容易。

图片提供 _ 馥阁设计

实木
吸湿控温自然木香

30秒认识建材

适用空间	客厅、餐厅、书房、卧室
适用风格	古典风、现代风、乡村风
计价方式	以m^2计价（连工带料）
价格带	RMB: 305~2035元
产地来源	中国台湾、印尼、缅甸、非洲
优点	以整块实木切割，质感温润天然
缺点	抗潮性差，易膨胀变形

Q 选这个真的没问题吗

1 **想要铺实木地板，可是房子在一楼容易返潮，可以铺吗？** 解答见P.78

2 **海岛型木地板和实木地板的差别是什么？哪种比较不容易腐坏？** 解答见P.79

3 **风化板纹路看起来很漂亮，除了用在壁面，我可以拿来当木地板吗？** 解答见P.80

实木是指以整块原木裁切而成的素材，天然的树木纹理不但能让空间看起来温馨，更能散发原木天然香气，而木材经过长时间的使用后，触感就变得更温润，因此受到大众的欢迎。

木材能吸收与释放水汽的特性，可以将室内温度和湿度维持在稳定的范围内，保持健康舒适的环境。但实木的缺点就是必须砍伐原木，对生态来说非常不环保，目前对于森林资源的利用日渐严谨，除了高级木种如中国台湾桧木之外，就连缅甸柚木等东南亚木种也因当地政府的限制而减产，因此市面上的原木木材已越来越稀少，价格也越来越高昂。

在中国台湾居家装修中，实木常以整块原始素材运用，如桧木、花梨木；或是做成实木木皮，运用在电视墙、客厅卧房墙面、柜体门板、天花板等，常见的木种有橡木、柚木、梧桐木、栓木、梣木、胡桃木等。实木也可通过加工处理打造出不同的木质效果，如以钢刷做出风化效果的纹路，或是染色、刷白、炭烤、仿旧等处理。

但要注意的是，实木在高温高湿的环境下，容易膨胀变形。若用来做木地板，则要注意不能施作于潮湿的环境，若地面易有返潮现象，则不建议铺设。

图片提供＿漂亮家居资料室 摄影＿李永仁

种类有哪些

依照用于地面、天花和壁面空间来区分，下面列举常见的实木加工产品。

1 实木板 & 实木木皮

实木板以整块实木裁切而成，纹理天然温润，通常作为实木家具、天花板、壁面装饰用。实木板的厚度不一，可依需求裁切，平时多以所用木种命名。

另外，为减少木材资源的浪费，再加上整块实木的原料价格高，用在柜体、家具等都造价不菲。因此改良出将实木刨切成极薄的薄片，粘贴于夹板、木心板等表面，从外观看同样能营造出实木的自然质感。实木贴皮的厚度从0.15mm～3mm都有，通常厚度越厚，表面的木纹质感越佳。一般的实木木皮由于厚度过薄，在施工过程中可能会受损，会在底部加一层无纺布粘贴层，以方便施工。

2 实木地板

是指以整块原木裁切而成的地板，厚度多为5分～7分（1分为0.3cm），木纹清晰自然，最能表现温馨朴实的自然质感。

实木地板的特性如同一般的原木，易受潮、膨胀系数较大，因此需选用防潮性高的木种来因对潮湿的气候。

▲实木地板纹路自然，呈现木头的原始面貌。

依制作方式可分为原木木地板和集层材木地板：

（1）原木木地板

一般常用的木种为桧木、柚木、紫檀木和花梨木等，共同的特点为防潮性佳、油质高。桧木的颜色最浅且木纹精细，有清香味，可防虫蛀。柚木偏黄，看起来较光滑油质。花梨木偏红，木纹精细、明显，年轮多样富有变化，抗虫防蛀特佳。檀木的颜色最深，且质地坚硬，容易给人沉稳内敛的感觉。

（2）集层材木地板

所谓的集层材主要是将不同颜色的实木地板以横向拼接方式呈现，因此常被设计师用来做一些特殊的墙面或面材，来强调视觉上的差异感，塑造另一种实木地材风格。

3 复合式实木地板（海岛型木地板）

复合式实木地板的表层为实木厚片，底层再结合其他木材制造而成。底层通常使用杂木、白杨木或是柳安木作为基材，使用胶合技术一体成型，具有防水功效，也因此达到能抗变形、不膨胀、不离缝的情形，防潮系数相较于实木地板、超耐磨地板来得高。

除了能抗变形外，好一点的地板还有防白蚁、防虫蛀的特点。地板种类也因表层木皮的选择而有不同，大部分都为耐潮性较佳的柚木和紫檀木。

其中，复合式实木地板表层的实木木皮厚度和木种是决定价格高低的因素，表层实木的厚度越厚，价格越高，其耐用度也越高。厚度则以条数计算，100条则为1mm，复合式实木地板的表层厚度从100条到300条都有。

种类	实木地板	复合式实木地板（海岛型木地板）
特色	1 整块原木裁切而成 2 能调节温度与湿度 3 天然的树木纹理视感与触感佳 4 散发原木的天然香气	1 实木切片作为表层，再结合基材胶合而成 2 不易膨胀变形、稳定度高
优点	1 没有人工胶料或化学物质，只有天然的原木馨香，让室内空气更怡人 2 具有温润且细致的质感，营造空间舒适感	1 适合海岛型气候 2 抗变形性能比实木地板好，较耐用，使用寿命长 3 减少砍伐原木，且基材使用能快速生长的树种，环保性能佳 4 抗虫蛀、防白蚁 5 表皮使用染色技术，颜色选择多样，更搭配室内空间设计
缺点	1 不适合海岛型气候，易膨胀变形 2 须砍伐原木不环保，且环保意识抬头，原木取得不易。 3 价格高昂 4 易受虫蛀	1 香气与触感没有实木地板好 2 若使用劣质的胶料黏合则会散发有害人体的甲醛
价格	RMB: 406~2035元	RMB: 305~1220元

4 南方松

南方松，全名为“美国南方松防腐材”，指的是由生长在美国马里兰州至德州之间广大地区的松树种群所产出之实木建材，通常作为户外地板使用。

南方松带有自然况味，质感具可塑性且容易加工，本身较不怕磨损，在重压下可防止劈裂，再加上南方松会经过防腐处理，不适合用于屋内，较适合使用于空气流通的户外场所。

中国台湾地处潮湿，若善用轻钢架架高南方松与地面的接触机会，以及注意木材之间的拼贴缝隙，以方便排水。用不锈钢或镀锌等五金，自然能延长建材的使用寿命。

由于南方松在进口前会先做好防腐处理，依照药剂的不同，大致可分成：

（1）CCA药剂：CCA（Chromated Copper Arsenate，铬化砷酸铜）。早期大多使用CCA药剂，可有效防止霉菌类和白蚁的侵害，但CCA含有铬、砷的成分，不仅对人体有害，也会对环境造成污染，目前则较少使用。

（2）ACQ药剂：ACQ（Alkaline Copper Quaternary，烷基铜铵化合物），在市场上占大宗。为解决CCA药剂对环境造成污染的问题，而研发出不含铬、砷成分的ACQ药剂。其功效同样可防止白蚁虫害和腐坏的情况。

（3）MCQ 药剂：MCQ（Micronized Copper Quaternary，微化四元铜）。相较于ACQ药剂，MCQ药剂对于金属的腐蚀性较低，可以延长整体金属结构的使用期限。

▲经防腐处理的南方松适合用于户外或阳台等开放空间。

▲ 用大干木皮制成的实木墙。

5 风化板：早期的风化板以喷砂磨除方式制造而成，能局部加强纹理深浅差异，如质地较硬的橡木、柚木等，以喷砂处理才能突显效果，但制作成本较高，现在则多利用钢刷方式做处理。以滚轮状钢刷机器磨除风化板较软的部位，使纹理更明显，同时也增强天然木材的凹凸触感，其自然色泽更能将空间变得温润感性。

各种木种皆可以作为风化木，但因为梧桐木最便宜、生长快速，是目前最常见的素材，另外也可见到南美桧木、云杉、铁木杉、香柏等木种在市场上流通。南美桧木风化板比梧桐木风化板的价格稍高；香柏风化板除了具纹理外，还能产生淡淡香气，价格更高，每片约RMB: 448元。

风化板与其他木料相同，怕潮湿、怕温差变化过大，甚至怕油烟，所以较适合贴覆于室内干燥区块的壁面、天花板、柜体或桌面，至于厨房、卫浴间则较不适合。另外，梧桐风化板质地较软，较不适合作为地板材，避免踩久或家具压覆其上而造成凹痕。

一般来说，常见的风化板可分成两类：

（1）实木板：常见尺寸为1m × 8m，厚度约7～8mm，钢刷处理后凹凸感较鲜明。厚度可依个人需求定做，但宽度以2mm为上限，否则易裂。

（2）贴皮夹板：尺寸多为4m × 8m，厚度约4～5mm。在表层贴覆的钢刷实木皮，至少要有60～70条（0.6～0.7mm）的厚度才能做出风化效果。但若要刷出深浅的触感则需要150条（1.5mm）以上的厚度。

这样挑就对了

1 这样挑实木板和实木贴皮

（1）依照需求选购：可依照喜好的木种去挑选实木板和实木贴皮，但不同木种会有不同的特性，像桧木实木板要注意选的木料是心材还是边材，若是边材则材质强度与防腐性较心材差；橡木木皮选用60～200条（0.6～2mm）以上的厚度较佳。在选购时需多问多看。

2 这样挑木地板

（1）依所需木种选购：地板的价格主要是以上层用的木材及表层木皮的厚度来决定。厚度愈厚、防潮性高的木种，价格愈高。像桧木、紫檀木、花梨木等，油质和防潮性皆高，价格较贵；而榉木、橡木、枫木等抗潮性较差，价格则较低。要避免选择抗潮性差的枫木、桦木和象牙木，以免地板变形。

（2）从纹路、色泽辨识：一般实木会有一定的重量，且木纹纹路在正反与侧面都会有一定的连贯性，若是染色木，看起来较为死板，且较没有木头香味。

（3）以香味和泡水实验分辨真假：要分辨实木地板的材质真假，可切开闻香味或做泡水实验。若是经过染色处理，则泡水后会出现颜色。另外，也可将同尺寸的样品与货品称重，检验真假。

（4）依区域选择：由于木地板怕刮，不耐磨损，建议可用在客厅、卧室相对磨损较少的区域。

（5）依材质表面判断：注意木地板的表面状况，比如油漆涂装或粉刷的光泽、漆膜是否均匀，表面纹路材质有无明显缺陷。另外周边的榫、槽也应该要完整无缺。

▲挑选实木时要注意是心材还是边材，心材的强度和防腐性较佳。

3 这样挑南方松

（1）检视是否有盖上美国防腐商协AWPA的品质保证章：一般消费者可能不会直接接触或采购，大多数会交由设计师或施工单位采购。但仍可在施工当天检视每片南方松的背面是否有美国国家标准及美国防腐商协会AWPA所盖的品质保证章，以保障自身的权益。

4 这样挑风化板

（1）不可作为地板：相较于其他木种，梧桐木重量最轻、色泽最浅，能牢固贴覆在壁面或柜体，若想洗白或染特殊色，成色效果也最好。但梧桐风化板质地较软，较容易造成凹痕，不适合作为地板材。

（2）依照木种选择：桧木风化板纹路清晰、香柏风化板有淡淡香气，能为空间带来不同氛围，但价格较梧桐风化板贵2～4倍。柚木风化板因木材本身具油质，风化效果较不理想，且价格昂贵。

（3）好的风化板，纹路要清楚分明：品质好的风化板纹理必须清晰自然，否则不易呈现视觉效果。

这样施工才没问题

1 木地板依照施工方式的不同，可分成3种

（1）平铺式施工法：平铺式为先铺防潮布，再钉至少12mm以上的夹板，俗称打底板。然后在木地板上地板胶或树脂胶于企口衔接处及木地板下方。通常以横向铺法施作，其结构最好、最耐用又美观，能够展现木纹的质感。

（2）直铺式施工法：活动式的直铺不需下底板。若原旧地板的地面够平坦则不用拆除，可直接施作或DIY铺设，省去拆除费及垃圾环保费，且木地板也比较有踏实感。

（3）架高式施工法：通常在地面高度不平整或是要避开线管的情况下使用，底下会放置适当高度的实木角材来作为高度上的运用。但整体空间的高度会变矮，相对而言，较费工费料，施作起来的成本也较高。且时间一久，底材或角材容易腐蚀，踩踏起来会有异样挤压声音或有音箱共鸣声。

2 施工前先整地

在铺设木地板前需注意地面的平整以及高度是否一致，建议可先整地，这样铺设起来较顺利。

3 先铺设防潮布

在木地板施工前，地面要先铺设一层防潮布，两片防潮布要交叉摆放，交接处要有约15cm的宽度，以求能确实防潮。

4 预留伸缩缝

选用木地板要考虑湿度和膨胀系数，因为这是影响木地板变形的主因。在施工时要预留适当的伸缩缝，以防日后材料的伸缩导致变形。

5 贴实木贴皮前先确认施作面的平整度

在施作面上先擦去灰尘粉粒，若有坑洞则可先补土磨平使表面平整光滑后，在施作面涂上黏着剂后粘贴。

6 做好防水处理

不论是哪种实木加工品都有木头怕潮的缺点，因此在靠近浴室附近的区域，要先在木头表面或缝隙做防水处理，防止日后变形。

7 在表面上一层保护漆：

建议使用实木板或风化板做装饰时，可上层保护漆或透明漆，较不易因毛边刮伤自己。

图片提供＿山木生空间设计

▲若想避免噪音过大打扰到楼下邻居，可在木地板下方铺设隔音垫以减缓噪音。

图片提供＿PartiDesign Studio & 曾建豪建筑师事务所

▲ 风化板表面需上一层保护漆，避免毛细孔吸入脏污，造成吃色。

监工验收就要这样做

1 察看实木木皮的边缘

察看转角边缘是否粘贴整齐，若不平整，可以用修边刀处理多余木皮。

2 木地板

（1）铺设前先放置在施工现场：铺设施工的48小时前，先将木地板置放在房间中央，不要将未拆封的地板放置在高温高湿的环境。

（2）完工后确认是否密合：先试着走走看，如果有出现声音则需重新校正，并确认房门是否能正常开合。

（3）直铺式地板要与原结构密合：若原本的地板为瓷砖，要确定是否与原地面密贴，以及地面是否太松合。

（4）检视地板接缝的大小：检视地板有无瑕疵凹凸或边缘有高低差，地板接缝大小是否不一，或表面有掉漆或涂抹不匀称，最好的地板纹路清晰自然，有平滑柔顺的触感及质感。

3 实木板和风化板

（1）板材数量要一次进足：由于每批板材的商品颜色都会有些微差异，在进货时要事先估算好足够的数量，避免二次进货，导致纹路与色泽会有不同，影响整体美观。

（2）确认垂直、水平、直角线条：板材在施工时一定要注意“垂直、水平、直角”三大原则，木工属于表面性的装饰，一旦有歪斜的情形，缺漏容易一览无遗，也难以修补缺失。

达人单品推荐

实木地板

1 玉檀胡桃

2 玉檀煤黑

3 正缅甸柚木实木

4 KD柚木实木

1 纯手工上色呈现木头自然纹理，瑞典BONA漆面环保无毒可随时无尘翻新，不用担心家中学习爬行的孩童、宠物吃进化学致癌物。
（RMB: 882/ m²，图片提供＿丽新木地板）

2 极致黑，适合崇尚简约时尚风格的单身贵族。
（RMB: 882/ m²，图片提供＿丽新木地板）

3 防潮性能佳的柚木，十分适合潮湿气候地区，其温润的木色能带给居家安逸舒适的氛围。
（价格店洽，图片提供＿丽新木地板）

4 富含油脂、稳定性高的柚木，再加上深色纹理展现沉厚温润的居家感，十分受到人们的喜爱。
（2cm × 18cm × 120cm，RMB: 950~1832元，图片提供＿科定企业）

※以上为参考价格，实际价格将依市场而有所变动

海岛型木地板

1 原味典藏 WR-313E-7

2 KD花梨木

3 亚麻木 LIC400

4 松木

1 保留橡木原始肌理，添加老工匠巧手刻画的复古浮雕艺术，呈现自然温润的风格。
（尺寸、价格电洽，图片提供_茂系亚）

2 有原木的自然感、宽度适中。花梨木色泽优美，能给予居家温暖舒适的气息。
（180cm × 18cm × 1.5cm、RMB: 515~882/ m²，图片提供＿科定企业）

3 大尺寸规格的海岛型木地板可突显出空间的大气，宽版的设计展现优雅高贵的姿态。
（91cm × 30cm × 9.8mm、RMB.508~678/m²，图片提供＿辰邦）

4 如松木般的浅色色系，能为空间定调，展现纯净的无印风格。
（400 ~ 535cm × 18.5 ~ 30cm × 1.7cm，RMB: 848~1085/m²，图片提供＿辰邦）

※以上为参考价格，实际价格将依市场而有所变动

这样保养才用得久

1 以微湿的抹布擦拭即可

实木的加工品不应接触过多水汽，平时用微湿的抹布擦拭即可。

2 上蜡保养

实木板或木地板可定期涂抹保护蜡以降低灰尘与表面的附着力，而实木贴皮外层可上木器漆等防止水汽侵入。

3 避免日晒雨淋

由于实木制品过于干燥会膨胀裂开，要避免阳光直晒，保持通风，而雨天时要记得关窗，以免浸水泡烂。

4 避免放置过重家具

木地板怕刮伤，所以要避免安置过重的家具或物件。表面不耐碰撞，建议可尽量少挑选有轮子的家具。

5 以软毛刷简单擦拭

由于风化板是利用钢刷制造出纹理，凹凸肌理之中一定容易卡灰尘，建议可使用软毛刷干刷，且以轻刷方式做清洁，来维持风化板的整洁。

6 可打磨去掉顽垢脏污

梧桐木本身毛细孔较大，若有脏污易吃色。因此以梧桐木制成的风化板若有难以去除的脏污，可重新打磨后上漆。

搭配加分秘技

横跨三区的大气主墙

一入门，便能看见一整道温润暖意的木色主墙，横跨玄关、餐厅至客厅，长形的设计营造出大气风范。同时在玄关、客厅处分别设计开放柜体，染黑的木色，让整体富有变化，创造视觉的远近效果。

图片提供_PartiDesign Studio & 曾建豪建筑师事务所

利用错层设计斑马木书桌

房子后半段结构错层，利用降板设计书房，并直接将斑马木桌板放在地板上，从上方空间眺看，斑马木分明的纹理，像是自然画作。

图片提供＿大雄设计Snuper Design

原木格栅营造优美围篱

木格栅为铁件框架嵌宽板的南方松木板所构成，能适度地透风、透光又顾及隐私。光影绰约，也构成另一种趣味。

图片提供＿近境制作

图片提供_PartiDesign Studio & 曾建豪建筑师事务所

双重木皮堆叠虚实之美

电视墙用栓木与橡木做色泽与纹理变化，并借块状堆叠衍生层次，深灰底色与悬空，更丰富了虚实交融美感。

图片提供_PartiDesign Studio & 曾建豪建筑师事务所

深浅木色为空间增添跃动视觉

在开放式的餐厨区中，运用木素材修饰天花，与木地板相呼应之余，同时也能有效遮蔽吊隐式冷气，深浅不一的榆木展现丰富的视觉感受。

深色天花带出空间框景

L型天花板深沉咖啡色的铁刀木以镀钛金属包边，以材质明暗对比制造景深，并加入木头、砂岩砖、米灰色沙发等调和整体色彩。

特殊纹理展现木质原味

特意选用节眼明显的云杉天花，错落有致的分布，为空间带来节奏感，强化休闲氛围。

集层材
减少木料的耗损

30 秒认识建材

适用空间	客厅、餐厅、卧室
适用风格	乡村风、古典风
计价方式	以 m^2 计价（连工带料）
价 格 带	RMB: 204~542 元
产地来源	北美、德国
优　　点	有效节省天然木材的使用
缺　　点	无法 100%模拟自然木质

Q 选这个真的没问题吗

1 集层木地板和一般的实木地板有什么差别吗？ 解答见 P.89

2 我想自己在家 DIY 铺设木地板，施工时需要注意什么吗？ 解答见 P.89

3 挑选集层木地板时，要怎么选才不会挑到品质低劣的产品？ 解答见 P.89

所谓的集层材，是拼接有限的木料而成的木材再制品，多以黏胶合成拼接。近 10 年来，集层材被大量使用，成为未来必然的趋势。乃肇因于森林砍伐受到限制，木材取得困难。再加上集层材是利用三四片的木料接成，相较于须耗费多年时间长成的大块实木，集层的加工更快速且制成品的衍生性也多。不论在装修、家具或建筑上，都能看到集层材的运用。

制作集层材的木种有柚木、松木、北美橡木等，一般若使用越大块的木料进行集层，表面质感会越细致自然。而在装修上，集层材可制成集层实木板、集层木地板等，用于地面、天花板或壁面装饰。

以木地板为例，集层材可作为运用在木地板表层的实木厚片或底材，像是常见的集层材海岛型木地板则将集层材运用在表层，而超耐磨地板的底材也是采用集层的技术概念制成的。

图片提供_漂亮家居资料室 摄影_李家仁

种类有哪些

1 集层板材

种类繁多，木种包含柚木、松木等，可被制成工作桌、天花板等。使用面积较大的木料去集层，质感看起来就越细致，效果也越自然，因此集层板材越宽越厚，成本也越高。

2 木地板

依类型有集层实木地板、集层海岛型木地板和超耐磨木地板。集层实木地板为整块以集层木材制成，集层海岛型木地板则是在表面贴覆集层实木，由于是用不同木种拼接而成，在外观可看出深浅不一的木纹颜色。

而超耐磨地板依结构有底材、防潮层、装饰木薄片和耐磨层。通常底材以集层技术制成的高密度板，除了没有一般底板可能蛀虫的问题之外，低甲醛的成分能有效保障居家环境安全。另外，超耐磨木地板的耐磨层以三氧化二铝组成，具有耐磨、防焰、耐燃和抗菌的优点。防潮层则可防止地板湿气。

这样挑就对了

1 仔细观察表面

不论是板材还是木地板，都要以肉眼检查表面是否有无平整、有无明显压痕或正面无光泽、色泽不均的现象。另外也要注意木材边缘是否有崩坏龟裂。

2 选择低甲醛建材

由于集层材为各种木料黏接而成，最大的问题在于要特别注意黏胶成分，有不少业者为了降低成本，而使用具有挥发性气体 VOC 的黏着剂，用在居家环境，容易引发呼吸道疾病等。因此在选购时应注意是否有含甲醛、有机溶剂，免得买到危害健康的建材。

这样施工才没问题

1 板材

由于集层板材仍是由实木拼接而成，仍保有实木怕水汽的缺点，因此受潮后会容易膨胀变形，再加上由黏着剂黏成，可能还会有层层剥落的情形，不适合使用在厨房、浴室等潮湿地方。

2 木地板

（1）施工前要先整地：木地板和超耐磨地板对

▲ 地板完工后可使用踢脚板、线板或硅利康收边。

▲ 集层材的上层为实木厚片，下层为多种木料拼接而成的底材。

地面的平整度要求高，平铺在原地面上，$1m^2$内的高低落差不要超过 3cm。阳台外推区尤其要特别注意地面的高低水平，如落差太大应先整地。另外，也可直接平铺在旧的地坪上，如旧瓷砖、石英砖上，若是原有地材有摇晃或空隙等现象，同样也先整地再行铺设。

（2）铺设防潮布：在施作任何的木地板前，都要先铺上一层防潮布，以免受潮。

（3）四周预留伸缩缝：市面上有简便的锁扣式超耐磨地板，适合自行 DIY 组装。虽然锁扣式的优点在于可无缝拼接，但超耐磨的底材是由木头组成，仍会吸收部分水汽。因此施工时，要在墙面四周留下伸缩缝的空间，最后再以踢脚板收尾。

监工验收就要这样做

1 观察表面

施工前先观察表面是否平滑，集层板材或木地板表面不应该有腐朽、虫孔、裂缝或夹皮等情形。

2 确认规格

板材或木地板运送到施工现场时，要确认地板的规格尺寸是否与产品介绍的相同。

达人单品推荐

1 LD-300
庄园系列

2 SAN6046klein

3 设计系列——
D3009 游戏场

4 浅色凡尔赛

1　超耐磨地板的木纹立体对花质感超越实木地板，超大尺寸、气派非凡，是国内许多豪宅建商特别指定专用产品。
（2052cm × 20.8cm × 9mm、RMB: 407/ m^2，未满 33 m^2需补贴工资费用，图片提供 _ 辰邦）

2　除了仿木材质之外，也发展出仿石材金属的地坪。展现冷冽坚硬的风格，很适合用在居家空间当中。
（632mm × 325mm × 8mm、RMB: 508~678/ m^2，图片提供 _ 辰邦）

3　印上小孩最喜爱的小熊和小鸭，充满童趣的图案带来新奇的氛围。
（138cm × 19.3cm、RMB: 392/ m^2，图片提供 _ 德国高能德思地板）

4　风格古朴，具有手作的特质。沉稳的颜色常用于复古风格的空间中。
（624mm × 624mm × 9.5mm，RMB: 224/ 片。图片提供 _ 茂系亚）

※以上为参考价格，实际价格将依市场而有所变动

这样保养才用得久

1 注意防脏、防潮湿

木地板的保养方式主要是注意防脏、防潮湿等。使用者可在入口门外放置脚踏软垫，防止把砂粒、泥土带入室内。室内的湿度尽量不要有太大的变化，以减少地板的自然膨胀和收缩过大。建议平日以拧干的湿布清洁，并保持通风或使用除湿机，即可延长木地板的使用寿命。

2 定期涂上木器漆或护木油

不论是板材或集层木地板都为实木制成，建议表面需定期涂上木器漆或护木油，保护木材表面不被水汽入侵。

搭配加分秘技

木天花、柜体、地板的素材一气呵成

核桃木的特色在于质感纹理的清晰度高，因此同时用于桌面、系统柜板、天花板，同色系、同一建材的搭配，不仅大方、素雅，也让空间更具立体感。

图片提供_辰邦

细腻木质变化带来生动

木地板选用三种花色，一深一浅地拼出韵律生动的铺面。墙面木皮染成接近地坪颜色，两两成对地斜拼出千鸟纹。

图片提供_森境&王俊宏空间设计

木质与藤编突显休闲感

客厅用超耐磨木地板铺陈地坪，放射状线条的天花板则以夹板染色取代实木，搭配藤编家具与灯饰，以及量身定制的柚木贴皮卧榻，让空间洋溢浓浓的休闲氛围。

图片提供_邑舍设纪

特殊树材
无毒环保又天然

30秒认识建材

适用空间	客厅、餐厅、书房
适用风格	现代风、东方风
计价方式	以m^2计价（连工带料）
价格带	RMB: 305~1220元
产地来源	中国台湾、葡萄牙
优点	为实木的替代建材，实现环保观念
缺点	造价贵、使用不普遍

Q 选这个真的没问题吗

1 竹地板和实木地板有什么不一样？特色是什么？ 解答见P.93

2 使用软木地板和竹地板，会不会有发霉、褪色等问题？ 解答见P.93

3 软木地板的材质感觉似乎相当脆弱，是否不太抗压耐磨？ 解答见P.93

一般树木至少需要30～50年的成材时间，长期下来因过度砍伐而造成树木的耗竭，为寻求替代资源而开始开发其他树种的产品，其中以橡树和竹材的副产品最具代表性。

竹材的生命力旺盛、生长期短，运用广，完全体现绿建材的环保理念，可作为代替实木地板的建材。通常在选材上以孟宗竹为主，其质地坚韧、纹路清晰、取材容易、相较于其他竹种的视觉效果更佳，也最具美感。最好的竹材年龄是第4～6年，正是竹子的壮年时期，取材方式包括纵切与旋切式两种，不同的取材方式，能将竹皮独特的枝节特色完全显示。

软木地板取材自橡树的树皮，成分百分百天然。由于橡树约在25岁成熟，橡树树皮即可剥采使用，且树皮具有回复性可自然再生，因此人们就针对此项树材研发出新型的软木地板。软木地板被视为绿建材的指标产品，每采用3m^2软木地板，每年估计可减碳500～650kg。

图片提供＿辰邦

种类有哪些

1 竹地板

（1）实竹地板：以整块实竹做成，但膨胀系数大易变形，且竹材本身含有大量的糖分及淀粉质，若破损就容易受潮，且会引起霉菌侵入，进而有变黑、虫蛀等问题。

（2）复合式竹地板：仿海岛型木地板的加工方法改良实竹地板。表层为竹片、中间层为夹板、底层则为抗潮吸音泡棉。表层被覆耐磨防护网状透气保护层，让竹材不易发霉。而夹板具防水功能，不但解决了膨胀收缩问题，同时具有耐潮、耐磨、耐污、静音的功效。

（3）旋切式表面：利用机器架住竹节两端，旋转的刀片将竹子切成薄片，可清楚展现竹节纹路，呈现水波的感觉。

（4）纵切式表面：以垂直刀法将竹子切成细条薄片状，再拼接成细长竹条，极富线条感。

2 软木地板：软木主要的成分为软木纤维，由14面多面体形状的死细胞组成，细胞之间的空间充满几乎与空气一样的混合气体，所以当人们走在软木地板上的时候，是正走在50%的空气上。具有保温功能，拥有极佳的弹性、韧性。若不慎跌倒可减缓冲击力，适合有幼儿或老人的家庭。再加上软木不含淀粉及糖分，因此不会有虫蛀损坏的问题，也不会发霉、长尘螨或滋生细菌，可以提升居住环境的健康，降低老人、小孩呼吸道过敏疾病。

软木地板的防潮性高，乃因为软木地板与葡萄酒瓶软木塞的材料相同，吸水率几乎是零，绝对不会渗水。并且可避免气候产生过度收缩膨胀变形的问题，无毒害，且材料可回收再利用。

依据铺设的方式，软木地板可分为粘贴式、锁扣式：

（1）粘贴式：施工方式类似PVC地板，必须以黏着剂于现场粘贴，可能产生不环保或脱胶起翘的副作用。

（2）锁扣式：其构造设计如同三明治一般，上下都是软木层，中间则是由高密度环保密集板的锁扣构造所组成，方便现场组装施工，不像传统的木地板需要打钉上胶，所以可回收使用。

这样挑就对了

1 确认甲醛含量是否符合标准

竹地板以复合方式做成，需使用到黏着剂，而有些黏着剂含有甲醛，因此选购时可选择具有绿建材环保标章认证的竹地板。另外，也可闻闻看是否有刺鼻味，若有则可能含有甲醛，建议不要购买。

2 注意竹材年龄

正常来说竹材的成长年轮为7年，而竹农们在种植时是遵循着“存三去四不留七”的定律。因此，最好的竹材年龄为4～6年，此时期竹材纤维度最高、硬度够，超过此年龄，竹材成分会逐渐老化，较不适合拿来制成竹地板。

3 避开潮湿环境

复合式竹地板与复合式实木地板一样害怕潮湿环境，因此也不建议将竹地板使用在湿气和水汽高的厨房与浴室，避免发生膨胀变形的情形。

4 慎选产地来源

在市场上，软木地板也有劣质商品流通，因此产地的来源就显得十分重要，在选购前先了解代理商的信誉是否优良，避免买到劣质商品。

5 注意面漆的种类

软木地板的表层会有一层面漆，不同的面漆种类会有不同的效用和功能。其中，聚氨酯面漆初期虽柔软，长时间下来易有脆化的问题；陶

种类	实木地板	竹地板	软木地板
特色	整块原木所裁切而成	取材于天然竹林	橡树皮制成
优点	1 没有人工胶料或化学物质，只有天然的原木馨香，让室内空气更怡人 2 具有温润且细致的质感，营造空间舒适感	采复合式结构，具耐潮、耐磨、静音等功能	具有保温功能，拥有极佳的弹性、韧性与回复性。
缺点	抗潮性差，易膨胀变形	日晒后会黄变	不耐摩擦，易被尖锐物刺穿
价格	RMB: 406~2035元	RMB: 645~1220元	RMB: 373~814元

瓷面漆的耐磨度高、止滑性佳，让地板的质地更坚硬；植物油面漆最具环保性、防滑性与舒适性，日后的保养修复十分容易；使用丙烯酸面漆目前只有极少数产品具有此项专利技术，提供如同室内体育馆地板表面的耐磨性能，又不影响柔软的质感。

6 依照适用空间挑选

软木地板会涂上一层保护蜡，它是天然防虫剂，虫蚁不蛀，又有防止水渗透的性能，抑制细菌滋生。因此，除了用于地板之外，也很适合用于楼梯、浴室和厨房。

这样施工才没问题

1 竹地板

（1）铺装前先置放于施工现场：最好提前一周或半个月将竹地板开箱置于现场，使竹地板在安装前和施工场所的湿度保持一致，可有效控制铺装后的膨胀系数。

（2）不需预留缝隙：一般来说，复合式竹地板与实木地板的施工方式相同，两者的差异在于，竹地板不需预留缝隙，只需紧靠轻敲，靠墙周边可预留3mm的细缝，用硅利康填补或踢脚板补边。

（3）调整色调排列组合：由于天然材质皆有色差问题，因此在施工前，建议先将竹地板依颜色调整排列一次，再进行铺设工作，让色调能更一致，细微的色差均匀分布其中也能带出不同的美感效果。

图片提供＿茂系亚

▲运用竹子快速生长的特性，所取用制成的竹地板，环保自然。

2 软木地板

（1）粘贴式施工法

STEP 1：从地板中心开始，以砌砖的交错方式事先在地坪画好粘贴的记号线。

STEP 2：刷子沾附黏着剂后涂上地坪或软木地板的背面待干，依记号线从中心开始黏上软木地板。

STEP 3：完成后使用橡胶皮锤敲击每一块地板或用滚子滚压地板使其完全附着。

（2）锁扣式施工法

STEP 1：先整地，并铺上防潮布，需重叠至少15mm。

STEP 2：在墙面至少预留6mm的伸缩缝后开始拼接。完成拼接三排后，观察是否有歪斜或不平的现象。

STEP 3：完成后以收边条收边。

图片提供＿辰邦

▲软木地板材质柔韧，空气含量多，踩踏时除了有静音的效果外，还有防潮、耐撞的功能。

监工验收就要这样做

1 事先需注意地面是否平整

软木地板和一般地板的铺设方式相差不大。但须注意的是，软木地板对于铺设地面的平整度要求高，若是要直接使用在毛坯屋的地坪上，为求新地板的铺设平整度，最好是补平地坪或添加夹板。若不想剔除旧有地材，也可直接平铺在原地坪上，但若是原有地材不稳定或缝隙过大，最好还是先整地再进行铺地板工作。

2 完成后踩踏一遍

完工后建议在竹地板上来回走一次，看看是否有异音，若有的话，则请师傅返工。

这样保养才用得久

1 搬动家具小心轻移

复合式竹地板表面涂有耐磨漆，已具防刮效果，但建议椅脚、桌脚及橱柜底部仍须使用保护垫或护套。在搬动地板上的家具时要小心轻移，同时也应避免使用尖锐物去破坏竹地板。

2 避免日照曝晒造成黄变

复合式竹地板使用久了一定都会产生黄变的问题，但一般人不易看出来，若仍担心黄变问题情况严重，可在安装空间的窗户上加装窗帘，降低阳光直接曝晒导致加速黄变。

3 定期上蜡永保光泽

清洁竹地板和软木地板时用一般抹布蘸清水擦拭即可，不需要再使用清洁剂来清洁处理，以免破坏软木本身具备的蜡质成分。在保养方面，竹地板和软木地板可每隔3～6个月上一次地板保护蜡，可常保地板的光泽度及防止地板刮伤、受潮。

达人单品推荐

竹地板

1 白纹竹、墨纹竹

2 璀璨系列——藏金竹

3 格纹系列 MB-05B

1 纵竹系列强调竹枝的垂直线条美感，经过染色或炭化的色调为居家带来清雅的书卷气息。（16cm × 1.3m，价格店洽，图片提供 _ 茂系亚）

2 经过特殊染色处理，沉稳的深色调为居家带来不同的氛围变化。（14mm × 148mm × 900mm、RMB:1017/ m^2，图片提供 _ 茂系亚）

3 方格系列打破以往对竹纹的印象，不仅增加活泼感，也能看见色泽层次美。（16cm × 2m，价格店洽，图片提供 _ 茂系亚）

※以上为参考价格，实际价格将依市场而有所变动

搭配加分秘技

温润木质的空间氛围
柜面和地板选用相同木色，创造和谐的视觉感受，特别选用浅色竹地板，呈现淡雅温润的空间氛围，凝聚出舒适温暖的居家空间。

图片提供 _ 茂系亚

改变拼贴方式营造视觉变化
斜纹系列的竹地板，拼贴后会呈现独特的视觉效果，增添趣味。

图片提供 _ 茂系亚

图片提供_辰邦

给家人多一层防护

软木地板本身的孔洞即能造就丰富的视觉盛宴，呈现素材的原始肌理。柔软有弹性的地板，能防止重击、跌落等意外伤害，为家人提供安全的环境。

图片提供＿山木生空间设计

让家中幼儿更安全

选用坚韧柔软的软木地板，能保护孩童行走的安全。

二手木
回收再用最省钱

30秒认识建材

适用空间	客厅、餐厅、书房、卧房、儿童房
适用风格	乡村风
计价方式	以斤计价或以m^2计价
价格带	依木种而定
产地来源	中国台湾
优点	价格较新木低廉
缺点	品质不一，需避免选到泡过水的木材

Q 选这个真的没问题吗

1 回收的二手木品质好吗？会不会容易损坏？ 解答见P.98

2 二手木表面有钉孔，有什么方法可以修复？ 解答见P.99

3 要怎么挑选二手木才不会挑到品质低劣的产品？ 解答见P.99

许多人喜欢木材质的触感温润，但考虑到木素材的价格及维护，现在也很流行使用二手木素材，甚至许多爱好者会直接到二手木材行去买回收木素材制作家具，价格比全新木材便宜个三到五成，也是既环保又划算的做法。由于使用二手木材必须再整理，运用于装修上会比使用新木材花更多的时间，但是价格比新木材便宜许多，而且呈现出来的效果比起仿旧处理更有味道，也切合永续利用的环保观念。

二手木材的来源，大多是使用过的木箱、栈板、枕木、房屋建材、老屋木门窗等等。通常可到旧木料行或回收木材店选购，这些店家多位于偏远地区，回收木料摆放较乱，一叠叠堆放，挑木料时不要怕麻烦，可请老板将适合尺寸的板材一片片拿出来看木纹花色，要多留点时间逛，才能找到好的二手木材。由于木材的品质不一，需要仔细观察木料的表面是否有泡过水的痕迹，避免买回去后因腐坏而不堪久用。

摄影 _ Amily

种类有哪些

1 不含化学物质

本身仅经过机械处理、不含化学物质的二手木，如旧门板、房屋梁柱等回收拆卸下来的木材。一般来说中国台湾的回收二手木木种有台湾红桧、肖楠、福杉、台湾杉等，木纹花色与软硬度不同。台湾桧木香气宜人，且年轮较密，国外的桧木树种不具香气或很淡，年轮也较疏。台湾桧木板材多来自老房子梁柱建材，稳定度较高，不易变形，二手桧木$1m^2$才约66元。

2 不含有机混合物和防腐剂

仅被油过漆或木胶黏过，但不含任何卤素类有机混合物和防腐剂的木材，如实木家具、木箱等，这些可作为再利用的木料。而其他则可作为燃料，再利用其能量。

这样挑就对了

1 观察木纹颜色

若木材曾浸过水，则内部的木纹颜色会浮出表面，形成黄色的污渍，表面的木色就不干净清晰。

2 尽量不选购集层角材

集层角材为混合各种木材，经过压缩再用胶水黏合，因此泡过水后会一片片剥落，再次使用的话，其使用年限较短。

这样施工才没问题

1 加工前先处理表面

二手回收旧木材表面通常会有脏污、粗糙、有钉孔，挑选二手木材时必须多看多注意；而表面脏污及粗糙可以用砂纸机、电刨来处理。

2 修复二手木上的钉孔

二手木材上如果有钉孔是可以补的，一般来说使用白色补土后再用乳胶漆上色，就能让钉孔消失，建议补丁孔时先用白色乳胶漆当底，这样就可以把白色补土的颜色盖掉，之后再上其他颜色。

监工验收就要这样做

事先确认板材品质

若选用二手板材制作，则监工方式和其他板材无异。只是事先必须确认二手板材的品质是否无虞，观察侧面，察看内部是否有损坏。

这样保养才用得久

实木材料表面涂上保护层

大部分的二手木头皆为老木，所以在清洁保养上较容易，几乎不会有木头龟裂的情形发生。

选用旧门板等家具的实木材料，则需要涂上护木油或木器漆等。若使用废弃的角材或木心材，则本身已有防护处理，因此不用费心保养。

搭配加分秘技

墙面深浅拼接，营造律动感

拆除旧家的桧木重新拼接成的电视主墙。经过谨慎的排列拼贴，型塑出直纹意象，呈现线条分明的律动感。

图片提供＿六相设计

第4章

刚毅坚实的个性材质

金属

室内装修常用的金属材料，主要有铁材、不锈钢，以及铜、铝等非铁金属。这些金属韧性强，可凹折、切割、凿孔或焊接成各式造型。此外，金属为了防锈，表面多半会做各种处理。除了喷漆，还有各种电镀加工，来产生不同质感与颜色。近年来复古风盛行，不少人也将金属表面做锈蚀处理，呈现斑驳纹理之美。

铁材是铁与碳的合金，另含硅、锰、磷等元素。依外观颜色而概分为“黑铁”与“白铁”。大部分的金属，表面皆呈现白金属色泽。如不锈钢由于较能防锈、可长时间维持原有的金属色，故俗称“白铁”。铸铁、熟铁等，则就是“黑铁”。不论是哪一种，都能为居家带来迥异的面貌。

钛金属质轻、延展性佳、硬度高，经过不同的加工处理，会使镀膜呈现黑、茶褐、香槟金、金黄等颜色。亮度高，且色泽多样，这使镀钛逐渐成为设计中不可或缺的元素之一。

种类	铁件	镀钛金属	冲孔板
特色	为铁与碳的合金，依外观颜色可分为黑铁与白铁。在炼制时，由于从900°C以上高温急速冷却而导致不完全氧化，表面会披覆一层黑铁皮。	镀钛是利用金属在真空高温的状态下会交换离子的物理特性，将钛离子附着于金属表面形成一层硬度极高的保护膜。钛金属质坚耐久，抗蚀力与白金不相上下。	运用金属、木质等素材以机器压制冲孔而成，可制作出圆形、椭圆形等形状，普遍用于建筑营造、厨房用具或室内装饰材质使用。
优点	支撑力足、造型多变	硬度高、抗酸碱、不易氧化或褪色，好保养	坚固耐用、质量轻、透风性佳
缺点	很容易生锈，需做好防锈处理	造价高昂、镀膜一旦受损就无法修补	热轧钢板和冷轧钢板材质若未上烤漆，易生锈
价格	依设计与加工方式而定	价格稍高，依设计与加工方式而定	价格不一。依照孔洞的直径大小、排列方式、密度、材质而有所差异。

设计师推荐私房素材

森境＆王俊宏室内设计 · 王俊宏 推荐

图片提供＿森境&王俊宏空间设计

1 铁件 · 兼顾纤薄美感与实用性： 铁件与木头等建材相比，它的承重力更高、造型更灵活，还可结合木作、石材等材质。由于中国台湾的住宅多半不大，因此多运用铁件来打造出质感精致又轻盈的柜体或镂空楼梯。由于铁件表面已有喷漆，屋主平时也不用花太多心力去整理。

图片提供＿森境&王俊宏空间设计

近境制作·唐忠汉 推荐

2 镀钛金属·构成空间最吸睛的焦点： 镀钛金属板的镀膜能随着光线与视线展现丰润的光泽与色彩。在空间里只要少量运用，就能提高整体质感。

图片提供＿近境制作

3 铁件·量身定做的绝佳建材： 金属能打造出一些难以用木作达到的多变造型，又能拥有足够支撑力。且可塑性高，能量身定做出独一无二的品位。

演拓设计·殷崇渊推荐

铁件
耐用又多变的建材

30秒认识建材

| 适用空间 | 各种空间适用
| 适用风格 | 各种风格适用
| 计价方式 | 视个案估价
| 价 格 带 | 依设计与加工方式而定
| 产地来源 | 中国台湾
| 优　　点 | 支撑力足、造型多变
| 缺　　点 | 很容易生锈，需做好防锈处理

Q 选这个真的没问题吗

1 **铁制的物品看起来坚硬又耐久，需要费心保养吗？** 解答见P.104

2 **想在楼梯加上铁件，要选用多少厚度才足够？** 解答见P.103

铁的熔点为1539℃，延展性佳，加上矿产量大，千百年来为人们应用最多的金属。铁材是铁与碳的合金，另含硅、锰、磷等元素：依照合金元素的比例而分成不同种类，总称为碳钢。业界依外观颜色而概分为“黑铁”与“白铁”。大部分的金属，表面皆呈现白金属色泽（White Metal）。不锈钢由于较能防锈、可长时间维持原有的金属色，故俗称“白铁”；而“黑铁”则泛指不锈钢以外的铁材，包含铸铁、熟铁（或称锻铁、软铁），以及碳钢等合金钢。

铁材在炼制时，由于从900°C以上高温急速冷却而导致不完全氧化，表面会批覆一层黑铁皮（Mill Scale），由于黑漆漆的外观而得名。若磨掉这层氧化物并进行抛光，铁件也可展现如同不锈钢般的光滑、亮丽。铁件具有金属建材共同的优点且价格相对较低，因此常应用于结构材或装饰面材。若施以电镀、阳极处理、喷漆或烤漆等处理，还能达到防锈效果并展现出迥异面貌。

一般来说，铁件的承重力比相同体积的实木来得强大，也比系统板材的强度高很多，常用来打造柜架，相同承载量可以打造得比木作更为轻薄。当然，实际上的承重量还是得考虑到铁板的材质与厚度，以及整座柜架的结构设计。

图片提供＿近境制作

种类有哪些

依照炼制过程，可分为以下三种：

1 铸铁

俗称“生仔”，为杂质较多的碳铁合金，含碳量2%～4%。碳愈多，硬度就愈高。普通铸铁的强度、耐蚀性都比钢材低，每平方米只能承受30～50kg。由于熔点较低（1200℃），成本较低廉，广泛用于制造铁管、铁板等各式建材，或是熔铸成各种造型的铸铁门、窗花或栏杆。

2 锻铁 / 熟铁

熟铁的杂质少，含碳量低于0.1%，延展性、韧性、可锻性及熔接性皆佳，又称为锻铁或软铁。可制成铁丝或螺钉，甚至用机器或手工锤炼成繁复雕花的栏杆、铁窗或铁门等空间构件。

3 镀锌钢板

镀锌钢板也可称为“白铁”，也就是不锈钢。镀锌层能防锈，故可长时间维持表面的金属色。钢材经过镀锌之后，强度与延展性皆能提高，镀锌方式可分两种。

（1）热浸镀锌（SGCC，简称GI）：以450℃温度让锌金属与铁金属彼此扩散而形成合金（镀锌层），厚达54um以上。由于防锈力佳。多用于户外或打造建筑用的钢筋、钢管、钢板。

（2）电镀锌（SECC，简称EG）：利用电化学来镀锌。镀膜厚约10um，表面较平整，故耐指纹，多用于室内或小家电。

这样挑就对了

1 镀锌板看镀膜厚度与花纹

热浸镀锌钢板的表面会带有锌花，锌花越小代表镀膜越均匀；因此，最好是小到几乎看不见的程度。而镀膜厚度则是越厚越好。镀锌层越厚，代表防锈力、耐候力越佳，且强度与延展性也会随之提升。

2 楼梯踏步宜选用较厚的板材

虽说铁板的承重力远比木作为佳，但为了安全起见，像楼梯等需要高度承重者仍宜选用厚板来打造。铁板厚度从1.2mm～3cm皆有。打造楼梯踏步最好选用厚度3mm以上者，以免日久变形。

这样施工才没问题

1 选用适合的焊接工法

铁件的焊接，通常比较适合电焊。虽然氩焊的熔接面（焊道）较小，电焊的会比较大而导致要花较多时间来磨光；但焊道较小的衔接面容易因外力而产生裂痕，故电焊的工法会比较稳固。此外，不同金属（如黑铁与白铁）虽可焊接；但由于两者熔点差距较大，衔接面较容易被外力扯出裂痕。

2 上漆前要彻底清洁表面

在上漆或镀膜之前都必须清除铁锈或油污。否则会降低漆膜的附着力，铁锈也会在漆膜下方继续侵蚀而导致脱漆。至于乍看牢固的黑铁皮，其实带有不少能让水汽进出的细孔；因此，在上漆前一定要磨光，才能让漆料仅仅附着在金属表面。

3 确定施工前原始地面状况

因为金属材质带有刚性问题。当铁板竖直并排时，板材还能维持一定平直的形状。一旦横放且下无支撑的话，板材就会因为重力的关系而逐渐地微微凹下。在规划柜架时，尤其是会排满书籍的书柜，务必要考虑到铁制层板的厚度与隔板的间距，以免层板长年使用后会因为刚性而变形。

监工验收就要这样做

1 焊接处要填满并磨平

如果是需要承重的结构或是铁板衔接铁管，就一定要焊满，避免衔接处裂开。焊接完毕之后，每个焊点或焊道都要磨平。尤其是转角或是有特殊造型的构件，需特别注意表面是否有修平顺。

2 注意铁板镂空图案的精致度

切割铁板的方式有两种：电离子切割与激光切割。后者的精准度较高、前者则较有手工感。无论采用哪种切割技术，镂孔边缘须平顺。

3 大形铁件要吃进建物结构

当铁件要结合其他构件时，一定要精准地计算尺寸和结构支撑。比如隔屏、门片等颇具分量的大型铁件，当五金需要锁进木作时，必须先加强五金的结构；甚至需直接锁进钢筋水泥的承重结构里，以免木作支撑不了。

搭配加分秘技

大铁框构成精致的多功能造型柜
为使主卧不显窄迫，睡眠区与更衣间以一道悬空的铁件造型柜做区隔，半穿透视线让两区能彼此延伸。

用铁件打造大型的悬空置物架
卧室外侧以两座长约2m多的吊柜构成一道隔屏，为顾及放满衣物之后的重量，故选用铁件框架，呈现轻薄与悬浮感。

这样保养才用得久

1 避免强力碰坏保护膜
铁件若受到外力冲击或一直遭受尖锐硬物的碰撞，表面的漆层也可能会崩落。因此，平日使用时最好避免重力撞击。若表面为镀钛，虽然硬度大幅提升，但仍要避免强力碰撞或刮磨。

2 定期刷漆
涂漆、喷漆或烤漆的保护会随着漆料老化而逐渐失去作用。尤其是涂刷的油漆或透明漆，应该每隔几年就重新刷一次，避免漆层老化而剥落。给栏杆、楼梯扶手等重新上漆时，应先磨平原有剥落的漆料再刷新漆。同时需等第一层干掉后再刷一层新的，反复几次以避免油漆层的毛孔让水汽侵入。

镀钛金属
抗氧耐磨不褪色

30秒认识建材

适用空间	各种空间适用
适用风格	现代风、工业风
计价方式	依设计而定
价 格 带	价格稍高，依设计与加工方式而定
产地来源	中国台湾
优　　点	硬度高、抗酸碱、不易氧化或褪色，好保养
缺　　点	造价高昂、镀膜一旦受损就无法修补

Q 选这个真的没问题吗

1 镀钛金属的材质有什么特性？ 解答见P.105

2 我家靠近温泉区，设计师说改用镀钛后的材质可耐腐蚀，是真的吗？ 解答见P.105

3 镀钛的电视墙发现有点油污，可以用钢刷清洁吗？ 解答见P.106

钛金属质轻、延展性佳、硬度高，熔点为1668℃，抗蚀力与白金不相上下。钛金属质坚耐久，因为提炼较难而价格昂贵。20世纪70年代已发展出真空镀钛的技术，多用于航天工业；现应用于装饰性的金属板材，称为镀钛金属板。

镀钛是利用金属在真空高温的状态下会交换离子的物理特性，将钛离子附着于金属表面形成一层硬度极高的保护膜。膜层厚度介于0.3~0.5um之间。由于软的金属无法披覆钛离子，普遍使用特定的不锈钢板来镀钛，并透过控制加工过程的参数来让镀膜呈现黑、茶褐、香槟金、金黄等颜色。除了不锈钢板外，也可以镀在坚硬的底材，如瓷砖或铝、铜等。

由于镀膜带有钛金属的特性，硬度为不锈钢板的两到三倍，板材凹折至90度也不损及镀膜，且抗氧化又抗腐蚀。可应用于大楼帷幕、包柱、门框、扶手栏杆、电梯门板等空间或招牌。除可选用现成板材，也能请厂商将金属半成品镀上钛膜。

镀钛金属板的镀膜耐酸碱，且表面不易黏附异物，无论是工厂或汽车排放的污染物质、温泉地弥漫的硫黄，或是夹带盐分的海风，都不易腐蚀钛膜，因此若是要用作户外建材也相当适合。

图片提供＿森境&王俊宏空间设计

种类有哪些

依照加工处理方式，可分为以下两种：

1 镀钛钢板

纳米等级的镀膜能紧密结合金属板材，加强水气隔绝而能高度防锈又不易脱落。镀膜表面光滑，不易黏附异物，且抗盐雾能力为不锈钢SUS304的两倍以上，故不易沾染指纹。

镀膜颜色有多种选择，还可加工成不同图案，如镜面、毛丝、乱纹、喷砂、雾珠，或进行3D激光或立体蚀花等处理。

2 抗指纹处理镀钛钢板

镀钛钢板若进行纳米级的抗指纹处理，镀膜可再提高硬度，并使颜色更显饱和也更不易褪色。因此，多了这道加工程序的镀钛金属板，其耐候性强，更适合用于户外温泉区、海边或空气污染较严重的地带。

这样挑就对了

挑选优质厂商

不管是购买镀钛金属板材，还是将各种不锈钢单品拿去镀膜，最好能挑选优质厂商。可从公司规模、设备新颖与否，以及磨砂、抛光等相关技术与设备来评估。当然，如能先拿到样本确认品质，会更有保障。

这样施工才没问题

1 安装前做好保护措施

如果镀膜遭受破坏，里面的不锈钢会因失去保护而逐步生锈，因此板材表面会贴覆一层不留残胶的保护皮膜，等完工后才可撕下来。运送时还要再加上厚纸板、塑胶板等进行层层捆包，避免途中不小心损伤到镀膜。

2 工地现场要净空

镀钛金属板最怕刮伤、碰伤。需等其他工程都退场了，才安排铁工进场。此外，在工地现场进行凹折等加工时，也应避免粗糙面磨坏板材。安装完毕还要用防水胶布包覆表面，以免盥洗墙壁或地板时被强酸、强碱的化学药剂泼溅到。

3 特殊造型可于焊接后镀膜

虽说镀钛金属板可进行凹折，抗指纹处理，还能避免金属板材因激光切割而出现烧熔的问题；不过，如果想制作的物件体积较小且造型较复杂，建议先将不锈钢板材焊接成型，再送至工厂进行真空镀膜，整体质感会较精致。

监工验收就要这样做

1 施工前先验收品质

收到建材时，除了确定尺寸、花色等是否符合当初订货的规格，还要确认镀膜的平整光滑度和有无色差。板材不能翘起，或有凹痕、擦伤。

2 完工后注意细节收尾

注意接缝是否密实，整块接合之后的立面是否平整、密合，或弯曲的弧度是否符合原有设计。尤其是边角的收尾要特别注意。此外，也要检查镀膜是否保持完整，表面有没有擦痕或凹痕。

这样保养才用得久

1 一般脏污用湿布擦拭即可

钛金属板较不易黏附异物，如果表面有指纹或灰尘，先掸去灰尘，再用清水冲洗再擦干水痕。如果有残胶或油垢，可用湿布蘸取中性洗洁剂来擦拭，之后再蘸上清水来擦一遍。

最好使用细棉布，不要用粗布或粗的菜瓜布，虽说镀膜硬度颇高，但仍有刮伤的可能。

2 避免黏附酸性或碱性物质

钛金属板的镀膜虽有优越的抗酸碱能力，但长期沾染仍可能导致钛金板表面变色或镀膜受损而脱落。平日清洁，避免用强酸、强碱的药剂。此外，镀钛金属板最怕黏附水泥。如遇此情况，要趁水泥未干之际先以大量清水冲洗。

达人单品推荐

1 玫瑰金镀钛金属板

2 金色镀钛金属板

3 黑色镀钛金属板

4 香槟金镀钛金属板

1 略偏粉红的玫瑰金，颜色柔和、内敛，又不至于太过甜腻，相当耐看！从左至右分别为乱纹、雾珠、毛丝面与镜面。（122cm × 244cm、价格店洽，图片提供 _ 昱龙不锈钢）

2 金色最能展现出空间的奢华与贵气。钛金属镀膜的丰富光泽，再加上不同纹路的表面处理，很能展现独特的奢华质感。从左至右分别为毛丝、雾珠面、镜面、乱纹。（122cm × 244cm、价格店洽，图片提供 _ 昱龙不锈钢）

3 黑色镀钛板非常适合强调空间个性的工业风或时尚现代风。黑色搭配金属镀膜特有的光泽，能展现独特魅力。从左至右分别为雾珠、乱纹、毛丝面与镜面。（122cm × 244cm、价格店洽，图片提供 _ 正龙不锈钢）

4 典雅的香槟金，很适合沉稳的古典风或利落的现代风空间。搭配不同质地的表面处理，能细腻展现出精致的细节。从左至右分别为镜面、雾珠、毛丝面、乱纹。（122cm × 244cm、价格店洽，图片提供 _ 昱龙不锈钢）

搭配加分秘技

华丽光泽跳脱出木质基调

玄关落地柜、电视主墙与沿梁柱打造的ㄇ型框，皆为镀钛金属板。黑色镀钛的玄秘的色泽，来与深色木地板构成质感对比。

图片提供 _ 近境制作

冲孔板 NEW!
坚固耐用基础材

30秒认识建材

适用空间	居家和商业空间
适用风格	现代风、工业风
计价方式	少量以单次架模费计价、大量以m^2计价
价格带	价格不一。依照孔洞的直径大小、排列方式、密度、材质而有所差异。
产地来源	中国台湾
优点	坚固耐用、质量轻、透风性佳
缺点	热轧钢板和冷轧钢板材质若未上烤漆，易生锈

Q 选这个真的没问题吗

1 冲孔板的材质有哪些？不同的材质有什么样的特性？ 解答见P.109

2 冲孔板不同的孔径有什么不同的用途？ 解答见P.109

所谓的冲孔板，是运用金属、木质等素材以机器压制冲孔而成，可制作出圆形、椭圆形等形状，普遍用于建筑营造、厨房用具或室内装饰材质使用。而依照孔洞的直径大小、形状、排列分布，具有不同的特质和用途，直径在3mm左右的孔洞，由于孔洞小，多用于过滤的机具或用品，像是厨房常用的滤网就是一种；而5mm的冲孔板则用于吸音材料和冷气的出风口，才能有效吸收声音或通风。

一般来说，冲孔板常用的材质多为不锈钢、冷轧钢板、热轧钢板或镀锌板等，不同的材质主要取决于使用的需求。不锈钢的硬度最好，材质坚硬，耐候、耐用度高，可用于户外壁面等区域；镀锌板由于在表面镀上锌后具有防锈的功能，价格也较经济实惠，是常用的装潢材料。冲孔板本身规律有秩序的排列，形成特殊的视觉效果，除了圆孔状之外，还可刻制图案，不论是用在墙面或天花装饰，都能让视觉变化更为多元。

图片提供＿CJ Studio陆希杰设计事业有限公司

种类有哪些

依照常用材质，可分成以下几类：

1 CR冷轧钢板

冷轧钢板的厚度较薄，可生产的厚度仅0.15～2.0mm，主要用于家电、电脑机壳等。

2 HR热轧钢板

热轧钢板为黑铁制成，经过热轧后可延展。若制成品的厚度需2mm以上，建议使用热轧钢板。

3 GI热浸镀锌板

在钢板外层镀锌，镀锌层比电气镀锌板较厚，防锈力较好，适合用在户外。

4 EG 电气镀锌

运用通电，使锌均匀分布在钢板外层，施作后的厚度较薄，多用于室内墙面、家电等。具有耐蚀防锈的特性。

5 AL镀铝板

材质较软、延展伸度大，适于挤压成型制作容器。

6 不锈钢

相较于以上五种材质，防锈力最高、坚固耐用。一般来说较常使用的不锈钢型号为304，其硬度适中，多用于厨具。316的等级最高，耐酸碱，防锈力和耐候性强。

这样挑就对了

1 依照需求挑选适合材质

若使用于户外，建议选择耐候性高、防锈力较强的材质，像是不锈钢、热浸镀锌板等。

2 依用途选择孔洞大小

以实用面来看，不同的孔洞直径有不同的功能。直径5mm左右的冲孔板，可作为吸音材，当冲孔板覆盖于吸音棉上时，声音透过率才会达到35%以上，才能有效吸收环境音。

图片提供_进泰制网

▲ 冲孔板可用于建筑结构、室内、户外等装饰材。

3 孔洞排列、大小、间距，依个人喜好而定

冲孔板可用于壁面或天花的装饰材料，可依照喜好和需求选择孔洞的形状、大小、间距和排列方式，呈现出各式的视觉美感。

这样施工才没问题

1 压轧时，注意四边留边

压轧冲孔板时，四边需留边，避免届时难以装设。而孔径大小、排列方式、角度、孔中心至中心距离，需确实注意是否有依顾客需求施作。

2 在天花、壁面施作要固定结实

若要在天花和墙面装设冲孔板，拼接时可穿孔锁螺丝，或是以焊接方式固定。

监工验收就要这样做

确认孔洞是否完整

确认孔洞是否完整：由于压轧时，机器模具会因多次摩擦撞击而损耗，最后可能会有缺角，因此要注意成品的孔洞形状是否完整。

达人单品推荐

1 蜂窝网状

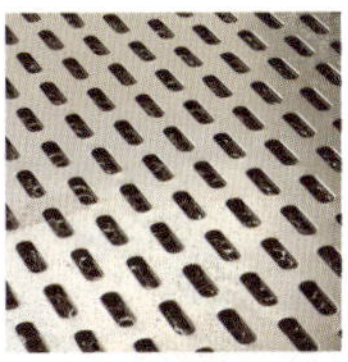
长方椭圆孔

1 冲孔板依照孔径形状、大小、排列方式、角度、孔中心至中心距离进行制作。有多种材质可供挑选。
（尺寸、价格电洽，图片提供_进泰制网）

第 5 章

不造作的自然质朴材

水泥

水泥可说是当今最重要的建筑材料之一，主要由添加物（胶凝材料）、骨料（砂石）及水组成，调整成分比例及添加物调整其特性后，可用于各类环境的建筑，大家常听到的“清水模建筑”就是一例。

但由于清水模工法的失败率较高，且造价昂贵，因此研发出“后制清水工法”（SA工法），此工法以混凝土混合其他添加物制成，可用来处理清水模建筑的基面不平整、蜂窝、麻面等问题。造价比清水模相对便宜，成为清水模的最佳替代建材。

除了架构建筑主体外，室内也运用水泥施作，一般的水泥粉光就是以1:3水泥沙混合，早期装潢经常看到水泥粉光地坪。虽然现今大多以瓷砖铺陈，但水泥的质地，以及不均匀的表面色泽，仍掳获不少人的心。也因此近年与水泥相关的室内装修素材及工法，逐渐成为方兴未艾的一门显学。

种类	水泥粉光地板	清水模	后制清水模
特色	由1: 3的水泥砂混合添加物、骨料及水组成	以混凝土灌浆浇置而成，表面不再做任何粉饰，呈现原始水泥的质感	以混凝土混合其他添加物制成，可适用于室内任何壁面底材
优点	保暖性佳，因纹路及色泽不同，有着难以取代的手工美感与质朴风格	一体成型的美感，节省外立面饰材	施工前可打样确定风格及色泽，高度模拟清水模质感，但不会失败；价格较真清水低
缺点	易裂，造成后续清洁不易；若厂商经验不足，完工后可能起砂	考验施工精准，成败只有一次	易碎，不适合用在地面
价格	RMB: 203~678/㎡（连工带料，不含地坪的事先修整）	视建筑设计而定	最低施工面积为30m^2，价格为RMB:6105~6783元；30m^{2}以上，则RMB:180元/m^2（连工带料）

设计师推荐 私房素材

馥阁设计-黄铃芳推荐 图片提供_馥阁设计

1 后制清水模，保证成功的清水模：对喜爱清水模的人来说，后制清水绝对是一大福音。不像清水模不可控因素太高，后制清水与灌注清水模的相似度不仅可达九成，甚至可在施作前打样确保施工后的模样，其价格也相对实惠许多；此外，使用后制清水不需担心对建筑造成结构负担，更可放心使用。

图片提供 _ 摩登雅舍

图片提供 _ 演拓设计

演拓设计 · 殷崇渊推荐

2 清水模，水泥艺术的极致： 建筑师安藤忠雄因为善于运用清水模打造住宅及商业空间，让他的大名几乎和清水模画上等号，也因为国际上多个建筑奖项的加持，让清水模更广为人知，虽然造价不菲，但清水模建筑散发出混凝土自然的原始色泽质感，质朴稳重的氛围广受大众喜爱。

水泥粉光地板
Loft风的最佳素材

30秒认识建材

| 适用风格 | 工业风、Loft风、现代简约
| 计价方式 | 以m^2计价
| 价 格 带 | RMB: 203~678/m^2（连工带料，不含地坪的事先修整）
| 产地来源 | 中国台湾、美国、德国
| 优　　点 | 保暖性佳，因纹路及色泽不同，有着难以取代的手工美感与质朴风格
| 缺　　点 | 易裂，后续清洁不易；若厂商经验不足，完工后可能起砂

Q 选这个真的没问题吗

1 听说水泥粉光地板一定会龟裂跟起砂，是真的吗？ 解答见P.112

2 水泥粉光的花纹好漂亮，可以做出一模一样的吗？ 解答见P.113

3 水泥粉光地板好保养吗？ 解答见P.114

水泥粉光地坪是由水泥、骨料、添加物等材质依需求比例混合，为早期常见的装潢地坪。且水泥粉光会因施作时材料的品质、环境温湿度及人工经验等因素，而呈现深浅不一的色泽、云朵纹路。

然而，看似简单的水泥粉光地板，在完工后因熟化环境及收缩等自然因素，会容易有粉尘出现，也就是俗称的“起砂”，建议可在水泥粉光地板上铺一层EPOXY（环亚树脂）或者使用防水油漆，在清理时不会受到影响，但是EPOXY在施工上亦有难度，厚度不一时容易出现深浅颜色的差异性。

除了起砂之外，水泥粉光最为人所知的缺点是，日久容易有龟裂的问题。虽说这肇因于水泥的基本特性，但以目前技术是可被控制与克服的。美国及德国法规就明确规范水泥粉光面的裂纹宽度（称为鸡爪纹或发丝纹）需在0.2mm及0.4mm以下。国内已有厂商引进美国及德国相关产品，只是单价相对高昂。

此外，水泥粉光地坪本身有毛细孔，易吃色，有色的液体打翻后就难以清洗，也无法以抛磨的方式去除污渍，是使用上需要特别注意的地方。

图片提供＿邑舍设纪

种类有哪些

水泥粉光面的构成和一般建筑用的水泥大同小异，都是骨料、水泥砂浆及添加物，也因此从装修工程上视觉可见的方式来分类，可从其骨材的不同大致区分为两类：

1 磨石子地板

可选择在骨料中混入不同的石子甚至是玛瑙，依照师傅经验调配出水泥深浅，辅以不同种类的压条（铜条、木条、压克力或不用压条），都能创造出风格迥异的磨石子地板。

2 水泥粉光地板

在骨料中仅加入细砂，以1:3的比例调配材料，为了让表面看来光亮细致，沙子通常会再以筛子筛过，也能避免小石子或杂物造成地面不平整。

这样挑就对了

挑选有口碑的厂商

水泥粉光地板施作完的品质一分钱一分货，市场上的价格带差异也颇大，主要是在原料品质及工法的差异，除了找有口碑的厂商外，也可要求现场勘查厂商之前的施作实绩，才能确保施工后没有问题。

这样施工才没问题

1 清楚沟通需求及想法

水泥粉光地板制作出来的效果，在审美上其实相当主观，也因此在施作前，务必要和设计师或厂商沟通清楚，当设计师或厂商告知可能的风险时，也要务实地自我评估能否接受，再决定是否要施作。

2 施作前先签约

因为水泥粉光相对于其他建材的施工，较不可控制，因此在细节沟通完成后，于合约上清楚载明，以便日后发生纠纷或歧见时，双方较能有依据。

3 确定施工前原始地面状况

原始地面的状况影响水泥粉光地板完工状况甚巨，除了置平外，有时还会依使用空间及区域需要抓倾斜角度。以本文提供之价格带，并不含原始地面的修整状况，因此在施工前也得先问清楚。

4 先做好防水，避免环境污染

水泥粉光地板施工时会有水，打磨时会有粉尘，这些都是施工时需要注意的事项。有经验的优良厂商为了避免施作时水往下渗透，造成与邻居的纠纷，一定会先进行防水工程；而打磨时也会尽量避免粉尘污染。

▲ 基于水泥本身材质的关系，使用久了会有龟裂的情形，乃属正常现象。

5 施作完需7天的养护期

水泥粉光地板铺上泥料后，一般会有7天的养护期，养护期间主要就是让水泥凝结及干燥程度达到60%～70%，然而7天的养护期亦会因施作期间的气候及温度而有差异。养护期间别急着赶工，待地面凝结到一定程度后再施工，避免地面施工失败。

监工验收就要这样做

1 检视平整度

仔细检查地面磨平的程度，是否和合约中订定的相符？此外，若施工后的地板有裂缝，是否在当初讨论的可接受范围内？

2 检视边角是否修饰完整

因打磨的机器为圆盘状，墙面边角难免打磨不到，细心的工班会用手工打磨方式处理，这点在验收时也可注意。

3 索取保固书

有口碑的优良厂商，一般都会付保固书给顾客。记得向厂商索取保固书，这样日后若有问题，才不会求助无门。

达人单品推荐

1 Polished Bond

2 Nature Grain

3 晶石抛光

1 表面光滑且具备高黏着性，可直接施作于金属、木板、瓷砖等底材上，除可用在地面上，亦可施作于墙面。
（约RMB: 678元/m²，图片提供＿莱特创意水泥）

2 完工后表面带有极为自然的纹路与层次，粗犷的质感很适合用于工业风空间中，施作后仅2～3mm的厚度，确保有传统水泥抛光强度且鲜少龟裂。
（约RMB: 678元/m²，图片提供＿莱特创意水泥）

3 具备多种色彩，可与各类材质搭配运用，甚至可刻上雕花纹路，适合用在大厅或较大空间。
（约RMB: 678元/m²，图片提供＿莱特创意水泥）

这样保养才用得久

1 使用防护剂

施作厂商一般都有自己推荐的防护剂可使用，多半只要加在清水中，定期以拖地方式养护即可。

2 使用水蜡

若不想使用价格相对高昂的防护剂，也可选择水蜡为家中水泥粉光面进行保养。

3 避免深色液体沾染

完成面的水泥因其易吸水特性，使用上要尽量避免深色液体如可乐、酱油等沾染，免得染色后影响外观。

搭配加分秘技

原木与水泥交织的质朴简约

以各类不同色调及切割的原木书柜作为空间端景，搭配水泥抛光地板，呈现简约却不失层次的概念。

图片提供＿无有设计

开放空间的自由自在
以水泥粉光质朴自然风格，突显以“自由”为主题、充满开放及穿透隔间的自在氛围。

相异材质相搭更加分
以水泥粉光地坪打底，上方再铺上一层EPOXY，呈现如云朵般的不规则铺陈之外，也展现EPOXY的亮面效果。

清水模
现代风的重要元素

30 秒认识建材

适用空间	所有空间都适用
适用风格	极简、现代风
计价方式	视建筑设计而定
价 格 带	视建筑设计而定
产地来源	中国台湾
优　　点	一体成型的美感，节省外立面饰材
缺　　点	考验施工精准，成败只有一次

Q 选这个真的没问题吗

1 家里想用清水模做墙面，要怎么搭配才有独特的风味？ 解答见 P.118

2 清水模需要费心保养吗？ 解答见 P.118

清水模建筑散发出混凝土自然的原始色泽质感，其质朴稳重的特色能营造现代风格、日式禅风，为大众所喜爱。但造价不菲，一般大众难以负担，另发展出清水模砖、仿清水模涂漆等替代建材表现相似的质感。

所谓的“清水”是指混凝土灌浆浇置完成将模板拆卸后，表面不再作任何粉饰装修处理（仅涂布防护剂），而使混凝土表面透过模板本身呈现出质感的工法，也就是说清水模施作完成墙面，表面光滑且分割一致的“细致质感”；模板若是木纹模，墙面就能刻印出木头纹路的质感。

清水混凝土尚有更深层的意义存在，它是一种精神，是必须靠整个团队（设计与施工）有计划规划设计、掌握施工精准度，将简单的清水混凝土与力学结构相结合，做出一件典雅、刚柔并济的作品。管理是清水模工法最重要的成败关键，主导本项工程者就应具备足够清水模之理念、经验和认知，如此才能有效统合整个团队运作，确保施工品质。

因此，清水混凝土建筑在规划设计时，设计者与施工者必须充分沟通，讨论出既美观且易施工之设计方式，若仅重视设计感而无视施工性将容易产生施工缺失。

图片提供_敦霖营造

种类有哪些

清水模板种类有钢模、铝模、硬化塑胶模、FRP模、纸模等，钢板模通常用于道路、桥梁等公共工程，纸模可运用于圆柱形结构体。

清水混凝土专用夹板模有：

1 菲林板与芬兰板

此两种又称为黑板，表面为黑色热熔胶，差别为规格尺寸不同，完成面效果平整，光亮度接近雾面。

2 日本黄板

又称为优力胶板，防水、抗热与抗酸性良好，完成面较为光亮。

3 木纹清水模板

多使用杉木与松木制作，可依照需求加工木料使其具有不同的深浅纹路，呈现出不同的立体感。

这样挑就对了

1 挑选专用夹板

并非可用于板模的板材就是清水模板，除上述三类之外，也有不少以涂装防水夹板、美耐板取代的做法，其差别在仅能使用一次或两次即报废，因此施工价格相对高。

2 挑选专业有品质厂商

清水混凝土的成败在于团队是否具有足够专业的经验与整合性，因成败只有一次机会，若事前整合或施工稍有不慎，尤其遇到爆模或垂直水平误差过大，通常只能打掉重做，无异于增加成本损耗。

这样施工才没问题

1 模板分割计划

依照设计图的结构尺寸，规划绘制清水模施工图。清水模板表面分割接缝板线、螺杆孔，必须事先规划，达成整齐美观、对称和对缝。

2 混凝土砂浆与强度控制

模板不应以传统铁线固定，应采用适当之清水模板系结件，并加强模板支撑稳固性及水密性，单次灌浆范围也需计算，以免负荷不了产生沉板、变形、扭转或严重漏浆等问题。

▲以木纹模板做出仿木质的自然纹理。

3 工地清洁

施作时工地清洁相当重要，工人务必不可嚼食槟榔，组粒完成必须覆盖保护，而浇置前一天必须完成模板表面清洗、排除墙角水分。

4 混凝土测试

施工前必须配合构件断面或配筋量定混凝土坍度与水胶比，并进行测试。

5 施工步骤解析

STEP 1：模板组立

清水模所使用的混凝土性质较接近于流体，所以模板侧压力明显增加，应采专用系件加强稳固性及水密性。

STEP 2：浇置

浇置清水混凝土时，尽可能一次浇灌至顶（避免冷缝），所以模板捆绑及支撑稳固要更注意加强。

图片提供＿敦霖营造

STEP 3：拆模养护

清水混凝土施工完成后表面要涂上一层防护剂填补混凝土本身的毛细孔，避免吸水渗水与表面风化。

图片提供＿敦霖营造

监工验收就要这样做

1 灌浆时拆模后表面须养护

拆模后墙面需进行保护措施，避免遭污染或损伤；而使用后的模板应清洁残留泥浆，以便下一次备用。

2 小心捣实

混凝土浇置时，应使用内模震动器配合外模震动器施予振捣，使空气排出，以免产生粒料分离的蜂窝现象。

3 完成面有细小气泡

有小气泡为清水混凝土的自然表情，若要求更加光滑可以用镘刀镘平修饰。

4 避免冷缝现象产生

混凝土运输距离需在事前做好妥善的交通规划，灌浆不能中断，以免造成冷缝。

这样保养才用得久

1 完成面须进行养护

为了防止混凝土塑性收缩而产生裂缝，浇注完毕、粉光完成后即须进行养护。

2 喷洒专用保护剂

为避免风化、紫外线照射与水渍污染墙面，可喷涂纳米光触媒、压克力漆等保护剂。

3 表面脏污可磨除

如同石材表面脏污，清水混凝土表面若附着不可洗洁之脏污，可用砂纸轻轻磨掉。

搭配加分秘技

木与石的搭配，质朴自然

矩型的清水模规律排列，与窗户的形式相互对应，加上刷白的木地板，展现木与石自然纯净的风格。

图片提供＿金湛设计

利用经典家具混搭，让现代与复古并存

宽敞的餐厅摆放原木材质的六人大餐桌，北欧风格的经典 Y-Chair 置于其中，在现代极简的清水模建筑中，赋予永恒的经典韵味。

图片提供 _ 毛森江建筑工作室

后制清水模
保证成功的清水模

30秒认识建材

适用风格	工业风、Loft风、日式禅风、现代简约
计价方式	以m^2计价
价格带	最低施工面积为30m^2，价格为RMB:6105~6783元;30m^2以上，则RMB:560元/m^2（连工带料）
产地来源	日本
优点	施工前可打样确定风格及色泽，高度模拟清水模质感，但不会失败；价格较清水模低
缺点	易碎，不适合用在地面

Q 选这个真的没问题吗

1 听说有种仿清水模是用涂的，到底是什么？ 解答见P.121

2 后制清水模会不会很容易龟裂？ 解答见P.121

3 后制清水模跟真的清水模比起来会不会很假？ 解答见P.121

图片提供＿朋柏实业

清水模质朴的质感近年越来越受大众欢迎，但因施作不易、造价不菲，以及多项不可控制的因素，让许多人望之却步。为了克服清水模的缺点，产生了后制清水工法。日本菊水化工开发出的清水混凝土保护与再修饰工法（又名SA工法）就是一例。

SA工法是以混凝土混合其他添加物制成，除了用于修补清水模的基面不平整、严重漏浆、蜂窝、麻面、歪斜等缺失，还可用在室内装修壁面及天花，不仅可在施作前打样供顾客确认色泽花纹，且适用于任何底材，厚度亦只有0.3mm，不会造成建筑结构的负担，厂商还可依喜好于表面打孔，画出木纹样式，制作气泡、溢浆、沟缝等效果，施作后的效果与灌注清水模极为类似，是喜好此风格但担心失败或预算较低时的另一种选择。

种类有哪些

SA后制清水工法施作于室内或居家环境时，由师傅以手工具制作，可依其呈现的外观区分不同类别。

1 自然沟缝形式

仿照灌注清水模做出木板拼接造成的沟缝，可分为自然沟纹、深沟纹、溢浆沟纹等样式。

2 一般模形式

仿照类似灌注清水模具制作出的样式，可大致分为木纹模（类似芬兰板形式）、金属模等样式。

这样挑就对了

1 可挑选有授权书的厂商

由日本导入中国台湾的后制清水工法，多半会给予台湾代理商施工授权书，再由该代理商训练在工地执行，因此在找厂商时，可要求其出示日方授权书。

2 检视厂商过去作品

为确保找到的厂商有能力施工，可要求至现场实际检视厂商过往施工作品；若无法配合，也可至其展示间确认挑选。

3 确认喜好样式

因后制清水模可于施作前打样，消费者可先与厂商沟通喜好的感觉，并确认打样后再执行，确保完成面不会和喜好差异过大。

这样施工才没问题

1 确认厂商施工限制

后制清水模无施作底材之限制，但在施工前仍要请厂商现况评估，以确认是否有任何风险，以及是否因需要修补底面而可能衍生之任何费用。

2 进场时间应于最后清洁前

因后制清水工法施作面薄且质地脆，需避免碰撞产生

▲后制清水模可适用于任何底材，除了可在壁面使用之外，天花板也能施作。

龟裂或损伤，因而以室内装修时程来说，最好在最终清洁前进场施作。

监工验收就要这样做

1 确认表面完整

验收时可检视施工面是否有任何碰撞伤，可请厂商修补。

2 使用打样来对色及花纹

验收时，可拿厂商于施作前提供的打样来核对检视，确认最终呈现结果与沟通时一致。

达人单品推荐

1 仿木纹模

2 钻孔模

1 呈现灌注清水模的芬兰板木纹质感。
（最低施工面积为30m²，RMB: 6105~6783元；30m²以上，连工带料RMB:560元 / m²，图片提供 _ 朋柏实业）

2 以手工具洗出灌注清水圆形螺栓孔，极为拟真，孔洞疏密还可由使用者自行决定。
（最低施工面积为30m²，RMB: 6105~6775元；30m²以上，连工带料RMB:560元 / m²，图片提供 _ 朋柏实业）

这样保养才用得久

1 使用清水擦拭

后制清水模因完工时会施以透明保护工法，因此在维护上相当简便，仅需以拧干的抹布擦拭即可。

2 避免重物敲击

为免施作壁面剥落，移动家具或平日起居时应避免重物敲击或撞击壁面。

搭配加分秘技

沉静大气的优雅空间

以后制清水模在原始电视墙面施作，呈现深沉静谧的稳重质感，简约细腻显见空间的落落大方。

图片提供 _ 馥阁设计

以色彩于空间画龙点睛

通过后制清水模、岩面地砖及烤漆玻璃架构出空间深邃且富层次的简约，壁面用色彩鲜明的艺术品则让空间多了视觉焦点。

图片提供_馥阁设计

第 6 章

另类独特的耐用地板

塑料材

由于自然材的数量有限，再加上实木等天然材质价格昂贵。为此，开始着手研发替代建材，如塑合木，是以废弃木料打碎后加入塑料而成，不仅可以改善天然材质易朽、不耐碰撞的缺点，也降低木料的使用比例。而除了从原料改变之外，同时原本运用于厂房、停车场的 EPOXY 和 PANDOMO 也开始登堂入室，展现其耐磨耐潮的优点，在室内空间轧上一角，在建材选购上为人们提供另一种崭新的方向。

种类	EPOXY	PANDOMO	PVC 地砖	环保塑合木
特色	成分为环氧树脂	以水泥为基础的建材	俗称＂塑胶地板＂，外表美观，且具有耐磨特性	塑料与木粉混合的产品，材质的稳定度比实木高
优点	地面无接缝，具止滑效果	地面无接缝，具有防火效果	耐磨好保养，施工简易可自行安装	防腐、无毒、防焰，稳定性好、不易产生裂痕和弯曲
缺点	表面较脆弱，易被刮伤	易吃色，若有脏污则难清洗。不耐刮，重物拖拉会造成痕迹	泡水后易发胀	价格较南方松高
价格	RMB: 447 元 / m^2	RMB: 88~102 元 / m^2	RMB:170~508 元 / m^2	RMB:440~583 元 / m^2

设计师推荐私房素材

演拓室内设计 · 殷崇渊 推荐

1 PVC 地砖 · 便宜好用的平民建材： PVC 地砖便宜又易更换，一向是省钱一族的最爱。有些 PVC 地砖表面的耐磨层高，耐用度更高，平时清洁也不用花费很多时间。用途多元，不只能用于地面，改用在墙面上更能彰显 PVC 地砖不怕脏的优点。

摄影_Yvonne

王俊宏室内设计 · 王俊宏 推荐

2 环保塑合木 · 更耐潮防朽的户外地板：
相较于南方松来说，塑合木的材质稳定度高，遇水不会有膨胀翘曲的现象，用于户外更能适应多雨潮湿的气候。再加上塑合木不具毒性，对居家健康更有保障，虽然价格比南方松来得高，但耐用度和持久度更高，长远来看是个更省钱的建材。

摄影_Yvonne 产品提供_森境＆王俊宏室内设计

EPOXY
不易裂无接缝地坪

30 秒认识建材

适用空间	客厅、书房、厨房
适用风格	现代风、混搭风
计价方式	以 m^2 计价（连工带料）
价格带	RMB: 447 元 / m^2
产地来源	中国台湾
优点	无缝美观、止滑
缺点	表面脆弱易刮伤

Q 选这个真的没问题吗

1 什么是 EPOXY？它有什么优缺点？ 解答见 P.126

2 EPOXY 耐刮吗？平时维护清理会不会很困难？ 解答见 P.127

3 家里的 EPOXY 不小心被剪刀刺穿了一个凹洞，有办法修补吗？ 解答见 P.126

EPOXY——环氧树脂地坪，最初大量用于工业厂房、地下停车场，由于本身材质特性可形成光洁且无接缝的地坪，再加上具有止滑、不易龟裂的优点，近年来不少设计师开始使用在居家空间。

EPOXY 施工快速，约 2 ~ 3 天就可以完工，而在铺设 EPOXY 时，除了木地板需拆除之外，其他地砖或大理石地坪皆可直接覆盖铺设。但若原先的地面有问题，建议需整地后再铺设。EPOXY 还可因应环境需要而添加各种料来达到防腐、耐酸、抗电等效果，机能性强，但 EPOXY 怕水汽和油污，因此不建议用于浴室、厨房等地。

另外，EPOXY 的表面较脆弱，易被刮伤或被尖锐的物品刺出凹痕，因此搬运家具或重物时要避免物件直接接触地面或用拖拉方式移动，若造成龟裂的情况，事后则无法进行修补。

图片提供 _ 邑舍设纪

种类有哪些

1 普通 EPOXY

稳定性高，耐磨好清洗、表面光滑。

2 抗静电 EPOXY

环氧树脂流展法是在水泥等素地上以镘涂的方式施工，施工之大约厚度 2 ~ 3mm 之间 。具有抗电效果，使居家更安全。

3 耐酸 EPOXY

在树脂地床施做工程中加入玻纤网（亦可加入钢网、铁网），铺贴含浸，使结构更为坚韧、强硬 。具高耐药性、耐强酸强碱。

这样挑就对了

依空间特性选择

EPOXY 地板仅能选用单一色彩，无纹理的变化。在色调的选择上有灰色、米色、苹果绿等多种颜色，可视空间本身的需要调配，以符合整体空间的调性。

这样施工才没问题

1 居家空间以流展法施工为宜

一般 EPOXY 的施工方法大致可分成薄涂法和流展法，薄涂法施工的厚度为 0.3 ~ 0.5mm，多用于仓库、办公室等使用频率较低的区域。居家空间等使用频率高的地方则用流展法，施工厚度大约在 2~10mm。而居家空间施作的厚度需至少 0.2mm。

2 施作前，水泥基地需放干一个月

施作前水泥基地必须干透，通常水泥沙需一个月左右才能完全干透，否则铺上 EPOXY 后可能会因水汽返潮，使得表面产生气泡。 另外，开始面涂前，地面一定要清洁干净，因为在施工过程会略为缩水，残留粉尘会造成地面突起。

3 需给予 3 ~ 7 天的养护期

完工后，建议需放置 3 ~ 7 天，以提升材质的稳定度。这期间因材质尚未硬化完成，不可放置重物，否则会有凹陷的情况发生。

▲ EPOXY 仅能选择单一色彩施作，但其光洁无缝的地坪能扩大空间感。

监工验收就要这样做

观察地面是否有突起

原本地形是否被修饰平整，是否有高点突起或沾黏粉尘异物。厂房或地下室施工可在角落抽查表面是否达到一定的厚度。

这样保养才用得久

1 不可使用强酸强碱

平时以清水清洁 EPOXY 地板即可。虽然 EPOXY 短时间可耐弱酸碱，但不可使用强酸强碱或特殊溶剂清洁地坪，否则地坪将会遭受腐蚀。

2 搬运重物时先铺上木板或铁板

由于 EPOXY 不耐刮，在搬运重物时，建议在地面先铺上木板或铁板辅助，以免刮伤地坪。另外，在清洁时，像菜瓜布等较粗糙的用具，也要避免使用。

搭配加分秘技

无接缝地板，放大视觉感受

公共区域地面皆以 Epoxy 铺陈，创造无接缝的视觉，而沉稳的灰色地坪，在白色为主轴的空间中稳定重心，创造平衡的空间感受。

图片提供_无有设计

水泥粉光 + Epoxy 涂布，带来缤纷视觉

先以不规则的水泥粉光创造出如泼墨般的地坪，再铺上 Epoxy，不仅有保护的作用，其略带透明胶的亮面质感，创造极简现代氛围。

图片提供_泛得设计

PANDOMO（盘多魔）无缝、抗污力强

30 秒认识建材

适用空间	客厅、餐厅、厨房、书房
适用风格	现代风
计价方式	以 m^2 计价（连工带料）
价 格 带	RMB：88~102 元 / m^2
产地来源	德国
优　　点	耐磨、无缝
缺　　点	易吃色、不耐刮，重物拖拉会造成痕迹

Q 选这个真的没问题吗

1 PANDOMO 完工后，为什么不可以马上进住？ 解答见 P.130

2 听说 PANDOMO 很容易吃色，有预防的方法吗？ 解答见 P.130

3 PANDOMO 铺得薄一点可以更省钱吗？ 解答见 P.129

PANDOMO（盘多魔），为水泥基础的建材，但没有水泥大面积易收缩且容易龟裂的缺点。一般瓷砖因接缝会造成视觉被分割的感觉，而盘多魔有着简洁与平滑的外貌，无缝的呈现方式可让空间有放大的效果。造价高昂，通常使用于商业与工业空间，但随着民众对新建材的接受度提高，这种特殊材质也逐渐被运用于居家的室内空间。

PANDOMO 的施工期约为 7 ~ 8 天，施作前需先整地完成，需无粉尘、碎屑才可入内铺设。和 EPOXY 铺设的条件相同，可直接覆盖原有地坪施作，施作厚度需达到 5 ~ 7mm。

PANDOMO 材质表面有天然气孔和纹路，使用久了之后气孔会逐渐增加，可通过专业的抛光处理，延长使用年限。一般可使用的区域包含地面、墙面甚至天花板，弹性大、应用面广。PANDOMO 虽然有无缝的优点，但易吃色，若沾到有色饮料应立即擦拭，避免渗入。另外还需避免重物撞击和家具的拖拉造成地坪刮损。

图片提供_广苍实业

图片提供 _ 邑舍设纪

▲ PANDOMO 有毛细孔，除了可以用软毛刷清除脏污外，也可上蜡保护表面。

种类有哪些

依表现手法，可分为素色系和磨石子系列。

1 素色系

以水泥为基底，加入喜爱的颜色调配。一般居家较常使用白、灰、黑色系。

2 磨石子系列

外观和传统的磨石子地坪无异，呈现多样的花色，让空间更活泼，不过仅有固定几款样式，选择性较少。

这样挑就对了

1 依风格选择色调

PANDOMO 的颜色众多，若想表现沉静优雅的现代风，可使用黑色或灰白色系，若想呈现温暖的木质调，可选用砖红或红棕色系。若想有花纹的变化，可加入磨石子去搭配，使空间显得更活泼。

2 依适合空间施作

PANDOMO 有毛细孔，为避免水汽或脏污渗入，因此不适合施作于卫浴或有油烟的厨房。

这样施工才没问题

1 做好环境防护

以类似保鲜膜的材质将固定式家具、装潢与木作包覆好，避免施工过程中受到污染与破坏。

2 进行抛磨

使用机器以砂纸经由四道手续进行抛磨作业，将地板磨出光亮与温润的质感，由于机器为原厂配备，并为无水的干磨，因此不会造成环境污染。

3 需给予 3 ~ 7 天养护期

PANDOMO 和 EPOXY 相同，施工完成后，材质尚未硬化，需一段养护期，建议完工后不要立刻入住。

监工验收就要这样做

1 检查是否有破口

素地是否有破口和没有被覆盖的地方。

2 纹路颜色误差

完成面的渐层或纹路变化通常是工程争议点，建议讨论时辅助样板，亲眼确认完成面是否符合期待，由于空气湿度会改变颜色，建议在进场前一个月再次打板确认。

达人单品推荐

1 Pure 系列

2 Light 系列

3 Heiter 系列

4 Akzent 系列

1 多为灰黑色系，运用于空间中能展现沉稳气息。
（RMB: 88~102 元 / m²，图片提供 _ 广苍实业）

2 色系淡雅素净，适合无压的自然空间。
（RMB: 88~102 元 / m²，图片提供 _ 广苍实业）

3 运用宁静不过分彰显的色彩，为居家带来舒适的视觉感受。
（RMB: 88~102 元 / m²，图片提供 _ 广苍实业）

4 亮丽的色系能让空间更为明亮，创造活泼的气息。
（RMB: 88~102 元 / m²，图片提供 _ 广苍实业）

※ 空间区块变化越大，人力成本越高，原料价格则依国际汇率浮动

搭配加分秘技

以灰白混色地坪搭配整体空间
整间空间色调以黑灰白色系为主轴，黑色墙面和白色的中岛，形成强烈对比，再加上灰白混色的盘多魔地坪做搭配，其类似水泥粉光的质感，让人感觉更温暖。

图片提供_墨线设计

这样保养才用得久

1 以清水保养
PANDOMO 地坪耐脏污，平时以清水拖地清洁即可。另外，可定期使用水蜡拖地。若有头发或灰尘，用吸尘器或除尘纸稍微清洁处理，即可让地坪恢复干净光亮的样貌。

2 避免刮损或沾到有色液体
PANDOMO 耐磨但不耐刮，要避免尖锐物品刮伤，若造成破损可用抛磨处理。另外 PANDOMO 也易吃色，一旦沾到可乐、咖啡等有色液体要尽快擦拭。

3 PANDOMO 可上蜡保护
由于 PANDOMO 有自然气孔，可能会卡脏污，除了用软毛刷将脏污清除之外，建议可以再进行上蜡处理，加以保护。

米白色盘多魔地板打造 Loft 质感
以盘多魔作为地坪，无缝的表面能表现水泥地板的粗犷自然，而米白色调则让空间展现质感。

图片提供_陈亚孚空间设计

PVC 地砖
拟真耐磨平民地砖

30 秒认识建材

适用空间	客厅、餐厅、卧室、书房
适用风格	各种风格适用
计价方式	以 m^2 计价
价格带	RMB: 170~508 元 / m^2
产地来源	美国
优点	耐磨好保养，施工简易可自行安装
缺点	泡水后易发胀

Q 选这个真的没问题吗

1 PVC 地砖耐用吗？使用年限大概有多长？ 解答见 P.132

2 PVC 地砖适合用在哪里？可以用在靠近浴室的地方吗？ 解答见 P.133

3 PVC 地砖施工时需要注意什么？ 解答见 P.133

早期因地板材料大多取自于天然石材或陶瓷制品，材料的成本较高，因而逐渐发展以塑胶原料制成的地板，也就是大多数人认识的 PVC 地砖。早期的 PVC 地砖被认为是质感较差的产品，耐用度低，因此大多使用于办公和商业空间。不过随着科技的进步，印刷技术越来越发达，PVC 地砖也发展出深具质感的花色。美观、耐磨，再加上价格便宜，PVC 地砖愈来愈受到消费者的喜爱。

PVC 地砖俗称“塑胶地板”，主要以塑胶原料组合制成，可区分为“透心”和“印刷”，因其制作过程的不同，所呈现的花色也有所差异。透心地砖的花色较少，大部分是以石粉加上化学添加物制成，看起来较廉价，因此多用于小仓库。而印刷式的地砖花色多样，大部分使用于商业空间。

PVC 地砖的耐磨层从厚度 20 条（0.2mm）、50 条、70 条到 100 条都有，普通的 PVC 地砖厚度约 3mm 左右，一般可使用 5 ~ 10 年。而部分产品表层有特殊耐磨涂布，适用于高流量区及抗椅角重压。除此之外，地砖表面经过压纹处理，也能增加止滑性能并提高视觉效果。施工容易，工时短、速度快，就连施工时产生的垃圾量也很少，可以节省更多的成本。

摄影 _Yvonne

种类有哪些

PVC 地砖以独特的印刷工法，仿真出各种材质的天然纹理。依照花色大致可分成四类。

1 天然材质

展现仿石材或木头纹理的效果，木纹以对花压纹处理，拥有如木地板的风味。

2 几何艺术

以几何或艺术图案融入地板中，大面积的呈现手法能展现意想不到的大气质感。

3 织纹地毯

属于新开发的特殊 PVC 材质，仿织纹地毯的处理方式，无传统地毯毛絮及尘螨问题，表面经防水抗污处理。

4 3D 现代感

以简约的几何 3D 图案，模拟出冷冽而具有科技感的金属材。

这样挑就对了

1 易吸水膨胀，不适合用在浴室

PVC 地砖本身泡水会发胀，除了干湿分离型的浴室之外，不建议施作于浴室中。平时多用于客厅、卧室、儿童房或书房等空间。

2 依使用空间做挑选

PVC 地砖会依照铺设的空间不同而有不同的规格。最主要是依使用空间来选择地砖的耐磨程度。一般而言，耐磨层 0.2mm 适用于人员较少的居家环境、耐磨层 0.3mm 适用于商用空间，而耐磨层 0.5mm 以上则适用于轻工业环境。

这样施工才没问题

1 整地

施工前要注意地面的平整度，如果地面不够平整，则施工后不但会影响美观，而且也会有高低起伏的现象。另外，也要避免湿气，以免返潮使得黏胶不容易干。

2 确立中心线

找出施工空间的中心十字线，并注意一定要垂直。铺设第一片时，要对准中心线的垂直交错处后开始粘贴。

3 防潮布铺设

防潮布铺设于所有施工处的地坪，衔接处需重叠 3cm 的面积。

4 均匀上胶

在地面均匀涂布上胶，以特殊胶料搭配将地砖贴附于地面上，建议施作于干燥的室内空间。

5 以水蜡封住毛孔，免除日后脏污

由于透心的 PVC 地砖有着粗糙的毛面，所以在施作完后需先上一层水蜡将表面的毛细孔封住，以免日后特别容易变色或因脏污染色。

监工验收就要这样做

1 预留伸缩缝的空间

铺设地砖时，除了地面要清扫干净，与墙壁要预留约 1cm 的伸缩缝隙。

2 注意对花

铺设木纹质感的地砖若选择对花花纹，就需注意纹路是否有贴错的情形。

这样保养才用得久

1 简单擦拭，定期除湿

PVC 地砖的清洁相当简单，平日只需用拖把或湿抹布擦拭干净即可。定期除湿也能延长使用寿命。

2 避免尖锐物品刮擦

虽然 PVC 地砖有耐磨的优点，但不具有耐刮的特性，因此平常要注意不要使用尖锐物品刮伤，或是搬重物时也要特别注意。

3 避免日晒

温度过高会使 PVC 地砖的黏胶产生变化而不具有黏性，地板会发生翘起的情形。另外，经常踩压会使地砖与地板更黏合，太久未使用也会翘起。

达人单品推荐

1 仿竹纹

2 特殊纹理系列——普普风

3 特殊纹理系列——仿金属

4 古典系列——仿瓷砖

1 独特的印刷方式染上天然竹子的纹理，让人仿若置身于自然般清新。
（457mm × 457mm，RMB: 136~203元/m²，图片提供 _ 维东兴业）

2 普风图案交错排列，形成活泼的韵律感，粉嫩柔和的色系，不论任何空间都非常适用。
（RMB：136~203 元/m²，图片提供 _ 维东兴业）

3 运用浮雕刻痕让地砖更具立体感，相当具有拟真效果。
（RMB：136~203 元/m²，图片提供 _ 维东兴业）

4 深浅不一的瓷砖拼接，突显多层次的图案，为居家展现多元品位。
（RMB：61~81 元/m²，图片提供 _ 路易斯塑胶地砖）

※ 以上为参考价格，实际价格将依市场而有所变动

搭配加分秘技

从地板换到壁面，质感更提升

在卧室的背墙运用仿木纹的 PVC 地砖，能为空间带来温润的木质氛围，达到物超所值的效果。PVC 地砖耐脏又好清洁的优点，可省下不少清扫的工夫。

图片提供 _ 演拓空间室内设计

环保塑合木
低甲醛的绿建材

30 秒认识建材

| 适用空间 | 户外
| 适用风格 | 北欧风、自然风
| 计价方式 | 以 m^2 计价
| 价 格 带 | RMB: 440~583 元 / m^2
| 产地来源 | 中国台湾
| 优　　点 | 防腐、无毒、防焰，稳定性好、不易产生裂痕和弯曲
| 缺　　点 | 价格较高

Q 选这个真的没问题吗

1 **环保塑合木是什么？为何有绿建材之称？** 解答见 P.135

2 **挑选环保塑合木时，可以从哪些方面考虑？** 解答见 P.136

环保塑合木（塑木复合材料），英文名称为 Wood Plastic Composites，为塑料（聚乙烯 PE 及聚丙烯 PP）与木粉混合挤出成型。由于经过高温高压充分混合及挤压，使塑料充分将木粉包覆，成型之后材质的稳定度比实木高，具备防潮耐朽的优点，多使用于居家阳台、公园绿地、风景区及户外休憩区等场所。

环保塑合木的吸水率极低，不加防腐剂也不会腐烂，可克服实木遇水容易翘曲变形的缺点。再加上没有防腐药剂，和南方松相比，具备无毒、防焰的优点，且触摸的质感与木材十分相近，可减少树木砍伐。另外，环保塑合木可以使用回收的塑料及木粉来制造，成品耐用年限较木材长久，因此是一种相当环保的景观建材。

图片提供＿环塑科技有限公司

▲ 木纤塑合木表面与实木相同的木纹，但比实木更耐潮防朽。

种类有哪些

依照填充物的不同，一般可分为木纤塑合木与玻纤塑合木两种。若在制成过程中植入钢管或铝合金骨材，则可制成“木纤塑钢木”与“玻纤塑钢木”，此两种建材刚硬稳固，可作为结构或支撑梁柱之用途。

1 木纤塑合木

由无毒的聚乙烯、聚丙烯塑料，加入45%木纤维作为填充物挤出成型，因含有自然木纤维成分，表面质感与实木非常相似，多用于居家装修。实木材料可使用的范围内，皆可以木纤塑合木取代。

2 玻纤塑合木

由聚乙烯、聚丙烯与30%玻璃纤维混合挤出成型，其吸水率较木纤塑合木更低，且不具有自然腐化的特性，耐腐年限可达50年以上。通常适用于湿地、沼泽、山区及海边等湿度较大的区域。

这样挑就对了

目前市面上塑合木的品牌及来源相当多，一般可以由切断面外观来判断塑合木品质的优劣。

1 纤维颗粒愈细愈好

最佳的塑合木是将木粉磨至与面粉大小近似，使木塑混合后的吸水率降低，增加耐腐性。

2 中空材断面内壁有无气泡凸起

内壁不平整，表示塑料与纤维未均匀混合，可能易发生变形。

3 用于潮湿地区，木粉占比应低于50%以下

由于塑料的成本较高，国外进口的塑合木木粉比例多高于塑料；但由于台湾气候较欧美潮湿，木粉比例过高，塑合木较易出现吸水膨胀的问题。因此在潮湿气候的地区，建议选用木粉比例低于50%的塑合木。

这样施工才没问题

1 地坪板料使用卡扣固定

由于内含塑胶成分，热胀冷缩伸缩比率略高于实木，大面积的平台铺设需使用扣件固定，有利于热胀冷缩伸张。

2 交接处应预留伸缩缝

塑木板料相交处应预留5～8mm伸缩缝。

3 适当的角材间距

板材下方的角材（底梁）间距应介于30～40cm，不宜过大，确保板料结构稳定。

监工验收就要这样做

1 是否有留伸缩缝

检查板料与板料间是否预留有适当的伸缩缝隙。

2 观察外表

观察表面是否平整，收边是否美观。

3 色差的问题

塑木因内含天然木纤维，有些许色差属正常现象。因仿天然实木效果，些微色差能够增加真实美感。

这样保养才用得久

以清水或清洁剂清洗

塑合木表面可以用清水或清洁剂清洗，表层不需使用保养漆或护木油。如果脏污无法清洗，可用砂纸轻磨处理。

达人单品推荐

1 塑木板材（中空）

2 塑木板材（实心）

3 塑木角材 (4cm × 9cm)

4 塑木格栅（砂面）

5 塑木角材 (2.5cm × 5cm)

1 为木纤塑木，正面为木纹、背面为沟纹，适合用于室外、阳台地坪。
（2.5cm × 15cm、RMB: 56~67 元 / m，图片提供 _ 环塑科技有限公司）

2 为木纤塑木，表面沟槽处理，适合用于室外、阳台地坪。
（2.5cm × 15cm、RMB: 74~85 元 / m，图片提供 _ 环塑科技有限公司）

3 为木纤塑木之实心角材，适用于地坪下方底梁。
（4cm × 9cm、RMB: 56~67 元 / m，图片提供 _ 环塑科技有限公司）

4 为木纤塑木，表面砂面处理，适合用于格栅、壁板。
（2cm × 10.5cm、RMB: 34~40 元 / m，图片提供 _ 环塑科技有限公司）

5 为木纤塑木，适用于地坪、壁板下方垫料。
（2.5cm × 5cm、RMB: 22~25 元 / m，图片提供 _ 环塑科技有限公司）

※ 以上为参考价格，实际价格将依市场而有所变动

搭配加分秘技

美观和实用兼具

塑合木无毒又防焰的优点，除了可作为户外地板使用，甚至可设计成景观座椅，在实用的机能上更加分。

图片提供 _ 环塑科技有限公司

第 7 章

居家装潢的基础建材

板材

目前市面上常见的防火隔间天花板材，主要有实木、硅酸钙板、石膏板、矿纤板等，除了实木之外，其他皆为合成角材，其中最常被拿来比较与讨论的就是硅酸钙板、氧化镁板与石膏板了，由于天花隔间相当重视防水、耐压的功能，因此在材质的选用上需谨慎小心。而木质板材多用于空间装修和柜体，需留意板材品质来源、耐用性和防潮度。其余如水泥板、线板和清水模等板材，则主要用来作为室内的装饰，营造出不同的居家氛围。

种类	天花隔间板材	木质板材	线板	美耐板	水泥板	预铸陶粒板	美丝板
特色	稳固内部结构，目前市面上硅酸钙板为大宗	空间装修或是制作系统家具的材料	作为天花板、柜体的收边装饰之用	装潢耐火板，材质具有防潮耐热的功能	结合水泥与木材优点，质地如同木板轻巧，具有弹性	为陶粒混合发泡水泥砂浆，内夹钢筋网。膨胀系数低，无机质成分可避免发霉或虫害	以长纤维木丝混合矿石水泥制作而成，制作过程中将所有素材无机化，因而不会有潮湿发霉的问题。同时表面多孔洞，具有吸音的效果
优点	防火耐潮	塑合板不易变形，防潮耐压	样式繁多，易于营造乡村古典风格	样式繁多，价格亲民	防火耐燃	质轻抗震、施工快速、隔音隔热	吸音、耐燃防火、不含甲醛。通过绿建材标章，可直接用作装潢材料
缺点	若使用品质不良的板材，不易发现	易散发甲醛	材质会因热胀冷缩于接缝处裂开	接缝处明显，不能于同一处长时间置放高温物品	容易着色显得脏污	板材尺寸较大，工地需要有足够充裕的出入口	表面为非平整面，手感较明显
价格	RMB: 242~7380 元	RMB: 242~7380 元	RMB: 22~271 元	RMB: 90~448 元	RMB: 67~280 元 / 片	RMB: 402~492 元 / m^2	2cm×2cm，RMB: 74~85 元 / 片；3cm×6cm，RMB: 246~257 / 片（依型号价格有所差异）

设计师推荐私房素材

演拓室内设计 · 殷崇渊 推荐

图片提供 _ 演拓室内设计

1 硅酸钙板 · 最稳定的隔间板材：硅酸钙板为市面上较常使用的天花隔间板材。其材质较硬，且收缩率不大，具有防潮的效果，用于内部隔间或天花板内侧不大会有问题。其余像是氧化镁板的材质较脆、收缩率大，石膏板则不耐潮湿，皆不建议使用。

摄影_Amily 产品提供_得利木料行

天花隔间板材
装潢隔间一定要用

30 秒认识建材

适用空间	客厅、餐厅、书房、卧室
适用风格	各种风格适用
计价方式	以 m^2 计价（连工带料）
价格带	RMB: 242~7380 元不等
产地来源	日本、中国、泰国
优　　点	防火耐潮
缺　　点	若使用品质不良的板材，不易发现

Q 选这个真的没问题吗

1 常听到黑心建材商偷天换日，把硅酸钙板换成价格便宜的氧化镁板，我该怎么预防呢？ 解答见 P.142

2 听说硅酸钙板防潮又耐用，那可以用在浴室吗？ 解答见 P.142

在装潢的世界中，板材是一般人较不注意的类别，但在居家生活中它却扮演着与安全、环保议题息息相关的角色。近年来环保意识抬头，强调防火、抗菌、无毒的绿建材板材，也逐渐成为市场主流，在居家及装潢工程中为居住者的健康与安全把关。

目前有氧化镁板、石膏板、硅酸钙板等隔间板材，在现今注重环保安全的议题下，耐久耐潮的硅酸钙板成为市场大宗。而在效能的要求上，用来施作为天花板及壁板的板材，除了要具备隔音、吸音的效果外，同时也要有防火、好清理的特性，像是硅酸钙板及石膏板不含石棉，具备防火、防水、耐脏等优点，就很适合作为室内装潢的建材。

氧化镁板虽然造价便宜，但其吸水率低且不防潮，容易发生漏水问题，不建议使用于隔间。近期多听闻不好的装修施工队以氧化镁板代替硅酸钙板，赚取工程利润，导致房屋漏水严重，消费者在装修时要多谨慎注意，不可不防。

图片提供＿森境＆王俊宏室内设计

种类有哪些

1 石膏板

石膏板具有防火、隔热、隔音、耐震、施工容易等特性。气温变化时的伸缩率非常低，所以板面不易龟裂。石膏板可以百分之百回收，是很环保的产品。石膏板有普通板、强化板及防潮板等类型。普通板价格较便宜，用途广泛。防潮板具有防潮功能，适用于潮湿区域。

2. 硅酸钙板

硅酸钙板具有防火、防潮、不变形、隔热等特性，适用于室内空间的墙板和天花板。在选择时更要注意不含石棉，才不会对人体有害。依照产地的不同，硅酸钙板的品质也有所差异。以日本出产的品质最佳。部分劣质硅酸钙板厚薄不一，造成施工油漆时无法均匀上色。

3 氧化镁板

氧化镁板不含对人体有害的物质及重金属，加上韧性十足，也符合 CNS6532 耐燃一级，用途十分广泛；但因氧化镁板的吸水率低，容易回水而造成漆面变色、出现水痕，甚至剥落等问题。因此居家隔间较不推荐使用氧化镁板，目前多使用在防火门或是无尘室。

▲ 氧化镁板的侧面类似夹板，且有格纹状，在选购时可作为判断依据。

4 化妆板

所谓的化妆板，就是化了妆的硅酸钙板，其板材表面经过特殊耐磨处理，耐酸、抗脏污。属于防火建材，而且具抗菌功能，许多餐饮公共设施都选择其抗菌功能，又具不需粉刷的优势，直接选用化妆板。

5 矿纤板

无机质岩棉纤维组成，内层保有干燥空气层，可以防止热传导。虽然矿纤板拥有极高的防火、吸音、隔热性，但本身材质怕潮，挑选时须慎选有做防潮功能的矿纤板。

种类	硅酸钙板	石膏板	氧化镁板	化妆板	矿纤板
特质	硅酸钙、石灰质、纸浆等经过层叠加压制成	无毒的石膏所制成	氧化镁及氯化镁添加木屑、膨胀珍珠岩等为原料，再与玻璃纤维及无纺布结合、烘干而成	化了妆的硅酸钙板，其板材表面经过特殊耐磨处理	无机质岩棉纤维组成
优点	1 表面硬度及抗压强度较佳 2 膨胀系数较小 3 受潮变化不大	1 防火、隔热 2 质轻耐震 3 隔音效果佳 4 表面平整，不易龟裂 5 施工容易、安装成本低	1 不含对人体有害的物质及重金属 2 防火等级为耐燃一级	耐酸、抗脏污、抗菌	1 吸音性、隔热性佳 2 防火等级为耐燃一级
缺点	1 重量较重 2 不同生产配方及技术会影响日后稳定性	硬度较低，搬运时边角易破损	怕水易受潮	单价较高	1 怕水易变形 2 易有粉尘掉落，目前多使用于办公室
价格带	施作隔间连工带料价格，RMB: 157~201 元 / m^2	施作隔间连工带料，RMB: 134~179 元 / m^2	RMB: 42 元 / 片（90cm×180cm、厚 6mm）	RMB: 167~179 元 / 片（60cm×240cm、厚 6mm）	产地不同，价格落差大

这样挑就对了

1 挑选适当的天花板材

每一种板材的特性不太一样，选用时要先判断使用环境的情况，例如硅酸钙板的抗潮性就比氧化镁板好。而目前石膏板已突破以往易受潮的印象，而开发出吸水率低、材质稳定的产品，有些还有经过健康及再生绿建材的认证。

2 通过外观及触感判断硅酸钙板及氧化镁板的差异

选购硅酸钙板时，由于各板材间价差大且表面看上去类似，容易有不良业者以氧化镁板代替硅酸钙板，赚取工程利润，最简单的辨识方式就是看板材的侧面。

硅酸钙板是一体成型，无论表面、侧面都相同，而氧化镁板的侧面则类似夹板，拿起来两者的重量也不同，若敲击表面，氧化镁板由于有细小空隙，因此声音会有空心感，硅酸钙板则较为实心。在触感上，硅酸钙板至少有一面是平滑面，而氧化镁板则可明显看出格状纹路，可以此作为判断标准。

这样施工才没问题

1 完工前需加上一道油漆

一般的硅酸钙天花板必须再经过一道油漆才算完工，天花板要平整，就要注意硅酸钙板接缝处的油漆披土一定要平整。

2 防水工程要完善

硅酸钙板虽具有防潮功能，但仍不适合用于水汽过多的地方如浴室及厨房中，倘若有其他考量非得施作，则需以油性油漆刷过，确保防水性。

3 施工安全性第一

柜材板面因施工技巧较无特殊性，多半以完成品来判定做工好坏。唯一要注意的是不少 DIY 的人，甚至是专业师父，都曾因操作锯材工具而受伤，操作上得格外小心。

监工验收就要这样做

要求保固或延后交屋

板材的施作工法倘若不细致，可能会在接缝处因潮湿或温度的热胀冷缩，导致油漆表面现裂缝，甚至产生深色的水痕。因而在施工前可要求装修商提供一年的保固，或是在装修完成后间隔一两周再安排交屋，确保墙面的完成品质。

达人单品推荐

1 KEEYANG 硅酸钙板

2 神户硅酸钙板

1 目前运用最广泛的隔间板材，可挑选较具品牌知名度的厂家，使用相对有保障。通过防火一级测试，是相当好的耐燃材料。

（90cm × 180cm，厚 6mm，RMB: 56 元 / 片，图片提供 _ 吉羊有限公司）

2 板材热传导率低，具有隔热、隔音效果。

（91cm × 182cm，厚 6mm，RMB: 80 元 / 片，图片提供 _ 永逢建材）

※ 以上为参考价格，实际价格将依市场而有所变动

木质板材
需注意甲醛含量

30 秒认识建材

| 适用空间 | 客厅、餐厅、书房、卧室
| 适用风格 | 各种风格适用
| 计价方式 | 以 m^2 计价（连工带料）
| 价 格 带 | 基础板材品项众多、产地不一。RMB：242~7380 元不等
| 产地来源 | 马来西亚、印尼、中国
| 优　　点 | 塑合板不易变形，防潮耐压
| 缺　　点 | 易散发甲醛

Q 选这个真的没问题吗

1 **想重新装修厨房，请问柜体选择木心板还是塑合板比较好？** 解答见 P.144

2 **若想在木心板的外层贴皮，该注意什么事情呢？** 解答见 P.144

在空间装修或是制作系统家具时，通常都会用到木质板材。木质板材的种类繁多，一般常用夹板、木心板、中密度纤维板（密底板）。而较高级的家具品牌或进口家具则常使用原木和粒片板（塑合板）制作，同时，因为它不易变形，并且具有防潮、耐压、耐撞、耐热、耐酸碱等特性，外层不管是烤漆、贴皮款式都很多样化。

而板材制成后，容易散发甲醛等有害物质，而危害到居住品质，因此目前市面上也出现许多“低甲醛”的板材。一般所谓低甲醛板材，多指符合 F3 级标准的建材，甲醛平均值 1.5mg/L 以下、最大值 2.1mg/L 以下。F3 级虽未及绿建材及环保标章标准，却符合标检局的低甲醛规范，加上流通较广、价格适宜等优点，而被系统家具业者广泛使用。

图片提供_PartiDesign Studio & 曾建豪建筑师事务所

种类有哪些

1 夹板

由三片单板胶贴而成，分为面板、心板和里板。面板材质较佳，中层的心板较差，下层里板的材质次于面板。夹板的表面可贴上木皮、印花PVC皮纸等，在搭配上也显得多元。坊间一般将木心板分为麻六甲及柳安芯两大类，早期麻六甲会有刺鼻的甲醛味道，但近期因环保要求相对严格，已无此问题。

2 木心板

上下外层为3mm的合板，中间以木心废料压制而成。木心板具有不易变形等优点，且钉接力较强，价钱通常较合板便宜，是室内装修的主要材料之一。

3 塑合板

又称粒片板，是利用木材碎片、刨花等废料压制而成。粒片板密度均匀，不会伸缩变形。外表可贴饰单板（薄片）或美耐板，价格低廉，常用于制造家具、装潢隔间、天花板等。但板材内无纤维成分，钉上钉子或五金零件后，若工法不够细致，会有摇晃等问题。塑合板遇水会膨胀，用在厨房、浴室等地需加强防水功能。

4 纤维板

以精制的木纤维制成，具有多孔洞的特性，适合作为教室或会议室的天花板材料。但遇潮容易膨胀变形，不宜用在室外或潮湿地方。

这样挑就对了

1 注意外观的完整度

判断木心板、夹板及塑合板的好坏，最明显就是从外观判断：

（1）从正反两面观察，注意板材表面是否漂亮、完整。

（2）检视厚度的四个面，确认板材中间没有空孔或杂质。

（3）板材厚度差异不能太大，否则会影响施工品质及完工后的美观程度。

2 重量越重，品质越好

挑选时，可感受板材重量，品质较好的板材通常重量较重。

▲木心板

▲夹板

3 选用有绿建材标准的板材

板材散发出的甲醛会危害人体健康，且较不环保，在选购时可挑选通过绿建材及环保标章的板材，以确保居住环境健康。

这样施工才没问题

做柜体层板需注意木心板条方向

使用木心板做柜体层板时，要注意木心板条的方向，避免变形。

监工验收就要这样做

1 贴皮避免波浪纹路

若在柜体板材外层贴上木皮，需要注意贴边皮的收缩问题，选择较厚的实木皮，在不影响施工的情形下，用较厚的皮板或较薄的夹板底板，避免波浪产生。

2 检视木贴皮的纹路

贴木皮时要注意纹路，上下门板要有整片式的结合，纹路的方向性要一致，避免拼凑的情况发生，影响美观。

达人单品推荐

1 核桃木自然拼木皮板

2 防火夹心板

3 日安角材

4 日安健康合板

这样保养才用得久

以一般方式保养即可

柜体板材施作后，通常会加工贴皮或是上漆，保养上以拧干的湿布擦拭，做好基础保养即可；另外，就是尽可能注意居家环境不要过度潮湿，才能确保柜体板材的耐用性。

1 有别于以往传统的贴皮手法，自然拼花跳脱了规律的纹理线条，改以顺应木材本身的纹路走向，呈现出回归原始森林的氛围。

（1220mm x 2440mm，价格店洽，图片提供 _ 荣隆建材）

2 符合国家检验心材耐燃一级、整体耐燃三级。因厚度扎实，可替代一般木心板于居家装潢中，提高住家安全性。

（120cm × 240cm，厚 18mm，RMB: 163 元 / 片，图片提供 _ 吉羊有限公司）

3 为 FO 等级的角材，通过专利技术解决甲醛、苯类的危害问题，作为木地板、天花的基底材质，为居家带来健康无毒的环境。

（尺寸、价格电洽，图片提供 _ 茂系亚）

4 将甲醛捕捉剂结合胶水，以除醛技术将超微细捕捉剂分子渗入木材孔隙，将游离甲醛分子充分捕捉，并且胶合中板的过程以将近 200℃的高压处理达 10 分钟以上，使得虫卵难以存活，有效防虫。

（尺寸、价格店洽，图片提供 _ 茂系亚）

※ 以上为参考价格，实际价格将依市场而有所变动

搭配加分秘技

图片提供 _KC Design Studio

浅淡木色，打造清亮空间

挑选一分厚的板材略微染色、上保护漆后，反而更能营造木纹的天然质感。

美耐板
平价大众的装饰板

30 秒认识建材

| 适用空间 | 客厅、餐厅、书房、卧室、厨房、卫浴、儿童房
| 适用风格 | 现代风、混搭风
| 计价方式 | 以片计价
| 价 格 带 | RMB: 90~448 元不等（依系列、材质、规格差异）
| 产地来源 | 中国
| 优　　点 | 样式繁多，价格亲民
| 缺　　点 | 接缝处明显，不能于同一处长时间置放高温物品

Q 选这个真的没问题吗

1 美耐板的素材越来越多元，到底有哪些种类？ 解答见 P.147

2 一般还常听见一种叫美耐皿的板材，它和美耐板有什么差别？ 解答见 P.148

美耐板又称为装饰耐火板，发展至今已超过 100 年历史，由进口装饰纸、进口牛皮纸经过含浸、烘干、高温高压等加工步骤制作而成。具有耐磨、防焰、防潮、不怕高温的特性。

由于使用范围广，美耐板材发展至今颜色及质感都提升了很多，尤其是仿实木的触感相似度高，许多高级家具在环保与实用的诉求下，也逐渐以美耐板来展现不同的风格。

一般常见的木纹饰材不外乎木皮产品或木纹美耐板。木皮产品易刮伤发霉、不防潮、保养不易，这些是其最令人头痛之处，且花色传统、选择性少，施工时又会散发甲醛影响人体健康；但木纹美耐板耐刮耐撞、防潮易清理，健康绿建材，优良厂商出产的美耐板更是拥有抗菌防霉的功能，可以减少居家内的交叉感染及过敏原。

其他如金属美耐板在商业空间的运用亦十分出色。美耐板提供多种表面处理，例如皮革纹、梭织纹和裸木纹等，更让原本较为单调的板材饰面，有了其他的选择。

另外，也常听到“美耐皿板”的建材，这是指在塑合板表面以特殊胶贴上装饰纸，再于装饰纸上布上一层“美耐皿”（melamine）硬化剂，同样具有美观、防潮的优点。

美耐板和美耐皿板最大的差异在于表层牛皮纸的层数，及高压特殊处理的过程，因此美耐板的强度、硬度及耐刮性亦较美耐皿板更好。

图片提供_CJ Studio 陆希杰设计股份有限公司

种类有哪些

依表面材质或样式来分类。

1 素色

除单纯以色纸成色的美耐板外，不少厂商也推出经过镜面处理的超耐刮美耐板，赋予活跃的色彩魔力。

2 木纹

以天然木皮表面加上特殊处理，保留自然木皮的细细浅痕，使木纹美耐板看起来更加温馨柔美。

3 石纹

石纹最常被应用在设计装潢中，运用石纹美耐板不仅可做一般石材无法弯曲的空间应用装饰，还能呈现大气奢华特色。

4 特殊花纹

梭织系列为美耐板的创新材质，其触感与布织相似，让原有的利落质地转变成雍容的风情。

这样挑就对了

1 浴室等潮湿地方较不适用

美耐板基本上都具备耐污、防潮的特性，但若长久处于潮湿的地方，与基材贴合的边缘仍会出现脱胶掀开的现象，像卫浴空间湿气较重的区域，最好选用防潮的基材。

2 金属美耐板易受水分侵蚀而变色

金属美耐板遇水易变色，不适合用于卫浴空间，而经常会以手触摸的区域也不建议使用，避免手汗影响到整体色泽。

这样施工才没问题

1 收边接缝

粘贴美耐板时要注意收边接缝的问题，若衔接不好，在转角处会有黑边出现，有碍美观。由于美耐板没办法转 90°，转角处容易有黑边出现。可将木皮喷成与美耐板同颜色，以修饰黑边问题。

▲ 美耐板修边时，可修成圆角或 45 度角，以避免手脚被刮伤。

2 黏合时排出空气

美耐板与基材黏合时，需以滚轮或压力机等工具压匀，避免残余的空气在里面，以确保黏合平顺。

3 收边处理

超过基材部分的美耐板以碳钢制工具修边整齐即可，注意可修成圆角或修成 45 度角，能避免刮伤手脚的问题。另外，切边处要干净整齐不可有缺口，否则日后会有容易膨胀变形的情况。

监工验收就要这样做

1 整齐修边无溢胶

检查施工后美耐板周围是否干净整齐，有没有余胶溢出；同时检查周围是否有破损或切割不完整等状况，避免手脚被刮伤。

2 注意施工表面是否平整

美耐板在施工时需完全排除与接合面中的空气，否则很容易造成脱胶掀开，可以目视及手摸是否完整密合。

达人单品推荐

1 石纹系列

2 木纹系列

3 美立方

1 石纹美耐板不仅可做一般石材无法弯曲的空间运用，还能大幅节省采购成本，让坐享奢华不再遥不可及，保养和清洁上也较石材更为方便。
（尺寸、价格店洽，图片提供 _ 富美家）

2 有多种花色可供挑选，为居家展露多元面貌。
（尺寸、价格店洽，图片提供 _ 富美家）

3 先于加工厂制作成型，于现场仅需钻孔即可安装。产品美观、收边细致、省时、省工。
（尺寸店洽、RMB: 561~770 元 / m^2，图片提供 _ 富美家）

※ 以上为参考价格，实际价格将依市场而有所变动

这样保养才用得久

1 勿以尖锐物品刮擦
虽然美耐板耐磨，但仍不要拿刀子或尖锐物，在美耐板表面上割、刮或切菜，以避免破坏表面，因为若留下裂痕，很容易渗入水分，会引起表面膨胀的问题。

2 以温和清洁剂擦拭即可
平常保养时使用温和且无研磨效果的清洁剂，湿布蘸上轻轻擦拭。而木纹美耐的表面具有纹路凹痕，可利用软毛尼龙刷轻刷表面维持清洁。

3 不可用强酸强碱
强酸或强碱的清洁剂会对美耐板表层造成永久的损害，若不小心碰触此类清洁剂，则需立刻清除干净。

搭配加分秘技

深色皮革展现利落现代风
墙面采用仿皮革复古面美耐板，深色的皮纹和周遭木质素材的搭配，呈现利落的现代风格。并且美耐板具有防脏的特质，不用担心清理的问题。

图片提供 _ 权释国际设计

图片提供 _PartiDesign Studio & 曾建豪建筑师事务所

呼应原木氛围

原本与流理台同高的中岛弯折而下，调整成最合宜舒适的用餐高度。下方则贴上木纹美耐板，给白色为基底的开放厨房增添暖度，同时也呼应整体的木空间元素。

线板
营造风格的装饰板

30 秒认识建材

| 适用空间 | 客厅、餐厅、书房、卧室、儿童房
| 适用风格 | 现代风、乡村风、混搭风、美式风
| 计价方式 | 单支计价（1 支 240cm）
| 价 格 带 | RMB: 22~271 元
| 产地来源 | 中国
| 优　　点 | 样式繁多，易于营造乡村古典风格
| 缺　　点 | 材质会因热胀冷缩于接缝处裂开

Q 选这个真的没问题吗

1 装修不到三个月，就发现天花板上的线板有裂痕，是出了什么问题？ 解答见 P.151

2 线板的日常清洁保养该怎么做？ 解答见 P.152

传统线板多以木头材质制作，需仰赖老师父纯手工创作，师父的设计美感与最终呈现的作品息息相关。而用木头制作的线板，因为表面粗糙，施作时须经过三道工法后才可上色，颇为费时费工。现今的线板材质多半为硬质 PU 塑料，并以模具成型，因材质可塑性高，花样选择也就日趋多样。

所谓的 PU 塑料是一种人工合成的高分子塑胶材料，在制造过程中，需依照用途加入发泡剂；在使用上分为软质及硬质两大类，线板的制作原料即为硬质 PU 塑料。制成线板的 PU 塑料在硬度上有一定规范，坊间部分业者为降低成本添加过多发泡剂，价格虽然便宜，但因密度不足品质堪忧。

线板从早期简单的平板式和转角线板，有了更多的发展，不再仅是装饰天花板的用途，线的概念延伸到门框、腰带等；甚至有以线而成面的概念，发展出壁板、灯盘、罗马柱、托架等，种类极其繁多。

图片提供：立壕建材

种类有哪些

1 美式极简风

采用简单利落线条为主轴，通常会以最原始的白色呈现。这类线板因其平行及直角线条之故，在视觉上具有放大空间的效果。

2 复古华丽风

近年来复古风当道，线板的设计因而随之繁复起来。以立体图案刷上金色或银色漆面，营造复古华丽的气息。

3 活泼彩绘风

丰富的色泽为简单的线板增添不少变化，当线板不再仅是“线”的概念时，用于门框、镜框等装饰处，就可以用各类颜色创造出活泼气息。

这样挑就对了

1 同材积线板，重者为佳

线板的主要材质为 PU 塑料，塑型时需添加发泡剂。但因近期塑料价格攀升，劣质产品会通过添加过多发泡剂降低成本，因此密度不足，导致重量较轻，消费者可轻易从重量判断出品质好坏。若线板的密度不足，热胀冷缩的效应就显得相当明显，轻微者会在线板接缝处看到明显的裂痕，严重者甚至脆化断裂，影响整体室内美观。

2 花样是否够立体

PU 线板是以模具制作而成，好的线板花样立体度十足，在设计及立体感上，都会相对细腻而别致。

这样施工才没问题

1 加一层底胶降低热胀冷缩概率

先在线板的底部接着处上一层万用胶，使线板与壁面紧密接合，除了能降低热胀冷缩的情况，还能有效降低气枪使用次数，并维持线板的外观及表面完整度。

2 着钉要确实，避免钉头突出

着钉的时候钉孔要确实，若有钉头出现，要在不影响木纹的情况下用丁冲把钉子送入。

监工验收就要这样做

线板接口要密合

线板的角与角之间，要特别注意线与纹路是否相吻合，要确实做密合的工作。

达人单品推荐

1 彩金线板
ET-88397SG

2 艺术效果精致线板 - 华尔兹舞步 CHS

3 雕花角线板
ET-88305

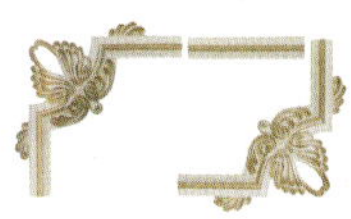

4 组合运用线板
EF-012WG+EF010WG

5 线板弯角
ET-8726A/WG

1 银色的底板描绘精致的金色纹样，呈现高贵的华丽感。
（L2445mm、面宽 167mm，价格电洽，图片提供 _ 立壕建材）

2 自然的阔叶图腾，精致的雕花设计呈现内敛的高贵。
（尺寸、价格电洽，图片提供 _ 立壕建材）

3 经典的玫瑰纹样，塑造出优雅的古典氛围。
（L2400mm、面宽 131mm，价格电洽，图片提供 _ 立壕建材）

4 开发一体成形的组合套件，勾勒出精致的框架线条，型塑迷人的视觉盛宴。
（L2440mm、花宽 633mm × 633mm，价格电洽，图片提供 _ 立壕建材）

5 古典图腾的 90° 弯角，柔美的线条有效点缀美化空间。
（420mm × 420mm，价格电洽，图片提供 _ 立壕建材）

※ 以上为参考价格，实际价格将依市场而有所变动

搭配加分秘技

线板勾勒乡村风格语汇

主卧床头主墙，利用线板勾勒乡村风的设计语汇，内部衬以花鸟图案壁纸，和乡村风重视自然氛围的特色呼应。壁面色彩则与壁纸底色如出一辙，让空间呈现宁静、自然的氛围。

这样保养才用得久

不可用水，以干布擦拭即可

PU 线板材质相当容易保养及清洁，只要以干布擦拭或拍掉灰尘即可，尽量不要使用水来擦拭线板表面，避免掉漆的可能性，以延长线板使用年限；另外，PU 材质也不可用有腐蚀性的清洁剂如松香水等，否则会造成线板损毁。

壁炉墙面呈现浓厚欧风

电视主墙仿照欧式壁炉造型，四周辅以线条简单的罗马柱，使整体空间呈现浓厚的古典氛围。

水泥板
清水模的替代板材

30 秒认识建材

适用空间	客厅、餐厅、厨房、卧室、书房、儿童房、阳台
适用风格	各种风格适用
计价方式	以片计价（不含工资）
价 格 带	RMB:67~280 元 / 片（材质不同、厚度不同，价差大）
产地来源	东南亚、美国
优　　点	防火耐燃
缺　　点	容易着色显得脏污

Q 选这个真的没问题吗

1 想营造清水模的日式风格，设计师推荐我使用水泥板，这种材质的特色是什么呢？ 解答见 P.153

2 我很喜欢水泥板的质感，想把地面的瓷砖打掉换成水泥板，适合吗？ 解答见 P.154

水泥板，结合水泥与木材优点，质地如同木板轻巧，具有弹性，隔热性能佳，施工也方便。另一方面又具有水泥坚固、防火、防潮、防霉与防蚁的特质，有着其他板材没有的独特性，其美观的外形近年来也经常用在天花板及壁板。而水泥板表面特殊的木纹纹路，展现独特的质感，再加上水泥板的热传导率比其他材质的板材低、挂钉强度高，使用上更方便，完成后无须刮腻子即可直接上漆。因水泥板具有不易弯曲和收缩变形的特点，且耐潮防腐，再加上材质轻施工快速，用于外墙也相当适合。

因水泥板的硬度较高，也常当作地板材使用。若要将水泥板施作成地板，应特别注意地面是否平坦，若底部不平坦，地板上若放置大型柜体或重物，则容易造成水泥板龟裂的现象产生。

水泥本身是无法被自然环境所吸收再运用的材质，此点最常为人所诟病。但近年来因环保意识抬头，加上技术的进步，混合水泥及木屑制成的木丝水泥板因木头含量达 50%，相对降低水泥制品废弃后对环境的影响。

图片提供_永逢建材

种类有哪些

1 木丝水泥板

以木刨片与水泥混合制成，结合水泥与木材的优点，集硬度、韧性且轻量之特色于一身，多半被用来作为装饰空间的面板。

2 纤维水泥板

以矿石纤维混合水泥制成，因吸水变化率小，适用于干、湿式两种隔间上。具有防火功效。

这样挑就对了

1 适用天花板与壁板

木丝水泥板具防火、防潮功能，使用范围广，常作为地板、天花板或电视主墙、墙面的装饰材。由于花色多元，可依居家风格再来做花色上的选择与搭配。

2 不建议使用在浴室

虽然木丝水泥板能防潮，却不能真正防水，较不建议使用在浴室或淋浴间较湿的空间。

这样施工才没问题

1 用于天花板需加强结构

若想将水泥板运用在天花板上，需特别注意支撑骨架的整体结构。因材质重量较重，需增加骨料密度以强化结构，避免安装后天花板崩塌。

2 用于地板需注意厚度

水泥板本身材质属性为硬脆性质，一定要铺于水平面上，只要地面有些许凹凸不平，再加上家具重量不均，会容易导致水泥板皲裂或破碎。因此施作于地板上时，底板最好采用较为坚固的木心板，木心板加上水泥板的总厚度最好超过 20mm，才能避免地面破损的问题。

3 使用水泥板保护剂

水泥板因表面具有毛细孔，因此容易吃色。可选择使用专用保护剂，以维持水泥板本色。

监工验收就要这样做

确认黏着剂是否适用

水泥板施工是以粘贴方式“挂”在欲施工的位置上。因水泥板本身材质较重，施工时须特别注意黏着强度，避免掉落。建议选择黏着度较高的“免钉胶”或“万用胶”，会比传统的“黄胶”或“白胶”来得牢固许多，因此施工时须确认是否采用正确的黏着剂。

达人单品推荐

1 VIVA 木丝水泥板

2 优尼格抗潮水泥板

3 康柏纤泥板

4 木纹水泥板

5 美岩板

1 表面色泽沉稳，用于装潢上可呈现内敛的质感，集合了水泥及木材两种材质的优点。
（122cm × 124cm，厚 6mm，RMB:192 元 / 片，图片提供 _ 永逢建材）

2 高防水、防潮性，并拥有水泥的刚性、防火性、隔音效能与超强的耐久性，适合用作轻隔间墙体板。
（90cm × 120cm，厚 12.5mm，RMB:201 元 / 片，图片提供 _ 永逢建材）

3 康柏纤泥板采用松木纤维与水泥板混合制作，孔隙密度低，隔音效果绝佳，适合在音响室或琴房等空间使用。
（60cm × 240cm，厚 15mm，RMB:201 元 / 片，图片提供 _ 永逢建材）

4 有木质的美感，却无木质装潢日久腐坏、断裂或虫蛀的困扰。材质轻、易切割，可使用木工工具进行施工，切割粉尘少。
（20.9cm × 366 cm，厚 7.5 mm，RMB:92 元 / 片，图片提供 _ 永逢建材）

5 美岩板高成分水泥，具备防水防潮效果。色泽柔和清爽，表现柔和却不呆板的水泥色调，可用于大面积建筑外壁装饰。
（122cm × 124cm，厚 6 mm，RMB:73 元 / 片，图片提供 _ 永逢建材）

※ 以上为参考价格，实际价格将依市场而有所变动

搭配加分秘技

图片提供_权释国际设计

当作主墙分隔空间，并兼具收纳功能

利用纤维板营造和仿清水模风格，除此之外，最重要的功能是作为客厅和楼梯的分界，同时也在下方制作出同材质的柜体，使风格一致。

这样保养才用得久

1 上保护剂防沾污

若木丝水泥板要使用在户外时，建议表面要涂上保护剂，因为水泥板表面有很多毛细孔，容易沾污、吃色，上保护剂可保护表层。

2 以干布轻拭

水泥板忌水，千万不要以湿布擦抹，只要用干布轻拭即可。

原始裸材，展现空间自然无拘感受

将具有水泥质感的水泥板当成装饰材，从天花板延伸至电视墙面，利用水泥的质朴，替单调具现代感的空间增添个性，而对应水泥板的原始，辅以同属较为自然的木素材做搭配，为空间注入属于家的温度。

图片提供_六相设计

预铸陶粒板
防火隔音又环保

30 秒认识建材

适用空间	各种空间适用
适用风格	各种风格适用
计价方式	以面积计价，或连工带料来计价
价格带	RMB: 402~492 元 / m^2
产地来源	中国
优　点	质轻抗震、施工快速、隔音隔热
缺　点	板材尺寸较大，工地需要有足够充裕的出入口

Q 选这个真的没问题吗

1 夹层用陶粒板当楼板，承重力是否足够？ 解答见 P.157

2 陶粒板的隔音效果如何？可以防火防水吗？ 解答见 P.157

图片提供＿岳洋建材

陶粒板属于水泥类的预铸材，在欧美多用于隔热：在中国台湾则用来顶楼加盖、室内加设夹层或隔间。主要材质为陶粒混合发泡水泥砂浆，内夹钢筋网。膨胀系数低，无机质成分可避免发霉或虫害。板材表面即为灰色混凝土混合一颗颗的暗红色陶粒，颇类似擦石子的质感；拼组完成以后，也可以不必再加上表层修饰，直接裸露出板材的原貌。

目前，加设夹层的楼地板多半使用木心板或金属波浪板，这两者都怕潮湿且承重有限。而陶粒板 c㎡可耐压 63kg，整块板材的抗弯力可达 860kg，铺设在 C 型钢即可新增楼板。陶粒板的表面平整，组好后可直接做贴瓷砖等面饰。

由于陶粒板 80% 为 1050℃烧制的陶粒，故遇大火也不变形。热传导系数仅 0.33lal / mh℃；连续火烧两小时，板材正面升温至 260℃时，背面只有 108℃，具有防火的效果。

陶粒板墙的造价、隔音效果与砖墙差不多，但重量不到后者的 1/3。台湾制的新型双凹槽板材，厚度有 8、10、12cm 之别；每平方米单价为 RMB: 402~492 元，各规格单价约差 RMB: 45 元。厚 8cm 的陶粒板隔音效果略逊于砖墙，厚 12cm 者与砖墙只差 4 分贝。长宽尺寸则视各家工厂出品而略有不同。基本上，宽度多为 50 或 60cm，高度从 200 ~ 400cm 皆有，也可依现场需求来订制其他尺寸。

陶粒板内夹钢筋能提供高度韧性；经三轴向的 7 级震度测试，不会损坏或倾倒。板材被打穿也无碍强度；且，挖凿孔洞时由于质地不若红砖或水泥那般坚硬，切割或凿孔都较轻松。此外，再加上碎料可回收重制，故为防火、节能、环保又耐震的实心建材。

种类有哪些

陶粒板为单一花色，依照不同的厚度，可分为 8cm、10cm、12cm 的陶粒板。一般可依照自身需求挑选厚度，越薄的陶粒板，占据的空间坪数越少。

1．8cm 陶粒板

一般用于隔间，隔音效果稍弱。

2．10cm 陶粒板

一般常用于隔间、天花，若需在内部埋设管线，建议用到 10cm 以上的陶粒板为佳，以免挖凿孔洞而不小心凿破板材。

3．12cm 陶粒板

厚度较厚，隔音效果较好，除了一般用于隔间外，也常用于天花夹层等。

▲ 陶粒板的隔热效果很好，低膨胀的系数能有效减轻热胀冷缩所引发的裂缝，也不像 RC 墙易出现白华等问题。

这样挑就对了

1 慎选产地来源

目前，中国台湾只有两家厂商制造，其余由大陆进口。台产与大陆货的主要差别在于内部是否有加入钢筋。大陆制的产品内部没有钢筋，对地震频仍的台湾来说，耐震力明显不足而有安全疑虑。优质的陶粒板，表面应平整、不应有切割过的痕迹；同批相同规格的产品，厚度也应相同。

2 挑选双凹槽板材结合更紧密

早期的陶粒板，板材两侧为公 + 母的卡榫。一凹一凸的设计，使水泥因填缝量不足而无法弥补在干燥过程中的收缩，导致板材衔接处很容易出现裂痕。因此，有部分板材改成双母榫（双凹槽），在两块板材衔接处的凹槽填入水泥，能衔接得更紧密。

这样施工才没问题

1 接合处的水泥要填实

拼接陶粒板，以水泥填入板子两侧的卡榫（沟槽）来结合。因此，施工时要确实将正确配比的水泥填入板子与板子之前的榫槽。至于要不要植筋来固定板子的距离，那就看各家施工厂商的标准而定了。

2 现场的放样要精准

无论是水平放样或垂直放样，位置都要精准。还有，如果垂直度不够会导致墙面变成梯形；那么，最后完工时，也只能配合梯形的立面来贴瓷砖了。

3 与建筑结构的结合要确实

陶粒板组成的墙面，其工法和轻隔间墙类似，两者都必须先在天花与地板设置钢构的凹槽，当中再拼组板材。若应用陶粒板在地面或天花时，则要以螺丝将板材锁定在钢骨结构上。

4 需埋管时宜选用厚板

一般的排水管，直径约为 6cm 多。若在厚 8cm 的陶粒板里面埋设排水管，施工时很容易打穿墙板。被凿穿的陶粒板并不会影响结构，板子也可修补；但若要避免打坏墙板，施工时就得更小心翼翼。故建议选用厚板。

监工验收就要这样做

1 检测墙面是否歪斜

陶粒板为工厂预铸，出厂时每片板子都很平整且坚硬。就怕拼组时，整道立面或地面歪斜了。除在安装时要做假固定并随时固定，验收时也可用水平尺等来检测墙面与地板是否平整。

2 检查接缝处是否有裂痕

若在刚完工就发现接缝处有裂痕，多半是因为水泥没有充实，或是填缝的水泥并没有照正常配比调制。当然，强震过后也可能导致水泥填缝处的裂痕。解决方法就是敲掉水泥填缝，重新灌入新的水泥。

3 墙面上方是否以发泡剂填满

用陶粒板墙打造室内隔间或外墙，整道墙面的上下两端必定设有钢槽以固定墙面。为应对上下晃动的地震，陶粒板墙并不会做到满，而是与天花之间会留有一条细缝（因地心引力，墙板会稳稳落入底下的凹槽内）。待墙面组好后，这道缝隙必须填入弹性发泡剂来密封，以免蚊虫飞入室内或冷气外露。

4 避免冷缝现象产生

混凝土运输需在事前做好妥善的交通规划，灌浆不能中断，以免造成冷缝。

达人单品推荐

1 CFC 预铸板

1 台产新型双凹槽板材，内置 6mm 竹节钢筋，抗震效果接近 RC 墙；防火性能更优，是官方认可的耐火材。红砖墙隔音值（STC）为 40 分贝。厚 8cm 的 CFC 预铸板的隔音 STC 值为 44 分贝；厚 16.8cm 者则高达 51 分贝。施工快速，只需传统砖墙的 1/3 天数。

（各规格尺寸店洽，长 200cm ~ 500cm、宽 50cm、厚度 6.5 ~ 16.8cm 皆有，可另设计配筋量 RMB: 402~492 元 /m²，各规格单价差距约 RMB: 45 元。图片提供 _ 天臣实业）

这样保养才用得久

1 墙面尽量避免钉挂

相较于石膏板、水泥中空板、三明治板等常见的轻隔间建材，陶粒板跟红砖墙一样都可直接钉入铁钉或钢钉；其他则无法钉钉子，或必须采用特殊的抓钉。陶粒板强度足以负荷马桶等重物，凿孔、挖洞也不会影响板材结构；但仍建议消费者自行吊挂装饰品时，最好尽量使用无痕挂钩。如果一定要钉挂，用钢钉即可。这样比较不会破坏板材的表面。

2 裂痕可刷漆遮掩或重新填缝

强震过后，陶粒墙如发现有垂直裂缝，应为水泥填缝处的裂痕，基本上不会影响结构，只是有碍观瞻而已。轻微的裂缝，可以请油漆师傅修补。若较严重的话，建议可敲掉填缝、重新灌浆。

搭配加分秘技

表面以灰色铺陈，稳定重心
隔间运用预铸陶粒板，表面饰以灰色，在一片浅白的空间拉沉色调，稳定重心。

图片提供 _ PartiDesign Studio & 曾建豪建筑师事务所

深浅素材原色展现错落的美感
陶粒板外墙本身做出凹凸造型，又贴上深灰色瓷砖、浅色擦石子来强调立体感。深浅配色，展现错落有致的韵律。

图片提供 _ 天臣实业

美丝板 NEW! 空间的新声活美学

30 秒认识建材

适用空间	各种空间适用
适用风格	各种风格适用
计价方式	以片计价（不含工资）
价格带	60cm × 60cm，RMB:74~85 元 / 片; 91cm × 182cm，RMB: 246~257 元 / 片
产地来源	中国台湾
优点	吸音、耐燃防火、不含甲醛、通过绿建材标章、可直接做装潢材料
缺点	表面为非平整面，手感较明显

Q 选这个真的没问题吗

1 美丝板的特性是什么？为何具有吸音的功效？ 解答见 P.161

2 在装设美丝板时，有哪些需要注意的原则？ 解答见 P.161

美丝板是以环保木纤维混合矿石水泥制作而成的建材，美丝板在制作过程中将所有素材无机化，因而不会有潮湿发霉的问题，也因采用自然原料，不仅无毒亦取得绿建材标章，而材质中混入的水泥，亦使这项建材通过耐燃二级检测。

其外观可明显看出长纤木丝构造，粗犷又带有自然质朴简约的样貌，用于壁面或天花的装修上，都能让空间恰如其分地突显简单及充满禅意的韵味；也因其多孔隙不平整的表面，而具有吸音及漫射音波特性，是不少视听空间的建材新宠，也十分适合与清水模搭配运用。此外，美丝板多孔隙的构造，亦具有调节空间湿度的功能。目前为了丰富空间，美丝板赋予了多彩色泽，还有模组化生产的小六角形规格，都能获得不错的视觉效果。此六角形的吸音砖，相当适合自行 DIY 拼组发挥创意，只要利用木工工具或白胶加泡棉双面胶带固定，就能在天花或墙壁随意拼图，创造出自己喜爱的造型及色泽搭配。

图片提供_华奕国际

种类有哪些

依照板材的形状和大小可分成以下两种：

1 长形

尺寸较大，为 91cm × 182cm，适合在天花或墙面施作做出大面积的铺陈，让视觉延伸。

2 六角形

尺寸较小，可自行 DIY 在墙面，天花另需较稳固固定方法。

这样挑就对了

1 注意表面纹路

好的吸音板表面为优美的自然卷曲木料纹路、均匀分布。

2 选购有品牌保证的产品

建议在选择时，指明有品牌保障公司出品的美丝吸音板，并向购买商索取原厂出具的产品证明书，才能确保产品的品质。

这样施工才没问题

1 在不同墙面固定美丝板需注意的原则

（1）若墙面为木质隔间、石膏板、硅酸钙板等板材，可用风枪钉或俗称蚊子钉直接固定。而在木质隔间施作时，需加上角材后再固定美丝板。

（2）若为砖墙或 RC 墙，可直接用钢钉固定，不需再加上底板。

图片提供＿华奕国际

▲ 六角吸音砖有多种色系可供选择，能在墙面 DIY 贴覆，创造丰富墙面色彩。

2 用机器裁切较适合

若需裁切，建议使用高转速机具。可用手工裁切，但边缘会较不利落。

3 施作前注意正反面

美丝板有正面、反面之分，正面纹路较为漂亮自然，板面会有微量的水泥沉淀。

监工验收就要这样做

1 板与板之间注意收边

裁切板片后会有厚度的差别，属于自然现象，板片与板片之间以离缝或导角处理收边，并注意边缘是否完美接合、对齐。

2 以空气风枪清除灰尘

由于板材表面为多孔隙，建议完工后以高压空气风枪于表面喷风，可清除附着于表面的施工灰尘。

达人单品推荐

1 宽原木

灰木

2 手作风六角吸音砖

1 具有吸音、装饰壁面的效果，原木吸音板的木质温润质感，为空间带来宁静舒适的氛围，有多种颜色和纤维粗细可供选择。
（91cm × 182cm × 1.5cm，价格电洽，图片提供＿华奕国际）

2 时尚的六角造型，具有防霉、防虫蛀的特性，可使用水性漆喷漆上色，适合 DIY 施作。
（直径 19cm，价格电洽，图片提供＿华奕国际）

这样保养才用得久

使用吸尘器除尘

由于表面孔洞多，若考虑灰尘附着问题，建议可用吸尘器吸附灰尘。

第 8 章

创造空间色彩和氛围

涂料

改变室内色彩最简便的方法，就是运用各式各样的涂料。除了千变万化的颜色选择外，涂料也可以利用各种涂刷工具，做出仿石材、布纹、清水模等材质触感几可乱真的仿饰效果。涂料不仅肩负着创造空间色彩与改变氛围的重任，目前市面上推出许多机能性涂料，强调可以调整室内湿度、消除异味、防水、抗菌，让居家空间更健康环保。

种类	水泥漆	乳胶漆	珪藻土	矿物涂料	天然涂料	特殊装饰涂料	特殊用途涂料
特色	为大众化室内涂料，分为水性及油性两种	俗称塑胶漆，均为水性，加水稀释即可，品质好坏视添加的树脂、石粉比例而定	. 热传导低 . 具有多孔构造 . 高度不可燃性质	运用砂石、水泥石料等自然素材，添加液态硅酸钾和天然矿石色粉融合所调和出的涂料	. 成分取自于环境，自然又环保 . 不含挥发物，无臭无味	可厚涂的涂料，能呈现各种立体图案或仿天然素材的漆面	多为水性涂料，不含有机溶剂，兼具装饰、书写、记事的效用
优点	价格经济实惠，可涂刷面积较大	. 漆膜较厚、漆面较细致，质感佳 . 防霉抗菌，不易沾染灰尘	. 隔热、调湿、脱臭 . 可分解、去除活性氧化与化学物质	以矿物为主要原料，无毒无甲醛。色彩饱和度高、不褪色	灰泥涂料能有效调节湿度，适用于地下室和浴室	图案选择众多，能营造特殊情境	具有可书写记事或是能吸附磁铁的功用，方便人们使用，实用性十足
缺点	. 粉刷后质感较差 . 不耐清洗，寿命仅 2～3 年	. 价格较高 . 涂刷前置作业较费时费工	. 易受气候影响产生色斑、白华等现象 . 无弹性，下涂层作业施工不易	单价较高	. 易产生裂痕 . 价格较高	不易施作，由专业人士施工较好	早期多为油性涂料，含甲苯材质，对人体有害
价格	3L 售价 RMB: 56~100 元	1L 售价 RMB: 56~100 元	RMB: 270 ～ 407 元 / m^2	RMB: 39 元 / m^2（仅材料）	每 m^2RMB: 203~406 元（连工带料）	每 m^2RMB: 203~339 元（连工带料）	RMB: 45~783 元 / 罐

设计师推荐
私房素材

馥阁设计 · 黄铃芳 推荐

图片提供 _ 馥阁设计

1 珪藻土 · 天然持久的绿建材： 珪藻土最大的优点在于能吸收空气中多余的水汽，调节室内湿度，具有除甲醛、除臭、防污的功能。色泽选择多，可使用特殊工法做成有手感凹凸的样貌。平时不用费心保养，拿湿布清洁擦去脏污即可。且不需定期补刷，没有使用年限的限制，是一个 CP 值颇高的素材。

图片提供 _DULUX 得利涂料

演拓室内设计 · 殷崇渊 推荐

2 乳胶漆 · 呈现细致的绝佳质感： 乳胶漆的漆面细致、质感佳，和水泥漆相比，漆面更平滑，若想呈现有温润质感的气息，乳胶漆是个不错的选择。虽然价格稍高，遮盖力差，工法程序需要涂上 3~4 道以上，但对于居家氛围的营造有很大的帮助。

图片提供 _ 演拓室内设计

水泥漆
省钱好施工变化多

30 秒认识建材

适用空间	客厅、餐厅、厨房、卧房、书房、卫浴、儿童房
适用风格	各种风格适用
计价方式	以罐计价（不含工钱）
价格带	RMB: 56~100 元 / 3L
涂刷面积	约可涂 10~13m^2 / L
产地来源	中国台湾
优点	经济实惠、好涂刷、遮蔽率高
缺点	易卡灰尘不耐清洗，防潮性较差、色彩持久度不佳

Q 选这个真的没问题吗

1 每次刷水泥漆时都会有刺鼻的臭味，会不会影响家人的健康？ 解答见 P.164

2 水泥漆用不到几年就开始落漆，平时要如何维护？ 解答见 P.166

3 墙面上的旧漆已经有点剥落了，重新上漆前要先刮干净吗？ 解答见 P.165

水泥漆因为主要涂刷在室内外的水泥墙而得名，具有好涂刷、好遮盖等基本涂刷性能，主要可分成油性漆及水性漆；水性水泥漆又分成平光、半平光及亮光三种。

油性水泥漆主要由耐候、耐碱性优越的压克力树脂（Acrylic Resin）制成，所以具有良好的耐水性，而且对水泥面的附着力超强，几乎各种材质的墙面都可以涂刷，但大部分用在房屋外墙。水性水泥漆则以水性压克力树脂为主要原料，配合耐候颜料及添加剂调制而成，光泽度较高，室内外的水泥墙都可涂刷，但不建议涂刷在金属、瓷砖等表面光滑的材质上。

虽然水泥漆便宜又好用，不过水泥漆最让人诟病的是挥发性有机化合物 VOC（Volatile Organic Compounds）的挥发问题，油性水泥漆在施作时须添加二甲苯加以稀释，而水性水泥漆本身含有甲醛物质，涂刷完后，无论是水性或油性水泥漆都会有让人不舒服的化学味道，有些 VOC 甚至经年累月散发，无形中对人体造成伤害。

随着环保意识的抬头，油性水泥漆的使用概率已大幅降低，水性水泥漆方面，各家厂商也开发出低 VOC 的绿建材，强调水性环保配方、低 VOC，无添加甲醛及铅、汞、镉等重金属，有的还符合欧盟 CHIP 安全规范与健康绿建材认证，在选购时最好认明符合国家标准之正字标记产品或是具有环保标章、绿建材标章之产品，比较有保障。

图片提供_Dulux 得利涂料

种类有哪些

1 水性水泥漆

（1）平光：涂刷在墙面上的效果具雾面质感，看起来比较柔和，让人感觉较含蓄内敛，所以深受大多数中国台湾消费者的喜爱。

（2）半光：室内装饰比较不会反光，涂刷的质感较清亮，表面光滑也较容易擦拭。

（3）亮光：粉刷后墙面看起来会相当亮，墙面凹痕等细节也看得较清楚。耐水洗，如果湿气较重时，墙面也会变得很潮湿。

2 油性水泥漆

分为调和漆、木漆、铁锈漆等，适用于混凝土建筑物、木材、金属等材质，多用于门、窗、桌、椅等装潢及木作表面。

这样挑就对了

1 依适用空间选择

经常风吹雨打太阳晒的外墙涂漆，可以选择较经济实惠、耐候、耐水、耐碱性优越且附着力高的油性水泥漆。想要柔和的室内空间但预算不高，又要考虑健康因素，不妨选择防霉抗菌、低 VOC 的绿建材水性水泥漆。

2 依用途选择

（1）抗湿：在厨房、浴室或靠窗墙面，建议涂刷具有防霉抗菌功效的水性水泥漆。

（2）防尘：水泥漆易卡灰尘，现在有水性弹性防尘涂料供选择，可弥补此一缺点。

这样施工才没问题

1 施工前宜先整理好墙面，并将家具盖上遮蔽物防止脏污

室内涂刷须把原有的墙面粉刷或壁纸刮除，壁面以平整为宜。涂刷前，家具与地板要确实做好遮蔽，并拆下窗帘，墙面交界处、电源开关或插座、门框、窗户使用遮蔽胶带，让收边更完美。

2. 涂刷的工法顺序

（1）水性水泥漆

Step 1：整理墙面，除去旧有的粉刷或壁纸。

Step 2：做适当的补土，凹凸处用砂纸磨平。

Step 3：先使用白色水泥漆当底漆。第一道漆面最好由高往低涂刷，从大面积开始再刷小面积。建议从墙壁接缝处先涂刷，再刷墙身。若有窗框，则先刷窗框，再刷门框与踢脚板、线板。

Step 4：第一道漆干燥后再开始上色，通常涂刷两次即可。至少要一底（底漆）两面（面漆）。

（2）油性水泥漆

Step 1：先整理要涂刷的墙面，使其平整。

Step 2：手套、口罩、护目镜等防护不能少。

Step 3：准备好稀释的溶剂，调和油性水泥漆至所需的稠度。

Step 4：开始上色，通常涂刷两次即可。

3 若不慎沾到，应立即以湿布或松香水清除

水性漆在涂刷过程中若有漆沾到地面，立刻用湿布擦拭；若涂料已凝固，可用刮刀刮除。涂刷油性漆时最好穿着旧衣服操作，万一在施作过程中沾到衣物或地面，可以用松香水等溶剂予以清除。

监工验收就要这样做

1 施工前确认颜色编号是否无误

工人施作前，要确认颜色编号是否和当初挑选的一样。

2 确实注意批土次数

避免偷工减料，或是次数不足而影响美观。

3 注意底漆的颜色层次

若有上底漆时，要注意避免在深色底漆上涂浅色面漆。

4 在晴朗的白天验收墙面是否平整

完工后选择天气晴朗的白天，确认漆面是否平整，墙面需没有波浪状、无毛孔且墙面转角的水平垂直必须工整。

达人单品推荐

1 得利水泥漆——平 / 半光

2 得利电脑调色漆——外墙晴雨漆（克裂专家）

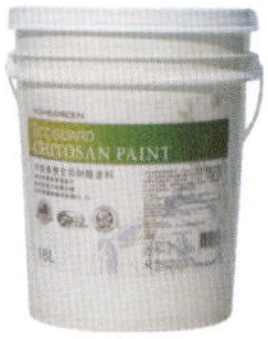

3 健康家除醛抗菌水泥漆

1 除了涂刷性能优异，让涂刷省时有效率外，这款系列水泥漆具水性环保配方、低 VOC，无添加甲醛及铅、汞、镉等重金属，同时符合欧盟 CHIP 安全规范与健康绿建材认证，给予居家及环境安全双重保障。
（RMB: 32 ~ 35 元 /L，图片提供 _Dulux 得利涂料）

2 它具备抗紫外线、挡雨抗潮、防藻抗碱等功能，非常适合中国台湾的气候特性，可以让外墙保持亮丽如新。水性环保配方，符合国内 CNS 生产标准与欧盟 CHIP 等国际规范，同时电脑调色，可以创造与众不同的色彩外观。
（RMB:180~200 元 /3L，图片提供 _Dulux 得利涂料）

3 天然无毒的甲壳素除醛配方，可以分解甲醛、去除 VOC 有害物质，永久有效；还有纳米硅银粒子，可以防霉抗菌兼除臭，非常适合涂刷在人们居住的室内空间。
（RMB: 70 元 /L，图片提供 _ 健康家国际生物科技）

※ 以上为参考价格，实际价格将依市场而有所变动

这样保养才用得久

1 保留色号，以便事后补涂
完工后建议留下少量涂料或是保留色号，以便日后修补。

2 定期重新粉刷
无论水性或油性，一般可维持 3 年左右，建议可定期粉刷。

搭配加分秘技

图片提供 _Dulux 得利涂料

利用不同材质配色，发挥创意玩出趣味
像补丁又像拼图，善用多种颜色的水泥漆搭配不同建材，也能玩出空间的趣味。

粉红苹果绿的缤纷乐园

主墙是甜美的粉红色，表现出年轻与活力，靠窗的阅读区设置了书桌与收纳柜，为了稀释木作的深沉感，并提高明亮度，此一墙面则选用白色，并搭配透光良好的纱质窗帘，而左侧的柱体则刷上象征青涩年华的苹果绿，同时还具有让心绪平静的效果。

乳胶漆
质感佳好清理

30 秒认识建材

适用空间	所有空间适用
适用风格	可依个人喜好调整颜色，刷出各种不同风格
计价方式	以罐计价（不含工钱）
价 格 带	RMB: 56~110 元 / L
涂刷面积	13 ~ 16m^2 / L（刷 1 道）
产地来源	中国台湾、广州，荷兰
优　　点	防霉、抗菌、耐擦洗，漆面较细致，色彩耐久度高
缺　　点	补土、批土及磨平工作非常耗时，施工价位也较高

Q 选这个真的没问题吗

1 新屋的装潢要选用乳胶漆还是水泥漆？这两种漆有什么差别吗？ 解答见 P.169

2 油漆师傅说乳胶漆上一道就好，这样的施工方式是对的吗？ 解答见 P.169

3 我家的墙面约有 16.5 ㎡要涂，要买几罐才够用？ 解答见 P.168

乳胶漆为乳化塑胶漆的简称，主要由水溶性压克力树脂与耐碱颜料、添加剂调和而成，漆质平滑柔顺，涂刷后的墙面质地相当细致，且不容易沾染灰尘，又耐水擦洗，即使小孩子贴墙玩耍、涂鸦，也不用担心清洁保养问题。它的附着力强，能覆盖墙面上的小细纹及小脏污，同时不易发黄，所以色彩持久度较水泥漆几乎强上一倍。

由于乳胶漆的树脂很细，所以漆出来的质感远比水泥漆细致平滑，更适合在室内各种空间使用；但通常油漆师傅为了要呈现细致的质感，会加水稀释并涂刷比水泥漆较多的道数，相对施工成本也提高；但若自己使用，可不加水稀释涂刷两道即可。乳胶漆同时具有多种功能，例如防霉抗菌、抗裂、耐擦洗，抗水性好，用水擦拭也不易有脱色问题，一般来说，水泥漆约可维持 2 ~ 3 年，好的乳胶漆可以维持 5 年再重新粉刷。

不同于过去的油性漆，现在的油漆几乎都是水性比较安全，但因为原料及添加物的等级与来源不同，乳胶漆也会含有部分化学味及挥发性有机化合物（VOC），不过目前各厂商致力开发较环保健康的产品，并运用各种技术减少化学味及 VOC，有些涂料甚至可以分解甲醛。越来越多乳胶漆已通过健康绿建材认证，让消费者可以安心涂刷在室内卧室、婴儿房等空间。

图片提供＿永记造漆

种类有哪些

因国人越来越重视无毒的居家环境，乳胶漆近年来发展出附带多种清净空气的涂料，以打造健康的住家生活。

1 加入防霉抗菌的成分

在漆膜中形成独特的毛孔结构，增加墙面透气性，同时可以有效阻绝霉菌、大肠杆菌、肺炎杆菌及金黄色葡萄球菌等害菌在墙上滋生。

2 含有除去甲醛的特殊功能

最新的“分解甲醛”技术，可将甲醛分解成水分子，有效降低室内空气中的甲醛含量。

3 利用光触媒作用净化空气

以光能进行物理性反应催化剂，可以持续有效地释放负离子，消除空气中的臭味及致癌气体。

种类	水泥漆	乳胶漆
特色	为大众化室内涂料，分为水性及油性两种，后者使用时须添加甲苯稀释，毒性较强	俗称塑胶漆，均为水性，加水稀释即可，品质好坏视添加的树脂比例而定。
优点	. 价格经济实惠，可涂刷面积较大 . 施工过程省时省工	. 漆膜较厚、漆面较细致，质感佳 . 防霉抗菌，不易沾染灰尘
缺点	. 粉刷后质感较差 . 不耐清洗，寿命仅2～3年	. 价格较高 . 涂刷前置作业较费时费工
价格	3L，RMB: 56~100 元	3L，RMB: 56~110 元

这样挑就对了

1 选购有信誉的品牌

选购有国际认证的品牌，或有健康绿建材认证才有保障。

2 一般选择好的乳胶漆，可用下列方式分辨

（1）原漆性能：详察外观、黏度、密度、细度、遮盖力。

（2）施工性能：了解施工性、涂刷量、干燥时间。

（3）漆膜性能：这是乳胶漆最重要的性能，干燥后看它的漆膜外观、色差、耐水性、耐刷性、对墙体的附着力。

3 依照空间选择

卧室的光线要柔和温暖，建议可选择平光型的涂料，其效果较佳，小孩及公共空间等较易弄脏的墙面，可选用柔光到半光树脂含量较多的产品，较耐得住清理。

这样施工才没问题

1 涂刷至少需一底两面

墙面经过批土、磨土的手续后，再上一层底漆，两层面漆。由于乳胶漆的遮盖力较差，必须搭配非常平整的墙面才能表现出乳胶漆细致特性，并且至少要刷 3 道才会漂亮。

2 施工环境太冷太热都不宜

温度在摄氏 5℃ ~35℃之间较适宜，因太冷可能导致漆结冰，太热水分挥发过快恐影响成膜，以中国台湾天气来说，夏季尽量避免在中午高温时粉刷。另外，建议在湿度 85% 以下施工较好。

3 穿着简便的旧衣物施工

乳胶漆施工容易，一般民众都可以自行涂刷，最好穿着旧衣服当工作服，若不慎沾到，应立即用清水去除漆渍。

监工验收就要这样做

1 施工前壁面要平整

检查墙壁是否已确实整平，水泥新墙要确定完全干燥固化，要确认颜色编号是否和当初挑选的一样。

2 施工中注意水分比例

避免偷工减料，小心水分比例，并注意气候及湿度。

3 完工后小心掉粉裂开

完工后摸摸墙体是否平整，检查有无掉粉或裂开现象。

达人单品推荐

1 得利清菌家全效乳胶漆

2 得利乳胶漆竹炭健康居

3 全效抗裂乳胶漆

4 易洁乳胶漆

5 星冠纳米光触媒乳胶漆 NG77 系列

这样保养才用得久

1 清洁

如果沾到衣物或地面，立即以清水清洗就可以把漆洗掉，若是漆滴落地面没有及时处理，等漆干掉后用刮刀刮除即可。

2 去污

墙面若有脏污，平时可以湿布或海绵蘸清水，以打圆圈方式轻轻擦拭脏污的地方即可轻松去污。

1 含天然茶树精油，可有效防霉抗菌，且原料使用低化学味、低 VOC 的环保成分；同时具有抗裂功能，可以覆盖墙面小裂纹。
（RMB: 85 元 / L、RMB: 235 元 / 3L，图片提供 _Dulux 得利涂料）

2 荣获绿建材认证、气味清净的环保涂料，采用业界创新的 250 纳米白竹炭等原料，有效除净涂料中的化学味。
（RMB: 94 元 / L，图片提供 _Dulux 得利涂料）

3 不添加甲醛、铅、汞等重金属，且具有抗裂效果，居家环境更安全。优越的耐水性和耐刷性，壁面仍可不受损坏，有效维持墙面完整。
（RMB: 78 元 / 一立装，图片提供 _ 永记造漆）

4 涂料独家添加杜邦 Teflon _ 墙面保护科技，能使墙面漆模紧密形成细致保护膜，阻隔意外脏污的沾染附着。只需以抹布蘸些许清洁剂，便能轻松除去污渍。
（RMB: 94 元 / 一立装，图片提供 _ 永记造漆）

5 利用高科技纳米技术将原料转化，能持续有效地释放负离子，并自动捕捉甲醛与苯类的挥发性有机化合物，达到净化空气的目的，以及防霉抗菌的效果。
（RMB: 84 元 / L，图片提供 _ 三羽企业）

※ 以上为参考价格，实际价格会因市场而有所变动

搭配加分秘技

带有 Tiffany 蓝的甜蜜回忆

整间的 Tiffany 蓝，是屋主夫妻定情的颜色。纯净的翠蓝色带有些许的碧绿，色彩亮丽又优雅，也能抚慰人心。

图片提供 _ 摩登雅舍

图片提供 _ 山木生空间设计

蒙德里安式几何墙让睡梦也缤纷

在床尾的柜墙顺应封板的线条，运用色盘意象，以几何方式排列红黄原色，再穿插黑与墨绿，借由中性色及浊色来稳定高彩度的强烈跳跃。

艳丽红墙化为大型抽象画

背墙刷上艳红而成为空间的主角。考虑到居家用色不宜过度强烈，故在纯度极高的红中加入些许的黑以降低明度、彩度，减少了大红带来的压迫，并强化色彩的稳定性。在嫣红基底勾勒黑色线条与几何色块，缓冲了因高彩度所产生的视觉冲击，也让主墙犹如一幅巨型抽象画。

图片提供 _ 山木生空间设计

珪藻土
调节湿度保健康

30 秒认识建材

适用空间	客厅、餐厅、厨房、卧室、书房、儿童房
适用风格	各种风格适用
计价方式	以m²计价（连工带料）、以容量、重量计价（不含施工）
价格带	RMB: 270 ~ 407 元 / m^2
涂刷面积	0.9 ~ 1.2kg / m^2
产地来源	中国台湾、日本
优点	有效吸附甲醛等有害物质
缺点	单价较高

Q 选这个真的没问题吗

1 听说珪藻土有调节湿度的功效，那可以用在浴室的壁面上吗？ 解答见 P.173

2 我家墙面已经漆上一层水泥漆了，可以直接涂上珪藻土吗？ 解答见 P.173

3 市面上珪藻土的产品很多，该怎么挑选才不会买错呢？ 解答见 P.173

珪藻土（Diatomaceous Earth，又称为硅藻土），是由一种称为“珪藻”的单细胞植物性浮游生物所演变而来的。珪藻和珊瑚一样会进行光合作用，在空气层不断的浮游过程中，一部分掉进水中或池里不断繁殖后，成为食物链的一环。珪藻死后的遗体堆积在海里或湖里，其中的有机物质经过长时间分解，只残留无机物质，经开采后碾成粉末就变成珪藻土。

珪藻土为多孔质，孔数大约是木炭的五六千倍，能够吸收大量的水分，因此具有调湿功能，可防止结露、返潮，抑制发霉、虱的发生。最大特性就是可针对甲醛、乙醛进行吸附与分解，可用于矫正现代建筑因各种内装物而造成的空气品质不良问题、避免致病房屋症候群产生，让居家环境更健康。可适用全室内的墙面及天花板，能改善室内空气品质，但不可使用在浴室内，因为它遇水容易还原。

再加上珪藻土的热传导率亦低，具有优异的隔热性，可提高冷、暖气使用效果，创造冬暖夏凉、温和舒适的空间；而其微细小孔更可将宠物、香烟、厕所等臭味与异味吸附，具有消臭与脱臭性，是一款适合现代家庭的天然健康涂料。

图片提供 _ 益康珪藻土

种类有哪些

珪藻土可分为一般涂料及含有珪藻土的饰面材料。

1 一般涂料

功能性较强，并且可借由图纹、花样的施工方式，增加壁面魅力。

2 含珪藻土的饰面材料

利用珪藻土可制成珪藻土吸水脚踏垫、珪藻土瓷砖、调湿板等不同产品，提供更多用途使用，并且施工时无毒、无味，装修完即可入住。

这样挑就对了

1 挑选有绿建材标章的产品

部分涂料中添加的 VOC（挥发化合物），是危害家人健康的元凶，因此在选购时，要注意标示含量之余，选择有绿建材标章的认证产品，才能确保居家环境的安全和健康。

2 固化剂成分影响调湿能力

天然珪藻土磨成粉末后，需要与固化剂调和才能涂抹于墙面上，而市面上固化剂成分有黏土、消石灰、合成树脂、水泥等，若固化剂成分为合成树脂或水泥，则容易发生阻塞珪藻土孔隙，降低调湿能力等情况。

3 购买时鉴定调湿数据

消费时厂商多会提出自家产品的调湿数据（坊间常见为 25 ~ 200g/m^2），建议消费者可以请商家提供珪藻土调湿实验数据，或以现场喷水器向样板喷水测试，若是吸水量快又多，则代表产品的孔质完好，如果吸水量很少，表示孔隙被堵塞，或是珪藻土的含量偏低。

4 要求耐火性需注意固化剂成分

珪藻土本身为不可燃材质，但耐火性需要注意搭配的固化剂等素材，建议购买前可以请厂商提供珪藻土耐火实验数据，或是 以样本点火示范，若是有冒出气味呛鼻的白烟，则可能是以合成树脂作为珪藻土的固化剂，遇火灾发生时，容易产生毒性气体及烟雾阻碍逃生。

图片提供 _ 乐活珪藻屋

▲ 全天然无树脂添加的珪藻土，无毒无甲醛，黏附到皮肤也没有危害，亲子可一起同乐创作。

5 用手触摸测试表面的坚固程度

购买时可以请商家提供珪藻土样板，建议以手指轻触试验，如果有粉末黏附于手指上，表示产品的表面强度可能不够坚固，日后使用时容易会有磨损等状况产生。

6 固化剂为黏土材质，避免用在水汽潮湿处

属于天然材质的黏土，成分温和，不易对人体健康造成伤害，适合用在室内客餐厅、房间等处，最好避免用在浴厕等容易遇水冲刷处，以免成分还原，容易造成表面脱落。

这样施工才没问题

1 不能将珪藻土直接倒入其他油漆混合

施工时，珪藻土不能倒入其他油漆混合施工，如果原本墙面已有水泥漆或乳胶漆，则可直接涂抹在上面。

2 施工前先整理墙面

若有壁纸最好先刮除再施工。施作墙壁不得湿气过重或有壁癌，不建议涂在玻璃砖等光滑表面底材上。

3 施工顺序

Step 1：底材的施工面积处理，并做好清洁和施工区域的周围防护。

Step 2：上封闭底漆两层后等待干燥（第一层干了后才上第二层）。

Step 3：依各家厂商说明比例搅拌珪藻土与水后，静置 20 ~ 30 分钟后，再搅拌约 1 分钟。即可涂抹甚至随兴创作造型纹路工法（厚度至少 2mm 以上，愈厚调湿效果愈好）。

Step 4：用镘刀抹平后至少等 2 ~ 3 天让它完全干燥。

Step 5：施工期间避免粉尘，故建议在所有装潢都退场后再施工，以免产生污染或碰撞。

4 若沾到衣物，可用水擦拭去除

在涂刷中沾到地面或手时，用海绵蘸清水轻轻擦拭即可。

监工验收就要这样做

要确实覆盖墙面

一般来说珪藻土的涂刷厚度为 2~4mm，完工后检查墙面是否有确实涂刷完成，尤其是墙面的边角处。

达人单品推荐

1 益康
珪藻土涂料

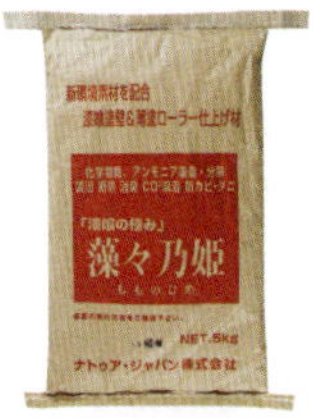

2 乐活珪藻屋
藻乃姬系列

3 乐活珪藻屋
藻太郎系列

1 主原料来自欧美及日本，由台湾宏星公司及台湾海洋大学共同研发生产，产品比照日本 JIS-A6909 建筑用仕上涂材规范珪藻土类要求。珪藻土含量高，品质媲美或甚至超越进口，价格只有进口一半，更是中国台湾地区唯一荣获调湿类健康绿建材标章的珪藻土涂料。
（仅材料约 RMB: 136 元 / m^2，图片提供 _ 益康珪藻土）

2 使用日本北海道稚内层珪藻页岩珪藻土，更添加贝壳粉，强化了杀菌除臭效果，对于厕所异味、烟味、宠物体味的消除很有帮助。同时添加消石灰作为固化剂，表面坚硬但质感平整柔和。
（RMB: 1530 元 / 5kg（$1m^2$ 约 RMB: 130 元，不含施工），图片提供 _ 乐活珪藻屋）

3 此款珪藻土含有率高达 77%，为业界最高级，吸放湿机能是一般珪藻土的 3~6 倍，适合高潮湿区域使用，在低温施工时甚至可以抑制白华现象，被日本喻为“天然的空气清净机”，万一发生火灾也不会产生有毒物质。
（RMB: 1530 元 / 15kg（$1m^2$ 约 RMB: 258 元，不含施工），图片提供 _ 乐活珪藻屋）

※ 以上为参考价格，实际价格会因市场而有所变动

这样保养才用得久

1. 以掸子或湿布擦拭： 墙面若有灰尘脏污时，用掸子轻轻刷落或以干净的湿布擦拭即可。

2. 用橡皮擦拭去泥垢、手油： 手垢、泥垢及擦痕使用橡皮擦清除后，再用掸子轻轻刷落。

3. 水性可拭去的污点： 使用水喷雾器，干湿 2 ~ 3 个循环即可，或以干净湿布擦拭。

4. 油性斑点用砂纸先去除表面再修补： 分解时间较缓慢，一般采用砂纸或刀具将表面污渍轻轻去除后，再使用珪藻涂料涂抹修补。

搭配加分秘技

图片提供_益康珪藻土

时尚仿饰漆

运用灰色的珪藻土，再搭配特殊的镘涂方式，使壁面呈现如马来漆般的斑驳色彩，创造谜样的朦胧美感。自然朴实的色底，搭配灰黑色系的灯具，整体呈现极简宁静的空间氛围。

图片提供_采荷设计

加入调色，墙面更鲜艳

珪藻土不仅有净化空气的功效，还可加入色粉调色，让墙面展现鲜艳活泼的色彩，成为空间的视觉焦点。

矿物涂料
安全无毒历久弥新

30 秒认识建材

适用空间	除了地坪，各种空间适用
适用风格	各种风格适用
计价方式	以罐计价
价 格 带	RMB: 39 元 / m^2（仅材料）
产地来源	德国
优　　点	以矿物为主要原料，无毒无甲醛。色彩饱和度高、不褪色
缺　　点	单价较高

Q 选这个真的没问题吗

1 矿物涂料和一般的乳胶漆有什么不一样？ 解答见 P.176

2 矿物涂料的施作要注意什么？ 解答见 P.177

矿物涂料最大的特点在于，不同于一般涂料需透过树脂等化学接着剂让涂料附着于基材上，而是以俗称“水玻璃”的“液态硅酸钾”为基底，加上“天然矿石色粉”溶和所调和出的天然涂料；矿物涂料能直接与矿物基材，例如：水泥墙、石墙等，产生硅化作用而永久结合；由于涂料色彩天然，稳定性高，使用在室外或建筑物等户外空间时，即使暴露在高紫外线、潮湿酸雨环境中也不易因天气影响产生褪色、脱落等异变，因此矿物涂料早期被画家或艺术家使用在壁画、彩绘建筑物等上，能经历百年时间墙面色彩仍历久弥新，且矿物涂料颜色多种，遮盖性及透气性好，也因为矿物成分含有稳定因子，有耐高温、耐潮湿、不易褪色的良好特性。除此之外，矿物涂料主要成分为天然矿石，不含甲醛、塑化剂及合成树脂等化学材料，涂刷后不会产生过敏或有害健康的挥发物，对于重视环保、健康的现代人而言，是不错的选择。但由于台湾并无矿物涂料的明确规范，依照欧盟的规定，矿物涂料的 VOC 含量需小于 30g/L，美国则需小于 5g/L，有部分市售的矿物涂料号称天然，但大多的矿物涂料在 200g/L。因此，在挑选矿物涂料上，需谨慎注意标示成分。

图片提供＿文泰兴

种类有哪些

1 室内矿物涂料

成分萃取自天然矿石，总有机含量低，烈焰中不延烧，也不会释出有毒气体，安全防火，可广泛运用于居家、医疗等室内空间。

2 室外矿物涂料

成分以“水玻璃”和“天然矿石色粉”调和而成，无机的特性，使用在室外不因日照而产生色变，适合台湾高温潮湿的海岛型气候环境使用。

这样挑就对了

1 注意矿物涂料标示成分

由于台湾并无针对矿物涂料订定明确规范，市售部分矿物涂料仍会添加有机物，因此挑选时要注意有机化合物的含量标示。

2 选择符合国际 VOC 含量标准的涂料

依照欧盟规定矿物涂料 VOC 含量需小于 30g/L，美国则规范需小于 5g/L，部分市售矿物涂料标榜天然，但 VOC 含量为 200g/L，购买时可以参考国际规范来选择。

这样施工才没问题

1 施工前先处理墙面问题

矿物涂料施工条件气温及表面温度需大于 5℃，必须先处理墙面问题，需坚实、干燥、具吸水性、洁净无灰尘及油脂残留，才可以确保涂料刷在墙面上呈现的品质。

图片提供 _ 艾泰兴

2 滚轮、喷涂要注意施作顺序与设备

涂布施工时可以用羊毛 / 尼龙短毛滚轮（不可使用海绵滚轮）或喷涂方式施工。滚轮施作时，切勿直上直下，以避免干湿接缝过于明显，请以 Y 字进行滚轮施布；若是以喷涂施工时，建议采用 2HP 以上（或压力 3,300psi 以上）的无气喷漆机。喷涂设备采用 30 目的滤网与 525/0.025in(0.64mm) 的喷嘴施作。

监工验收就要这样做

1 检查是否涂刷到施作范围之外

在施作前先以遮蔽胶带贴黏门窗框边，完成后撕掉门窗框边遮蔽胶带，检查是否因粘贴不牢因而涂刷到范围之外的地方。

2 完工后放置足够时间干燥

第一度底涂及第二度面涂施作完成后都必须静置至少 12 小时，确认矿物涂料与基材产生硅化作用完全结合。

种类	室内矿物涂料	室外矿物涂料
特质	成分萃取自天然矿石，总有机含量低，烈焰中不延烧，也不会释出有毒气体，安全防火，可广泛运用于居家、医疗等室内空间。	成分以“水玻璃”和“天然矿石色粉”调和而成，无机的特性，使用在室外不因日照而产生色变，适合台湾高温潮湿的海岛型气候环境使用。
优点	零甲醛、零塑化剂、VOC 含量小于 5%，微生物无法附着滋生，不诱发过敏源，降低致癌病变概率。	因硅化作用能够直接与矿物基材永久紧密结合，不会因为潮湿或酸雨侵蚀而剥落，耐污性强、抗酸雨、抗日照，不易黏附灰尘。
缺点	价格较昂贵	价格较昂贵
价格	5L / 桶 RMB: 895 元（未税）	5L / 桶 RMB: 1567 元

达人单品推荐

1 Royalan 尊爵室外矿物涂料

2 Royalan 尊爵室外矿物涂料

3 KEIM Optil 欧缇室内矿物涂料

4 KEIM Optil 欧缇室内矿物涂料

1 “KEIM 凯恩矿物涂料”萃取天然成分调和而成，其无机的特性，不会因日光长期暴晒而产生色变，或者因为潮湿或酸雨侵蚀而剥落，适合台湾高温潮湿的海岛型气候的环境使用。
（图片提供 _ 交泰兴）

2 耐污性强、抗酸雨、抗日照，不易黏附灰尘，色彩稳定性佳，并且颜色变化多样，喷、涂、刷皆可施工，不需刮除原有涂层可直接重新涂刷，降低维护成本。
（图片提供 _ 交泰兴）

3 无毒、无味、无粉尘污染，可广泛运用于居家空间或商办、学校、诊所等公共空间，因不会延烧的特性，不会释出有毒气体污染空气。
（图片提供 _ 交泰兴）

4 施作简便，无毒、无味、无粉尘污染，能打造真正健康完美的居家空间。
（图片提供 _ 交泰兴）

搭配加分秘技

悠闲慢活的空间步调

矿物涂料本身就具有粗犷自然的纹理，可选择各式的天然色粉，让墙面更为丰富多彩，例如选用淡蓝色刷饰，呈现自然悠闲的空间氛围。

这样保养才用得久

1 随时都能轻松修补

局部修补无色差，日后可随时再上色

2 剩余涂料用很久

只要把剩下的涂料密封起来，勿使沾到湿气或水，通常可以保存很久。

图片提供_文泰兴

天然涂料
净化居家室内空气

30 秒认识建材

| 适用空间 | 客厅、餐厅、卧室、书房、儿童房
| 适用风格 | 各种风格适用
| 计价方式 | 以罐计价（不含工钱）
| 价 格 带 | 每 m^2RMB: 203 ~ 406 元（连工带料），5LRMB: 425 ~ 1030元（不含工钱）
| 涂刷面积 | 20 ~ 40m^2
| 产地来源 | 德国、中国台湾
| 优　　点 | 可除臭净化空气
| 缺　　点 | 底材要求高，单价较高

Q 选这个真的没问题吗

1 灰泥涂料和一般水泥漆有什么不一样？ 解答见 P.180

2 剩下的蛋白胶涂料有很多，可以直接倒掉吗？ 解答见 P.181

天然涂料强调材料取自于自然环境、无毒又健康，深受日益重视环保的现代人的喜爱，即使单价较高，但因为几乎都是半永久性涂料，长远来看仍然划算，大众接受度也越来越高。

早在1万多年前，人类就懂得拿石灰来做建筑、涂刷的材料。也就是目前为众人所知的灰泥涂料。灰泥涂料为熟石灰与水混合而成的泥状物，其中氢氧化钙会进行缓慢结晶反应，必须透过长时间储藏才能达到细致品质，储放时间愈长品质愈好。对室内的空气湿度调节有正面的帮助，它的天然特性就是防溅水、防静电、具高度的透气性、防霉、抗菌、不含挥发性物质，同时具有相当高的光反射性，由细微的结晶结构造成了独特的石灰光泽效果，自然而高雅，也成为受欢迎的环保涂料之一。

灰泥涂料的施工简易，只要涂刷两层就可完全遮蔽，而且透气性佳，遇潮湿会呈碱性，具抗菌、杀菌效果，适用于浴室和地下室，也非常适合古迹或旧建筑整修。且不含挥发物，无臭无味，适合过敏体质使用。未用完的灰泥，可作堆肥原料，非常环保。

另外，早在古埃及时代，人们就懂得以奶与土质颜料来调制涂料，欧洲文艺复兴时期许多建筑的干式壁画，也都是采用蛋白胶作为绘画颜料的黏结剂，

图片提供_林殿

例如西斯汀礼拜堂里米开朗基罗所作的壁画，都维持了好几百年而不坏。稍晚以后，人类又利用牛奶或鲜奶酪来制作蛋白胶涂料。现代化的蛋白胶涂料都是利用植物性蛋白做成干式的粉料。如此，即使不加任何防腐剂也可以保存好几年不会变质。蛋白胶涂料具有高度的透气性，能让墙面自行呼吸，且不含挥发性气体，让居家环境无毒又健康。

种类有哪些

1 灰泥涂料

可分为无颗粒状和含颗粒状两种。

（1）无颗粒状：质地光滑细致，可以喷涂方式施工，清洁保养也较容易。

（2）含颗粒状：多了大理石砂，涂层较厚，可填补底材的轻微差异，掩饰细微孔缝；表面具颗粒质感，适合作为墙面彩光技法的底层涂料。

2 蛋白胶涂料

依照漆面可分成细致面和纹理面：

（1）细致面：涂料颗粒较小，含有细致的大理石粉，呈现平滑的漆面。

（2）纹理面：涂料颗粒较大，遮盖力强，可填补壁面轻微的不平整。

这样挑就对了

1 灰泥涂料

要挑湿泥状包装，没有添加任何工业性树脂及防腐剂的。

2 蛋白胶涂料

由于蛋白胶涂料为粉末状的干粉再加水调制，若遇水则会受潮变质，产生结块的情形，因此选购时须注意袋装是否有破损情形。

这样施工才没问题

1 灰泥涂料的施工注意事项

（1）室内专用涂料，不建议涂在室外。

（2）灰泥涂料为湿泥状，不需再调制即可刷涂，开封的涂料最好当天使用完毕。

（3）涂刷两层即有足够的遮盖力，施工简易，使用方便。

（4）若是发生轻微的表面脏污，可使用干净的干布或是较细的砂纸（200 号），小心将脏污部分局部磨除即可。

（5）沾到地面或手，用清水洗净即可。

2 蛋白胶涂料的施工注意事项

（1）壁面要求度高，墙面需先刮除旧漆整理干净，若有壁纸需先清除。塑胶或金属材质都不适宜施作。

（2）涂量要薄而均匀，涂层太厚可能会导致干裂。建议需至少刷至 2 道，颜色才会均匀。

（3）调好的涂料建议当天使用完毕。完工后剩余未调的涂料可当作堆肥的材料。

监工验收就要这样做

1 检查是否有沾上脏污

完工后验收先检查边边角角的收边有没有做好，再检查有没有手印等脏污，尤其是靠近窗帘部分由于布料摩擦，往往会出现瑕疵。

2 施工中若沾到地面，以水擦拭即可

由于是有机、环保涂料，DIY 非常方便且不怕有害物质等问题，且大多以清水调和，相当简便，即使沾到手或衣服、地面，都能轻松去污。

3 完工后放置一天干燥

一般说来，涂完后最好等上一整天让涂料完全干燥。

种类	一般水性、油性漆	灰泥涂料	蛋白胶涂料
特质	石化产品所提炼，并混合溶剂、黏结剂等挥发性有机化学物质，容易造成颜料中的重金属成分挥发	. 黏土、石灰和石膏制成，70% 成分为土 . 具天然色泽	以牛奶奶酪制成，不含挥发性气体
优点	. 施工简单，施工过程不受限制于气候条件 . 具有弹性，下涂层作业施工方便 . 表面均匀，外观干净漂亮 . 颜色选择广	. 可省掉油漆，减少资源消耗 . 可吸收过量湿气，防止屋内受潮 . 防火效果良好 . 无臭无味，适合过敏体质	. 透气性佳，能让墙面自行呼吸 . 遮盖力强
缺点	. 易产生各种不同的化学物质释放 . 在潮湿气候下易发霉 . 部分含有易燃物	易产生裂痕	不适合用于潮湿的空间

达人单品推荐

1 灰泥涂料

2 蛋白胶系列

1 白垩纪的灰泥涂料用途广泛、附着性佳，可做出细致到中等纹理的效果，可补平不平整底材的轻微差异，常用于旧建筑整修；遇潮呈碱性，故有防霉抗菌效果，特别适合用于潮湿的空间，如浴室、地下室等地。
（RMB 48~54 元 / m^2，均不含工钱，图片提供 _ 自然材）

2 可适用于墙面与天花，其中所用的黏结剂来自于纯天然植物性蛋白，因为含有大理石粉的成分，所以呈现自然柔和的白色调，完全不含钛白或漂白剂。
（RMB 40~54 元 / m^2，均不含工钱，图片提供 _ 自然材）

※ 以上为参考价格，实际价格会因市场而有所变动

这样保养才用得久

1 颜色不褪好清理
这类涂料几乎都是半永久性，可以维持长时间颜色不褪。平时以清水擦拭即可。

2 小刮痕轻松修补
用较细的砂纸（200 号）轻轻磨去脏污或细微刮痕

3 剩余涂料用很久
只要把剩下的涂料密封起来，勿使沾到湿气或水，通常可以保存很久。

搭配加分秘技

利用光线展现石灰光泽
灰泥因为具有反射光线的作用，细微的结晶结构造成了独特的石灰光泽效果，呈现出自然而高雅的风格。

图片提供 _ 自然材

特殊装饰涂料

以假拟真效果佳

30 秒认识建材

| 适用空间 | 所有空间适用
| 适用风格 | 各种风格适用
| 计价方式 | 以 m^2 计价（连工带料）、以罐计价（不含施工）
| 价 格 带 | RMB: 203~339 元 / m^2（连工带料）
| 涂刷面积 | 约 5m^2 / L
| 产地来源 | 德国、日本
| 优 点 | 质感独特，耐清洗，防水
| 缺 点 | 价格偏高，DIY 难度高，最好由专业人员施工

Q 选这个真的没问题吗

1 立体的纹饰图案看起来施工复杂，可以在家里自己 DIY 做出来吗？ 解答见 P.184

2 家里没有预算装设大理石，改用仿石材的涂料是不是会比较省钱？ 解答见 P.183

3 这种装饰涂料的材质成分为何？时间一久会不会褪色？ 解答见 P.183

特殊装饰的涂料扭转了人们对涂料颜色的印象，不仅在色彩上多了仿木纹、仿石材的色调，还出现了立体的纹饰涂料，让居家空间更添趣味。

特殊装饰的涂料属于可厚涂的涂料，成分各有不同，通常可通过不同的涂刷工具，呈现立体的砂纹、仿石纹、清水模等效果，甚至做出仿木纹、布纹或纸纹的仿饰漆效果。

仿石材效果的特殊涂料产品，多为天然石粉、石英砂，经高温窑烧（600℃ ~1800℃）而成之有色的瓷器骨材，以专业的喷漆施工后会呈现仿花岗石、大理石的漆面效果，色泽自然柔和，不会色变或褪色。不仅可用于户外壁面，也有很多人用于室内，营造特殊情境。

而涂料成分可分成水性或油性合成树脂类、环氧树脂类，有的还通过绿建材健康标章。非常耐候耐污又防水，使用在室外至少可以维持 10 年以上。若用于室内，少了日晒雨淋往往比户外更持久。

另外，也有成分为无机的矿物特殊涂料，可以深入矿物底层，与石质建筑物表面合为一体，涂刷之后可以做出类似石雕效果，非常经久耐用，而且无法燃烧，即使高温也不会产生有毒气体，同时具有“高透气”、“高透湿”的特性，能克服台湾高温潮湿所引起的壁面油漆起泡、剥落，以及白华、长霉等问题。

图片提供 _ 鼎磊涂装

种类有哪些

1 天然素材纹路

有岗石、砂壁等仿天然石材的纹路图案，还有的仿清水模系列，创造自然质朴的清新感。

2 立体纹饰

可利用工具进行涂刷呈现特殊刷纹，让墙面更富变化性。

这样挑就对了

1 亲看实景

因为此类涂料无法就漆本身判定好坏，最好找有信誉的厂商，亲自观察他们做出来的实景，这样比较有保障。

2 选择有信誉的厂商

良好的厂商会提供完善的售后服务，若漆面有小瑕疵可以立即修补。

这样施工才没问题

1 准备适当工具，可自行 DIY 涂漆

只要能运用适当的涂刷工具，例如镘刀、抹刀以及特殊的爬梳工具，立体纹饰漆往往可以创造出非常独特的艺术效果，有些厂商提供教学体验，可学习涂抹技巧。而需要使用高压喷涂工具的石头漆，则不建议自行 DIY。

2 施作面积较大或户外墙面的工程，建议交由专业工匠来进行

若想在室外涂刷天然素材纹路图案，由于涂刷工程较复杂，DIY 难度高，建议选择专业的施工团队。若想涂在室内，过程简单 DIY 较容易，可在已上漆的墙面上施作，但若有壁癌问题须先处理。

监工验收就要这样做

1 施工前壁面需平整

须注意壁面平整度、干燥度。

2 施工中浓稠度适中

需注意着料之浓厚度与材料垂流现象，还要留意成品颜色。

3 施工后注意细致度

需注意成品表面细致度，须有各层施工照片及与原先提送样品做比对。

达人单品推荐

1 ITLIA DUE
多彩纹理漆

2 仿清水模系列

3 砂岩系列

4 凯恩
天然无毒涂料

5 ITLIA WOW
雪花质感装饰涂料

1 涂料内添加珍珠微粒，无须使用特殊的刷具，只要在墙面刷上就能创造细微珠光的细致色泽，为空间增添高贵雅致的氛围。
（RMB: 398 元 / 一立装，图片提供 _ 永记造漆）

2 素颜的清水模风貌具原始明净的质感，这款涂料是水性绿建材，不但不会散发有毒气体，且防水耐清洗，原色色彩历久不衰。
（约 RMB: 340 元 / m²、连工带料，图片提供 _ 鼎磊涂装）

3 能展现出自然岩壁般的多面立体层次及色彩，质料轻又不易剥落。可以曲绕施工，使建筑外观呈现整体感。
（约 RMB: 203 元 / m²、连工带料，图片提供 _ 鼎磊涂装）

4 特有的结晶性质，具有高度的透气性。遮盖性佳，修补或更新时可以直接涂刷，省时又省工。
（RMB:895 元 / 5L，图片提供 _ 交泰兴）

5 轻轻刷上就能展现如云彩般的纹路，多层次的色彩让墙面更丰富，呈现独特迷人的视觉效果。
（RMB: 246 元 / 一立装，图片提供 _ 永记造漆）

※ 以上为参考价格，实际价格会因市场而有所变动

搭配加分秘技

这样保养才用得久

若成分为矿物，则好清理保养
若为矿物成分、灰泥成分者，耐候性佳，不易因日晒雨淋而龟裂，因此没有清洁维护上的问题。尤其是有些厂商推出的矿物涂料，修补时只需直接涂刷而不需将旧漆刮除，维护更为便利。

图片提供＿六相设计

以素材原始样貌强调空间个性
木材的自然纹路让墙面表情变得丰富，而以清水模涂料处理过的墙面，呈现质朴的水泥质感，恰好呼应空间不造作、自然调性。

创造仿清水模的日式风格
自日本流传到台湾的清水模带给人沉稳的感觉，受到越来越多人的欢迎。墙面利用特殊装饰涂料加工，不用花大钱就能拥有仿清水模的效果，既省时又省钱。

图片提供＿鼎磊涂装

特殊用途涂料 NEW!
涂鸦记事超实用

30 秒认识建材

适用空间	客厅、餐厅
适用风格	各种风格适用
计价方式	以罐计价
价 格 带	RMB: 45 ~ 783 元
涂刷面积	6 ~ $10m^2$ / L
产地来源	中国台湾、丹麦等
优　　点	可在墙上书写记事，实用性十足
缺　　点	早期多为油性涂料，含甲苯材质，对人体有害

Q 选这个真的没问题吗

1 黑板漆的种类有哪些？要怎么选才对呢？ 解答见 P.187

2 黑板漆只有绿色的看起来好单调，有没有其他选择呢？ 解答见 P.186

3 可以自己涂刷黑板漆吗？要怎么施工才不会出错呢？ 解答见 P.187

油漆除了可为空间上色，创造多彩缤纷的居家氛围外，目前也发展出不少具有特殊用途的涂料，像是可记事书写的黑板漆和白板漆，或是可吸附磁铁的磁性漆，可让墙面不只可作为装饰，也能具有多重使用功能。

早期常见的黑板漆、白板漆多为油性，成分包含特殊树脂、耐磨性颜料、调薄剂等，由于油性涂料中含有甲苯，对人体有害，再加上环保意识抬头，现今已有业者引进以水性为主的黑板漆和白板漆，除成分具水性漆特性外，也拥有耐摩擦的特性，重要的是还符合健康环保概念。

而磁性漆目前也使用水性低气味树脂配方，不添加有机溶剂没有刺鼻味，高科技磁感性原料经过特殊处理不会生锈，可让墙面保持历久不衰的磁性，就算是长期重复吸附效果依然不减退。而白板漆为半透明乳白色，干燥后成为透明的表面，因此不会遮蔽墙面原有的色彩。

黑板漆除了常见的黑色、墨绿色之外，现今已突破色系上的限制，也可依所选颜色进行调色。运用在居家空间中，多半是使用在墙面或木材表面上，例如柜面、门片等，但使用的底材也有所限制，比如金属与玻璃无法完全吃色，建议尽量少使用于这两种材质上。

图片提供_明楼室内装修设计有限公司

种类有哪些

依照种类，可分成黑板漆、白板漆和磁性漆。

1 黑板漆

早期多为油性黑板漆，添加了对人体有害的甲苯，而目前则改良为水性的环保涂料，稳定性和耐久度高，改善了油性漆的缺点。

2 白板漆

为水性材质的半透明涂料，可施作于各色的墙面。

3 磁性漆

多为无添加有机溶剂的水性涂料，搭配特殊磁感性原料，借此创造可吸附的磁性。

这样挑就对了

1 观察外观是否有明显破损

拿到漆料时，要注意罐身是否有破损或裂开。

2 注意成分标示

尽量选择水性的漆料，它无甲苯的成分，在使用上较为安全。

这样施工才没问题

1 可利用滚轮或喷涂方式施工

黑板漆的粉刷方式，一般而言，像是 DIY 族群或请油漆师傅施作，多使用滚轮或刷子来进行刷涂；另外一种则是较为专业的施作方式，称之为喷涂施工，常见于粉刷学校黑板。

2 涂刷前墙面需整平或保持干净

涂刷时，记得在被涂面上的灰尘与粉笔灰等，必须先清除干净，否则会造成表面微微凹凸不平的情况。建议以滚轮涂刷较为理想，可让涂料均匀分布之外，平整性也较佳。

3 建议涂刷两道以上

不论是黑板漆、白板漆还是磁性漆，建议都要涂刷两道以上才具有效力。磁性漆的磁性属于加乘效果，漆膜厚度直接影响成效，因此施工越多道，磁铁吸附性越佳。

4 涂刷时需给予干燥时间

涂刷完磁性漆和黑板漆，需干燥 4 小时以上，再进行第二道涂刷，且若气候潮湿，等待的时间需要更久。而白板漆只需等待 2 小时，即可进行第二道。

5 黑板漆、磁性漆、白板漆的施作顺序

若要有磁性和黑板的效果，先刷磁性漆，再上黑板漆。要注意的是，磁性漆完成后的表面会有些许不平，建议先以补土薄薄一层使其平整后，再涂刷黑板漆。若是要有磁性和白板的效果，则顺序为磁性漆、乳胶漆、白板漆。

6 给予半天至一天的干燥期

施涂后，被涂面必须等 12 ~ 24 小时干透后才能使用。建议干透后让它静置 2 ~ 7 天后再使用，可让整体效果、质感更加稳定。

监工验收就要这样做

1 表面需均匀平整

观察漆料上色是否均匀以及平整。

2 以磁铁测试是否有磁性

在磁性漆干燥后，可先用磁铁测试吸附力，确认是否达到需求。

这样保养才用得久

1 避免尖锐物刮擦

黑板漆的特性与一般油漆相同，使用时尽量避免用尖锐物去刮它，清洁保养时用湿布擦拭，即可将字迹、图画给清除干净。

2 使用低粉尘的粉笔

在涂写时，建议可使用低粉尘的粉笔，较不易有粉尘产生，在擦拭时也更好清理。

达人单品推荐

1 水性白板漆

2 水性磁性漆

3 Flügger Dekso5 水性多彩黑板漆——纯白色

1 无有机溶剂的水性涂料，有效维持居家健康，涂刷在各式墙面上皆可摇身一变成白板墙面。
（RMB: 296 元 / 一立装，图片提供 _ 永记造漆）

2 搭配高科技的磁感性原料精制而成，不会生锈以及磁性永久留存的特性，空间更具多重使用和便利。
（RMB: 268 元 / 一立装，图片提供 _ 永记造漆）

3 可依需求调色，是 FlüggerDekso5 水性多彩黑板漆的时色之一。
（3L，RMB: 672 元，产品提供 _ Flü gger，摄影 _ 叶勇宏）

※ 以上为参考价格，实际价格会因市场而有所变动

第 9 章

在墙面展现风格和品位

壁纸

一般俗称“壁纸”的壁面装饰材，是由面与底两部分组成的。若由面来区分，大致可分为壁布、壁纸两大类，底部则有纸底材或不织布底材等。然而现代科技推陈出新，无论是表面材质的装饰艺术愈益精湛，在健康、环保、安全、耐用性等实用价值上，亦不断技术突破，满足时代追求的视觉风格，与体贴人性化的产品性能设计为诉求。现在的壁纸质料不一定是纸，可取材自大自然，如树枝、草编、麻绳、木皮等，也可以是皮革、布料，或混搭石材壁砖，不同的材质花色互相搭配，可以让空间更有质感更有变化。

受限于壁纸的大面积及制式，国外的居家设计流行起所谓的“壁贴”，简单地说它其实是一张大型贴纸，高度100~200cm，只不过利用特殊胶水，做成能贴在墙面上但又不破坏墙面的艺术贴纸，来装点局部墙面。

在居家的壁纸采购上，除了可以依照家中的使用特性，挑选较为容易清洁擦拭、耐刮磨、防水、阻燃、吸音等效果外，还能依照喜欢的空间气氛，依照需求尺寸搭配出简单素雅，或华丽高贵等空间情境。

种类	壁纸	壁布	壁贴
特色	可分为面材和底材，面材大多以印刷图案为主。底材材质则分成PVC、纯纸和不织布等。	面材以棉、麻等织品为主，底材材质则和壁纸相同。	材质为不透明的塑料，防水耐脏，本身就有黏性，无须另外上胶。
优点	样式选择多，可随时更换，改变居家风格	具有织品布纹的质感	可发挥创意，自行随意组合
缺点	不适用于浴室等潮湿地方	价格稍贵	复杂且细致的高级壁贴须由专人施作
价格	RMB: 1567~2620元 / 码（进口壁纸）	RMB: 1120~2798元 / 码（进口A级壁布）	RMB: 223~3358元 / 组

设计师推荐
私房素材

摩登雅舍室内设计 · 王思文推荐

图片提供＿摩登雅舍

1 壁布 · 质感佳且好清理：根据经验来看，虽然价格上壁布比壁纸稍贵，但同色系的壁纸和壁布相比，壁布的质感更佳，且近几年壁布的防潮和防污处理越来越好，平时用小毛刷清洁脏污处即可，相较于壁纸更好清理。

图片提供_雅致室内设计配置

摩登雅舍室内设计 · 王思文推荐

2 **壁贴 · 快速营造风格：**一般如果要加强空间的风格氛围，利用壁贴是最快的，而且壁贴的使用范围广泛，除了墙面，屏风、玻璃等材质都可使用壁贴营造特殊风格。价格也很平价大众，不过建议由专人粘贴较佳，这样品质较有保障。

图片提供_摩登雅舍

壁纸
快速打造美丽墙面

30秒认识建材

| 适用空间 | 客厅、餐厅、书房、卧室、儿童房
| 适用风格 | 各种风格适用
| 计价方式 | 以卷计价或以码计价
| 价 格 带 | RMB 1567～2620元 / 码（进口壁纸）
| 产地来源 | 欧洲、美国、日本、中国
| 优 点 | 样式选择多，可随时更换，改变居家风格
| 缺 点 | 不适用于浴室等潮湿地方

Q 选这个真的没问题吗

1 纯纸壁纸和PVC壁纸有什么不同吗？哪种比较好贴又好撕？ 解答见P.191

2 通常一卷壁纸可贴多大的面积？家里总共3坪左右的墙壁要贴，买几卷才够呢？ 解答见P.190

3 贴壁纸时，通常要注意什么才能贴得漂亮？ 解答见P.191

壁纸的结构可分成表面与底材，底材又可分为3大类：PVC塑胶、纯纸浆与不织布。自从20世纪80年代塑胶工业兴盛之后，PVC壁纸几乎占据80%的市场。不过，现今全球建材界正在刮起一股环保风，可回收、再生的纯纸浆与不织布的品项明显增多，消费者的选择也跟着变丰富了。还有，自然纤维的话题仍持续发烧，厂商们甚至利用古老的技术，重新赋予时尚的面貌。

通常一卷或一支壁纸大约长10m、宽53cm，但由于对花的问题，尤其是间距较大的图案（也就是大花），由于接缝处必须考虑到左右两边的图案能否衔接，往往得裁切掉不少壁纸。至于小碎花的壁纸，就比较没有这方面的问题，因此一卷或一支壁纸，通常可全部利用贴到将近4㎡左右。

图片提供＿雅致室内设计配置

种类有哪些

壁纸的底材材质可分为PVC塑胶、纯纸和不织布。

1 PVC塑胶

PVC底材过去非常普遍，主要是因为施作方便，耐久性强。但在环保意识高涨的现代，含有毒物质的PVC未来将逐渐被淘汰，在材质上也有新的变革，出现所谓环保塑料的产品，对环保较有帮助。

2 纯纸

纯纸是传统壁纸的主要底材，对于贴附于特殊造型例如弧形等设计，使用纸质底材的服帖度较好，然而纸浆价格愈来愈昂贵且稀有，是目前最大的隐忧。施作时可直接在底材上浆再贴附于墙上。

3 不织布

用来取代纯纸底材的不织布，孔隙较大，因此吸收糨糊的速度也较快。目前国内进口壁纸大都采用欧洲进口，因为欧盟规定，壁纸已不用油性油墨印刷，而采用水性油墨，孔隙较大的不织布底材，施作时改将糨糊上在墙上，再贴附，避免吸水渗透到面材上。在新旧壁布更换时，不织布背材的壁布可整片撕下，比纯纸背材更换速度快且方便。

这样挑就对了

1 大花图案的壁纸，以素色饰材搭配调和

客厅里只要一面主墙采用大型图腾即可，其他墙面贴上小碎花、素面或条纹的壁纸，可突显视觉焦点。

2 花色强烈的壁纸，建议搭配同色系的家饰

若墙面贴了花色强烈的壁纸，建议该空间陈列的家具、家饰或艺术品，最好为同色系的素色品。还有，壁纸的花纹如果很显眼，窗帘布就建议挑选素一点的花色。

这样施工才没问题

1 贴上前先处理好墙面漏水、壁癌等问题

所有的壁纸在贴上墙面之前，一定要先处理好墙壁的漏水，甚至是壁癌等问题，这样才不会因渗水导致壁纸损坏。

▲ 善用壁纸能营造温暖乡村风格，欧式乡村多为花草藤蔓等植物图案，英式风格则使用格纹或条纹图案。

2 施工顺序应排在最后

壁纸的施作通常是各项工种的最后一道手续，必须各工种都退场了才能施作，否则很可能因为木作碎屑破坏壁纸的平整度，出现突起的瑕疵。

3 墙面需平整

贴纯纸的壁纸，最重视壁面的平整度。由于墙面的缝隙、孔洞有很多是肉眼所无法辨识，所以要事先处理墙面的凹洞、裂缝，这样才能延长壁纸的寿命。若是自行DIY，刷上一层油漆（一般油漆即可）就能让壁面更光滑；通常，贴壁纸的专业师傅也会帮你重新批过一次土。让墙面更平整，成功概率会更高。

4 计算好壁纸数量

对外行人来说，难度较高的环节应该算是事前估算所需的壁纸数量了！计算时，必须考虑到接缝处是否要重叠、图案的对花等问题。

监工验收就要这样做

1 目测壁纸是否平整、对花是否正确

从正面和侧面观察壁纸是否平整，有对花需求的壁纸，须切实对花。纯纸壁纸会因上浆前后及厚薄，影响吸收水分的速度，造成不同程度的胀缩而影响对花的准确性，经验不足的师傅，甚至可能因接缝处理不当而让底墙露出。

2 检查壁纸接缝是否出现毛边

壁纸的接缝应位于不易察觉的地方，在施作时应处理得当。若光源从侧面进入，会让接缝变明显，因此在贴壁纸前做好放样，将灯光安装好。此外，若接缝出现毛边，很可能是施工时裁切不当，也须特别注意。

达人单品推荐

1 Lustre Tile
（彩釉砖）

2 Ivy Leaf
（常春藤叶）

3 Kantu

4 苔丝碧
（TESPI）

5 Spark
（火花）

1 制在金属箔层且带有数层半透明墨印上，表面呈现细微裂纹。经由不同的角度，会呈现不同的颜色，相当特殊，华丽中带着脱俗气质。
（尺寸店洽、RMB:783～1488元，图片提供_雅致室内设计配置）

2 灵感源自18世纪的灰塑。将湿润的石膏浆涂抹在叶片上，创造出完美压痕。经过镀金、描绘，便产生了无可取代的设计。此款可呈现立体感，让墙面更有层次。
（尺寸店洽、RMB:783～1488元，图片提供_雅致室内设计配置）

3 有着小银杏叶图案，图案部分是类似金属色上色，带点淡淡的珍珠粉亮点，既个性又有魅力。
（尺寸店洽、RMB:560～728元，图片提供_雅致室内设计配置）

4 设计灵感来自米兰古老的面料品牌Fortuny经常使用的椭圆形锦缎图案，采用圆网印刷方法，油墨呈突起效果，华丽的天鹅绒表面呈现出金属色泽。
（尺寸、价格电洽，图片提供_雅致室内设计配置）

5 源自20世纪90年代早期档案史料的Essex & Co.的设计，以金属墨迹、釉面裂纹、箔底等元素，呈现简约的几何设计。
（RMB:783元起，图片提供_雅致室内设计配置）

※以上为参考价格，实际价格将依市场而有所变动

这样保养才用得久

1 建议3天内不要开冷气

一般而言，3天内就可看出贴得平整与否。由于冷气较干燥，容易导致壁纸背后的黏胶“干裂”。所以，贴上纯纸壁纸后最好3天内别开冷气！让刚刮好的批土与刚贴上去的壁纸在自然状态下风干，这样就可让壁纸的寿命更长久。

2 建议不可用力刮擦表面

壁纸表面粘贴的金属沙或琉璃珠，牢固度其实很高，并不容易掉落。但这种壁纸会略带厚度，施工时特别要注意，千万可别折到，否则易产生折痕。至于施工与后续的保养，与一般壁纸相同。平常也不用刻意去抠壁纸或用力地擦刮。

搭配加分秘技

运用两种图案界定使用空间

壁面分别使用条纹和点点的壁纸，空间变得更活泼，同时也界定出不同的空间领域。

图片提供_IKEA

图片提供 _ 森林散步工作室

丰富墙面与生活感

过道以实木条作为储藏空间，并贴上树林壁纸注入清新，充满自然的图案增添了空间暖度。

壁纸加手绘图案立体化

客厅主墙的花朵壁纸带有水墨风格，却不够鲜艳，另以手绘画上彩色花朵，让图案显得更立体，却又不冲突。

图片提供 _ 摩登雅舍

壁布

让墙面有布料质感

30秒认识建材

| 适用空间 | 客厅、餐厅、书房、卧房、儿童房

| 适用风格 | 各种风格适用

| 计价方式 | 以卷计价或以码计价

| 价 格 带 | RMB: 1120～2798元 / 码（进口A级壁布）

| 产地来源 | 欧洲、美国、日本、中国

| 优　　点 | 具有织品布纹的质感

| 缺　　点 | 价格稍贵

Q 选这个真的没问题吗

1 壁布和壁纸有什么不一样？想知道这两种的差别为何？ 解答见P.194

2 壁布和壁纸的贴法都一样吗？有没有特别需要注意的地方呢？ 解答见P.195

3 壁布的价钱比壁纸高，那质感看起来有差别吗？ 解答见P.194

过去壁纸与壁布是壁垒分明的二分法，壁纸以纸浆制品为主，壁布的面材则为织品，但两者都有背材可用糨糊与白胶粘贴于墙上，背材则分为PVC、纯纸，以及用来取代纸质背材的不织布。

柔软的布匹很难固定于墙上，壁布的产生，主要是为了方便将棉、麻、丝等织品的质感与触感用于墙面装饰，与壁纸最大的不同，就在于棉、麻、丝，甚至人造丝等织品所造成的视觉效果，可完整呈现布料的温润感。因为印刷限制，幅宽53cm以下的就是壁纸，大于53cm的就是壁布。

因为日新月异的技术与设计，许多过去不可能出现的材质例如羽毛、贝壳、树皮等也被用于墙面装饰，并且使用了和壁纸、壁布工法相近的施作手法，让特殊壁材成为非常另类的时尚壁材。

图片提供：安得利采轩

种类有哪些

壁布和壁纸的底材材质相同，使用PVC、纯纸和不织布。通常在面材的呈现上，以棉、麻、丝天然材质为多，有些甚至使用树皮和植物毛毡等制作。

这样挑就对了

1 依不同空间尺度选择花色

大空间选用大型图案或花色，小空间适合较小的图案；高度不足的空间，可用垂直线性图案让空间在视觉上向上延伸；宽度不足的空间，则可利用横向延伸的图案让空间放大。

2 请设计师与厂商提供专业建议

挑选花色，与个人喜好有关，但一般人从壁布的样张往往无法体会实际施作后的全貌。如果已找设计师规划空间，可将花色的挑选委由设计师搭配，若要自行选择，可找经验丰富信誉良好的壁布厂商给予专业建议。

3 有特殊需求可询问专业厂商

消费者对壁布材质了解不多，大部分以花色挑选为主。壁布的施作，通常也委由专业工匠处理，鲜少以DIY形式施作。挑选壁布时，可请厂商解说不同材质（包括面材与底材）在效果与施作、使用上的差异。

这样施工才没问题

墙面需干净平整

壁布通常比壁纸来得薄、软，贴合时须注意壁面是否干净、平整，并需视贴合面的材质来调整底部处理方式。若要自行DIY，建议在施工之前向壁布专业厂商请教。

监工验收就要这样做

目测壁布对花是否准确

有对花需求的壁布，必须切实对花。但部分图案太过细碎的壁布，无法精准对花，如果无法接受这样的状况，挑选壁布时须特别注意。

这样保养才用得久

注意空气流通

若选用木片、竹片、丝等天然材质的壁布，虽然表面以施作防护措施，还是应多加注意室内空气流通，延长使用期限。

达人单品推荐

1 Alina brown

2 Magnetism

3 Denim

1 花朵一向是最受欢迎的图案，精致的布线完美展现花之美。
（90cm × 90cm、RMB 680元，图片提供 _ 安得利采轩）

2 添加了金属粉与乳胶制作的壁布，可用强力磁铁吸附纸张与照片，既不会破坏墙面，又能达到随手布置空间的实用机能，非常适合用于玄关、儿童房与厨房。
（幅宽132cm、RMB 1925元 / 码，图片提供 _ 安得利采轩）

3 棉质牛仔布料，以石洗处理，让壁布增添仿旧的时尚感，带出年轻的活力。
（幅宽137cm、RMB 1544元 / 码，图片提供 _ 安得利采轩）

※以上为参考价格，实际价格将依市场而有所变动

搭配加分秘技

相同系列，不同图案的创意拼贴
同一系列的壁布，往往会推出素色及不同图案、花色的壁布，通过有计划的创意拼贴，能够创造出与众不同的视觉效果。

不只贴在墙上，还能修饰结构梁
把单色、花卉、条纹等不同的纹理，用于不同的墙面上，甚至连结构梁都贴上壁布，达到空间修饰与美化的效果。

壁贴
局部装点活泼墙面

30秒认识建材

| 适用空间 | 客厅、餐厅、书房、卧室、儿童房
| 适用风格 | 各种风格适用
| 计价方式 | 以组计价
| 价 格 带 | RMB:223~3358元 / 组
| 产地来源 | 欧洲、韩国、中国
| 优　　点 | 可发挥创意，自行随意组合
| 缺　　点 | 复杂且细致的高级壁贴须由专人施作

Q 选这个真的没问题吗

1 在家自行贴壁贴时有什么需要注意的地方吗？ 解答见P.198

2 更换壁贴时，墙上的漆也会一起掉落，要怎么做才不会破坏壁面呢？ 解答见P.197

壁贴的缘起，是英国设计师把废弃不用的壁纸裁切成小块图案而发展出来的，之后的材质主要以高级不透明的塑料材质为主，防水耐脏，本身就有黏性，无须另外上胶。

很多人对壁贴的使用有误解，认为可反复贴在不同地方，实际上壁贴的胶在刚贴上时，若贴错位置，且贴在平滑的玻璃、瓷砖上，的确可撕下换贴在别处，但当胶定着后，若从墙上撕下，就会把日久且已粉化的漆一并撕下来。壁贴贴好后通常必须把表面的透明层撕掉，重复贴就无法确保其平整度。

若想更换壁贴，可用吹风机把壁贴吹热，背胶吹融就不容易留下残胶，年代久远的残胶，则可选购专用的去胶产品去除。

自从法国Domestic开始生产壁贴后，可动手DIY布置的造型壁贴，立刻引起注意。对于想要时常更换住家布置以及喜欢创造独一无二空间的年轻族群，价格实惠、施工容易的壁贴已成热销商品，甚至大卖场、路边摊都可买到壁贴。然而细致而繁复的高级壁贴，建议还是由专业师傅施作，否则效果会大打折扣，甚至失败。

图片提供 _ ligne roset

种类有哪些

依照表现手法来看，从平面印刷到现在可涂色的石膏壁贴、以羊毛毡做成的立体壁饰，壁饰的发展越来越多元，都让空间更增添变化。

1 石膏壁贴

石膏壁贴是划时代的创新产品，完全素白的石膏表面，带有伯利恒星等大小造型，图案间距最大的为17.5cm，可任你自由涂出属于自己的花色。

2 羊毛毡壁饰

可自由组合的羊毛毡Clouds壁饰，凹凸的折叠带有光影变化，可挂在墙壁也可充当隔间墙。

▲表面为石膏的壁贴，可自由上色。

这样挑就对了

依照喜好挑选

壁贴的用途是最广泛的！凡是光滑的表面，都可以贴上壁贴。像是厨房墙面上的瓷砖、客厅落地窗的玻璃、浴室的浴缸、小孩房双层床铺的床板，甚至汽车的挡风玻璃、机车的车身全都可以让你自由地应用。

这样施工才没问题

1 贴合面要干净

贴上壁贴时，必须要让贴合面干净、平整，建议用湿布擦干净要贴合的地方，待干燥后，再将壁贴贴上去。若不小心贴歪了，大部分的壁贴底胶可容许重复撕除、贴覆，无须担忧。

2 石膏壁贴的施作方法

这种壁贴的底材为环保纸张，基本上，施工方式与一般的纯纸壁贴相同。然而，由于表面的石膏层还带有立体凹凸，较有厚度，除了黏胶比例要调整正确，让壁贴贴合度够稳固，施工时也要注意别折到、刮到。若有脏污，拿干净的湿布擦拭，否则，容易吸收液体与颜色的石膏表面，可是会照实地留下污渍喔！多半的图案需要对花，拼接时最好注意对花的问题。至于DIY涂色，只要是石膏能吸收的涂料都可以使用，就连一般的水彩颜料也OK！

监工验收就要这样做

注意表面是否平整

若有浮起或凹凸的感觉，会影响整体美观，可撕下来重贴。

这样保养才用得久

1 石膏壁贴的维护

由于石膏已经涂上各种颜料，不建议再用湿布擦拭；若要维持壁纸的清洁与洁白质地，建议用吸尘器清除凹缝中的灰尘即可。

2 以清水擦拭即可

壁贴和一般壁纸的清洁方式相同，若有脏污，以拧干的湿布擦拭，即可去除脏污。

达人单品推荐

1 Harlequin
方块壁贴

2 HOME COLLECTIONS RS5413907391839

3 Domestic-NARCISSE自恋-镜面系列

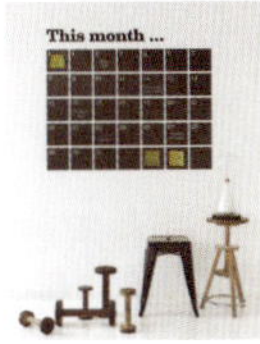

4 Calendar
月历

5 Creative Stickets for kids

1 轻易撕黏的方块壁贴，可依喜好排列组合位置，创造个人专属的墙面表情，方便轻松变化的特色，则能随时维持空间的新鲜感。
（RMB: 555元，图片提供_Design Butik集品文创）

2 相框式的壁贴可随意填入喜爱的照片，看起来就像是真的相框一样，成为充满趣味的墙面。
（尺寸、价格店洽，图片提供＿成亿）

3 将镜子从传统的框架中释放，用高透明度的压克力激光切割重塑成崭新的镜面，借由交错的倒影激发出各种想象的可能。
（100cm × 50cm、价格店洽，图片提供＿成亿）

4 月历造型的壁贴，不仅具有装饰作用，也能用于记事，实用和功能兼具。
（价格电洽，图片提供_Design Butik集品文创）

5 各种大小和色彩缤纷的蝴蝶图案，能创造出浪漫纷飞的春天氛围。
（尺寸、价格店洽，图片提供＿阪多）

搭配加分秘技

连续性的壁贴，串联出充满童趣的画面
在小孩房的墙面贴上一系列的造型壁贴，串出小狗相互追逐的画面，令人忍不住会心一笑，空间充满了童稚的趣味。

图片提供＿摩登雅舍

第10章

透光具放大效果的必备建材

玻璃

具有透光、清亮特性的玻璃建材，有绵延视线、引光入室、降低压迫感等效果，可以说是“放大”和“区隔”空间必备的素材之一；结合玻璃的透光性和艺术性设计，更让它成为室内装饰、轻隔间爱用的重要建材。

玻璃分为全透视性和半透视性两种，能够有效地解除空间的沉重感，让住家轻盈起来，常运用在空间设计的有：清玻璃、雾面玻璃、夹纱玻璃、喷砂玻璃、镜面等，通过设计手法能有放大空间感、活络空间表情等效果；此外还有结合立体纹路设计的激光切割玻璃、彩色玻璃等。

烤漆玻璃除了用于壁面装饰外，其耐油污易擦洗的特性，成为厨房壁面、厨具面材的首选之一。

种类	玻璃	烤漆玻璃
特色	包含清玻璃、喷纱玻璃、激光切割玻璃、彩色玻璃、镜面等。清透的材质特性，是制作轻隔间常用的建材	烤漆玻璃同时具有清玻璃光滑与耐高温的特性，适合用在厨房壁面与炉台壁面
优点	. 透光效果高，具放大空间功能 . 无特殊设计者，价格便宜	. 增加空间质感 . 便于清洁
缺点	沾水易留下水垢，要时常清理	装设空间过于潮湿可能会掉漆
价格	RMB: 121~9845元 / m^2	RMB: 484~980元 / m^2

设计师推荐 私房素材

权释国际设计 · 洪桦华

图片提供 _ 权释国际设计

1 玻璃 · 百搭万用的元素： 加入玻璃元素之原件，可以让空间有拉长放大的效果，同时在许多地方，玻璃或镜子都是很好搭配的素材，例如在造型屏风使用夹纱玻璃 可以遮挡视觉但又不会完全遮蔽光线。造型墙面贴菱形茶镜，让空间借由镜面反射有放大且华丽的效果。

图片提供 _ 相即设计

森境 & 王俊宏室内设计 · 王俊宏

2 玻璃 · 放大小空间的利器：玻璃的种类繁多，不同的玻璃会有不同的使用方法，应依照空间和设计来做搭配。像是具有穿透感的清玻璃，价格低廉，具有放大空间感的功效，适合小面积的居家使用；茶色玻璃或灰色玻璃可根据整体空间的色调营造氛围。而玻璃在清洁上也相当容易，以市售的清洁剂擦拭即可。

图片提供 _ 森境 & 王俊宏室内设计

玻璃
放大空间隔间材

30秒认识建材

适用空间	客厅、餐厅、书房、卧房、儿童房
适用风格	各种风格适用
计价方式	以m^2计价
价格带	RMB: 121～9845元
产地来源	中国台湾
优点	样式选择多，可依照喜爱的风格挑选
缺点	沾水易有水渍，要时常清理

Q 选这个真的没问题吗

1 我想用强化玻璃做隔间，厚度要多少才安全无虞呢？ 解答见P.202

2 喷砂玻璃表面不光滑容易卡灰尘，有没有简单的清理方法？ 解答见P.204

住宅空间的采光是否足够，是规划设计时重要的课题，而玻璃建材绝佳的透光性，在做隔间规划时，能更有弹性地处理格局，援引其他空间的采光，避免暗房产生，让它成为空间设计中相当重要的一种建材。

若欲以玻璃取代墙面隔间，一般制作玻璃轻隔间需使用5cm厚的强化玻璃。具有隔热及吸热效果的深色玻璃为许多高级住宅所采用，在两片玻璃间夹入一强韧的PVB中间膜制成的胶合玻璃，具有隔热及防紫外线的功能，还可以依不同的需求配合建筑物的外观，选择多样的中间膜颜色搭配。

运用在装饰设计上，玻璃还可利用激光切割手法创造艺术效果，或是选用亮面镀膜的镜面效果放大视觉上的空间，而丰富多元的彩色玻璃，也是营造风格的利器。

图片提供＿博森设计工程

种类有哪些

1 清玻璃

清玻璃是玻璃类建材最普及、经济效益最高的基本产品，每平方米RMB: 121～363元。透视性百分之百的，让人的视觉可以毫无受阻地穿透。大量被使用在室外与室内的门、窗、桌面、壁面等。但隔热效果差，外层需再贴覆隔热膜。若使用清玻璃制作轻隔间，建议使用强化玻璃，厚度最好超过5cm以上。

2 胶合玻璃

利用高温高压在两片玻璃间夹入树脂中间膜（PVB），并再加上纱、铁纱、宣纸、布料等中间材，若夹入一片纱状物质就称为“夹纱玻璃”。

由于内部的胶膜具黏着力，玻璃破损后碎片能不飞散，因此安全性增加。而三明治式的胶合玻璃亦具隔音隔热效果，常被运用在受光受风面。

相较其他玻璃制品，胶合玻璃的价位较高，标准品每平方米约RMB: 495元，若使用特殊胶模与中间材，价位还会更高。

3 喷砂玻璃

可分为两种形式，一种是将整片清玻璃喷砂，呈现出雾面质感，也就是俗称的雾面玻璃。另一种则是先在清玻璃上以卡典西德自粘贴纸贴好图案后再喷砂，呈现出花纹造型。

同时具备透光性又有视觉隐秘效果，因此可作为空间屏障、创造雾面神秘的视觉感受，又能保持透光宽广感。但喷砂玻璃的喷砂面容易残留灰尘，用干布擦拭亦可能留下毛屑。因此在挑选喷砂玻璃时，可以选择防污或无手印处理产品，降低清洁的难度与时间。好的喷砂玻璃每平方米价格RMB: 495元。

4 激光切割玻璃

也就是雕刻玻璃，透过激光将设计好的构图切割出图框，使玻璃能表现凹凸立体与画面感，创造出艺术画作般的效果，常用在玄关端景、隔间处理、壁面与门之物件装饰等。

验收雕刻玻璃成品时，需特别注意成品的完整性，激光切割雕刻的部分是否平滑细致，图案是否有缺损。价位带每平方米为RMB: 363～737元。

5 彩色玻璃

并非常见的平板玻璃形态，而是结合一些玻璃创作加工，改变玻璃形态，使得平板玻璃加工出各种凹凸有致、色彩各异的艺术效果，运用特殊的制作方法将玻璃上色。多运用在壁面、门片、柜面、桌面，加工之后也能成为灯饰、门把等，运用范围相当广泛。一般常见厚度为8～10mm。

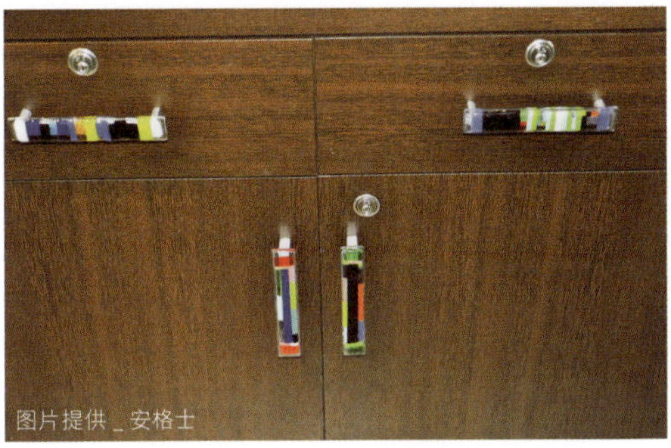

▲ 门把以彩色玻璃制作，让原本单调的门把更有趣味。

彩色玻璃随各家厂商玻璃材料、技术工法、制作时间长度的不同，价格也有所不同，每平方米RMB: 2453～9845元，由于价差较大，建议施作前可多询问比价。

6 镜面

将含有银微粒或是铝微粒的亮面镀膜，使用在茶色玻璃上就称为“茶镜”，用于黑色玻璃上就称为“墨镜”。镜面玻璃有放大、增加视觉空间的效果，与单色烤漆玻璃不同，镜面玻璃有镜子的倒影效果，因此可以创造视觉假象，感觉空间更大。随着玻璃产品制作工艺的进步，镜面玻璃有走向立体化的趋势，以更复杂的切割工艺，将玻璃切割成类似立体钻石般的成品。普通镜面玻璃每平方米价格在RMB: 363～605元，特殊镜面玻璃如钛镜、钻石镜面每平方米价格分别为RMB: 858元、RMB: 1474元左右。

这样挑就对了

1 当隔间或层板时注意载重度

做隔间或置物层板用的清玻璃，最好的厚度为10mm，承载力与隔音效果较佳。10mm以下适合作为柜体门片装饰用。

2 胶合玻璃选购耐用的PVB材质

胶合玻璃的PVB材质是选购重点，需询问厂商胶材的耐用性，以防使用不久后胶性丧失。

这样施工才没问题

注意厚度

若局部墙面以玻璃作为装饰，因玻璃与瓷砖的厚度不同，在拼贴时必须留意是否平整，完工后整体才会美观。有经验的师傅在泥作打底时，会先判断两种材质的厚度再予以施作。

监工验收就要这样做

1 确实确认尺寸

玻璃的特性在于只能切小、无法变大（除非拼贴），因此玻璃建材运抵现场，首先一定要确认尺寸是否正确。尺寸若有差异，要立即要求厂商协助更换。

2 注意壁面维持水平

建议监工时拿把水平仪测量水平状况，同时注意施工时壁面一定要够平、够硬，才能支撑玻璃并且确保安全性。

3 注意整体与边角完整性

玻璃装潢验收第一要点是检查有无破损，因此先从中距离看整体完整性，接下来近距离看四周边角的完整，要做到没有破损、粘贴牢固平整才行。

达人单品推荐

1 仿古云霞系列

2 云雕——三度空间系列

3 钻石镜面

4 钛镜

1 运用特殊的黏合技术表现胶合玻璃的多样性，使表面展现有如霞光云彩般不断闪耀，令人赞叹。
（30cm × 30cm，RMB:858元 / m^2，图片提供 _ 安格士）

2 有云雕透明板、云雕镜板可供选择，提供客户自行设计图案的服务，质感更高雅容易清洁。
（30cm × 30cm、RMB:484~737元 / m^2，图片提供 _ 安格士）

3 以精准切割及研磨加工技术制造的钻石镜面玻璃，其钻石边的特色将可组合成极具立体效果，完全不同于传统平面产品，并且施工容易。
（15cm × 15cm、RMB:1474元 / m^2，图片提供 _ 安格士）

4 以钛金属镀金方式在玻璃表面上加工，呈现奢华风格。
（180cm × 240cm、RMB:858元 / m^2，图片提供 _ 安格士）

※以上为参考价格，实际价格将依市场而有所变动

这样保养才用得久

1 遇水立即擦拭避免水渍残留

厨房炉灶面板或浴室隔间若是考虑使用玻璃面板，要先有清洁保养上的认知，由于玻璃表面容易留下水渍，建议要保持干爽、用完即擦，较容易保持表面的清透感。预算足够或可选用单价较高的防泼材质。

2 避免尖锐物品刮擦

尖锐物、硬物容易在玻璃上划出刻痕，应避免玻璃被尖锐物品刮伤破坏。

3 以湿布和中性清洁剂清理

平时以干布、湿布或中性清洁液擦洗即可。若像喷砂玻璃、激光雕刻玻璃、彩色玻璃等表面凹凸不平，较容易沾灰尘，平常要以软毛刷轻刷除去灰尘。

搭配加分秘技

图片提供 _ 明代设计

叶脉纹路玻璃扶手，为空间加入森林元素
想要展现整体空间的清透感，二楼以玻璃取代栏杆扶手，并以叶脉纹路呈现，保有半穿透性而且更有安全感；而半透的叶脉纹路隐喻生生不息的自然循环。

图片提供 _ 演拓空间室内设计

天花装上镜面，放大空间感
一般天花都是加上层板即完成装修，但如果加装镜面，不仅能放大空间感，还增添淡淡的华丽气息。在餐厅的主墙面使用茶镜材质，天花板层板也同样使用茶镜来包覆，利用镜面反射特性，达到扩张视觉的效果。

以黑镜隐藏收纳，视觉不杂乱
玄关旁的鞋柜或餐厅的收纳柜，以镜子当作拉门，使整体空间一致，降低视觉的杂乱，维持一室的宽阔。

图片提供 _ 演拓空间室内设计

烤漆玻璃
耐脏耐油污易擦洗

30秒认识建材

| 适用空间 | 客厅、餐厅、书房、卧室、儿童房
| 适用风格 | 各种风格适用
| 计价方式 | 以m^2计价
| 价 格 带 | RMB:484~980元
| 产地来源 | 中国台湾
| 优　　点 | 可发挥创意，自行随意组合
| 缺　　点 | 若漆料附着性较差，则遇潮易脱漆

Q 选这个真的没问题吗

1 在厨房壁面上适合安装烤漆玻璃吗？会不会过热导致玻璃爆裂？ 解答见P.206

2 我想在厨房的烤漆玻璃上安装挂钩，可以直接钻洞吗？还是要敲掉重做？ 解答见P.207

3 我安装的是白色烤漆玻璃，为什么开灯后看会有点绿绿的，是不是拿到瑕疵品？ 解答见P.207

将普通清玻璃经强化处理后再烤漆定色的玻璃成品，就是烤漆玻璃，因此烤漆玻璃比一般玻璃强度高、不透光、色彩选择多、表面光滑易清理。在室内设计上，多使用于厨房壁面、浴室壁面或门柜门片上，也可当作轻隔间与桌面的素材。

由于烤漆玻璃具有多种色彩，又经强化处理，同时具有清玻璃光滑与耐高温的特性，所以很适合用在厨房壁面与炉台壁面，既能搭配收纳橱柜的颜色，创造梦幻厨房的色彩性，又能轻松清理油烟、油渍、水渍等脏污。

要特别注意玻璃平坦光滑的特性，可以达成无接缝的拼贴效果，但在施工前必须计算且预留插座、水管或挂件等开孔位置，完成后若需新增挂件，只能用粘贴的方式，若要重拉管线或开孔就得敲掉重做。

摄影_Yvonne

种类有哪些

1 单色烤漆玻璃

以单一颜色表现，是烤漆玻璃基本款，大面积利用可以创造整片通透的感觉。

2 金葱或银葱烤漆玻璃

除单一颜色之外还加上金或银色的葱粉，不同的葱粉可以创造出不同的光泽感。

3 不规则或规则图样烤漆玻璃

在玻璃的背面先印刷出规则或不规则的图案后再烤漆上色。比单色烤漆玻璃的设计感强，也更花哨，搭配时要能驾驭图样，才能让图样烤漆玻璃具备吸睛而不显杂乱的效果。

4 硅矿石烤漆玻璃（耐候玻璃）

漆料的附着性高，适用于潮湿环境，不会脱漆、落漆，耐用度更好。

这样挑就对了

1 注意玻璃和背漆的配色，避免色差

透明或白色的烤漆玻璃并非完全是纯色或透明，而是带有些许绿光，所以要注意玻璃和背后漆底合起来的颜色，这样才能避免色差的产生。

2 首选高附着性漆料

使用在厨房、浴室壁面的烤漆玻璃，要特别注意漆料附着强度，因为潮湿的环境会使烤漆玻璃出现脱漆、落漆，而使烤漆玻璃斑驳老旧，挑选漆料附着性高的产品，才能确保美观与使用年限。

▲烤漆玻璃可依空间实际需求调配出不同颜色，又有独特光泽感，用于墙面或空间中心，可有画龙点睛的效果。

这样施工才没问题

1 事先丈量预留螺丝孔、插座孔位置

壁面烤漆玻璃安装完成后是无法再钻洞开孔的，因此必须丈量插座孔、螺丝孔位置，开孔完成后再整片安装。

2 安装顺序需考虑

安装厨房烤漆玻璃壁面时，若壁面上已有洗碗机、抽油烟机时，必须先拆除才能安装。因此要考虑安装顺序，先装壁柜、烤漆玻璃，再装上洗碗机、油烟机与水龙头。

3 注意粘贴面的干燥清洁

粘贴柜面、门片烤漆玻璃时要保持表面干燥与清洁，先以甲苯等溶剂清洗干燥后，填贴才会更平整。

监工验收就要这样做

检查面材平整无刮伤、边角无碰撞

玻璃制品面材抵达与安装完成后，都需检查玻璃表面是否平整无刮伤、边角无碰撞。注意施工人员的仔细度，确保填贴牢固且收边完整。

这样保养才用得久

1 随手勤擦拭

近些年厨房壁面流行以烤漆玻璃作为面材，除了可以创造整片通透感外，方便清洁也是首要考量。以往的瓷砖装潢油烟油渍容易卡在拼贴缝隙间，导致清洁不易，烤漆玻璃因为面积大片且无缝，清理起来就更加方便简易。

2 干擦、清水都可以

平时使用清水或者干擦即可，更讲究一点可用玻璃清洁剂清洁，常擦就不容易留下水渍或手印痕迹。

达人单品推荐

1 多彩烤漆玻璃

2 金葱烤漆玻璃

3 不规则图样烤漆玻璃

4 止滑效果烤漆玻璃

5 硅矿石烤漆玻璃

1 单色烤漆玻璃为最受顾客喜爱的制作方式，烤漆玻璃与墙面或是橱柜颜色搭配，容易表现整体感，多用于系统厨具厨房、台面。大面积的单色烤漆玻璃，整体大方简洁，亦是最实惠的烤漆玻璃选择。
（尺寸、价格店洽，图片提供＿安格士）

2 提供五彩 / 银光 / 珍珠三种不同的葱粉，搭配单色烤漆玻璃。具有单色烤漆玻璃的好搭配的优点，又可创造出亮眼的效果，能创造低调奢华效果。
（尺寸店洽、RMB: 605～737元 / m^2，图片提供＿泰隆玻璃）

3 不规则图样烤漆玻璃，可依据设计师设计之图样特别订制，搭配不同的图样与颜色，创造独特的风格，多用于室内墙面、隔间设计。
（尺寸店洽、RMB: 1100～1474元 / m^2，图片提供＿泰隆玻璃）

4 将烤漆玻璃作为地板使用，表面以特殊石英釉漆印刷，使玻璃具备止滑效果，兼具美观设计与功能性。
（尺寸、价格店洽，图片提供＿泰隆玻璃）

5 以无机水性涂料喷涂于玻璃基材，经高温烘烤硬化。图案将呈现花岗石的立体纹路，质感佳耐湿耐候，十分适合中国台湾潮湿的气候使用。
（尺寸店洽、RMB: 858元 / m^2，图片提供＿安格士）

※以上为参考价格，实际价格将依市场而有所变动

搭配加分秘技

图片提供_明代设计

小朋友尽情涂鸦的快乐天地

与客厅相邻的游戏区以架高地坪界定区域，烤漆玻璃打造的涂鸦墙，能满足学龄前小孩的创意发挥，门片拉开之后规划为玩具收纳柜。

图片提供 _ 相即设计

极简现代设计厨房

厨房以黑色柜面铺陈，流理台壁面也呼应相同色系，选择黑色烤漆玻璃，呈现极简现代的冷硬风格。同时在地面架设 L 型嵌灯、天花板上加入长条灯带，营造设计感十足的氛围。

现代时尚的饭店式Lounge Bar

用烤漆玻璃与玻璃材质在厨房区增设吧台，并且搭配蓝色的灯光设计，到了晚上就成为饭店式的Lounge Bar。

图片提供_摩登雅舍

第11章

室内防护的小帮手

收边保养材

俗话说，“魔鬼藏在细节里”。像是硅利康、收边条、填缝剂等这些材质隐身在不起眼的地方，却是打造居家美观的重要环节之一。

许多人都知道该如何挑瓷砖，却不知道瓷砖的填缝剂如果选用和瓷砖同色，就能营造无缝光洁的视觉美感；收边条用得好，就能和瓷砖的风格调性更match；连最简单便宜的硅利康都有一些眉眉角角，有些硅利康会散发挥发性气体，再加上若不具防霉功能，则容易滋生霉菌，长期接触会引发过敏或呼吸道疾病。因此在挑选材质时，要顾及全面才能打造优质又美观的居家环境！

种类	木器漆	护木油	除甲醛涂料	防霉硅利康	收边条	填缝剂
特性	又称护木漆，能在木质表面形成一道漆膜。主要成分为树脂与颜料，可用于原木或木皮	以植物油提炼而成，可加强木质的防水及防污能力	除甲醛涂料为纯水性、无有机挥发物，原料为虾、蟹等的甲壳，可消除逸散至空气中的甲醛、TVOC等有害物质	添加防霉剂，加强防霉抗菌的功能	为瓷砖转角的收边材，室内外皆适用。可修饰美化边缘	修饰瓷砖缝隙，可维持瓷砖的稳定度，防止缝隙积累灰尘脏污
优点	保护实木家具或木作	保留木质特性又能进行保护与修饰	可去除甲醛异味，净化空气	使黏着界面获得高度的防水与气密性	施工快速、加强收边安全与精致度	修饰铺面、增强瓷砖的基底内应力而使铺面更耐久
缺点	有些涂料具挥发性，造成有害物质散播	无法遮覆木质原有颜色或缺陷	价格稍高	长期受潮会出现霉变	花色未必能完全符合瓷砖	日久可能会颜色不均
价格	RMB: 67~220元 / kg；RMB:90~1567元 / L	RMB:45~560元 / L	RMB:112~3760元 / L	RMB:11~112元 / L，特殊颜色另计	RMB:11~1343元 / L	RMB:22~112元 / L

设计师推荐 私房素材

图片提供_演拓室内设计

演拓室内设计 · 殷崇渊推荐

1 硅利康 · 便宜好用的居家常备品： 一般若要选用填补建材边缘的缝隙，使用硅利康是最快速方便的。硅利康的施工快速、价格便宜，且具有防霉功效，自行修补也很容易，是居家最常使用的建材之一。虽然以往的硅利康颜色单一，但近年来人们对于细微的美感要求越来越高，为了搭配不同的建材，硅利康的颜色也日趋丰富多元。

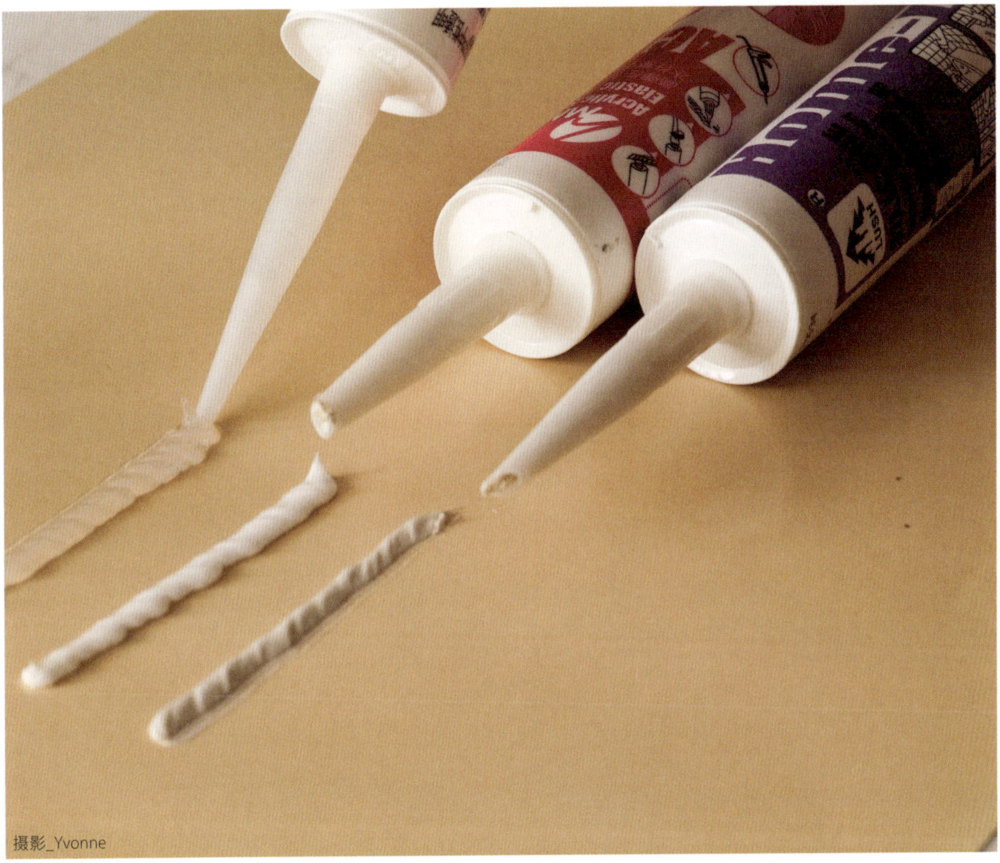

摄影_Yvonne

权释国际设计 · 洪桦华推荐

2 收边条 · 建材的最佳修饰：收边条通常会使用在两种材质交界处，让两种材质的转换不会太牵强生硬，这是美观上的考量，另外在安全考量上也会用到收边材，例如在浴室转角墙面使用，能圆饰瓷砖角度，为安全防护建材。

图片提供_权释国际设计

木器漆
让木头防水又防腐

30秒认识建材

适用空间	客厅、餐厅、书房、卧室
适用风格	各种风格适用
计价方式	以公斤或容量计价
价 格 带	RMB:67~220元 / kg; RMB:90~1567元 / L
产地来源	中国台湾、欧洲进口 （以德国为主）
优　　点	保护实木家具或木作
缺　　点	有些涂料具挥发性， 造成有害物质散播

选这个真的没问题吗

1 涂上木器漆后闻到类似装潢后的味道，这是正常的吗？ 解答见P.213

2 家里的木门涂上木器漆之前，表面需要重新打磨吗？ 解答见P.213

木器漆，又称护木漆，能在木质表面形成一道漆膜，达到防护与修饰的目的。主成分为树脂与颜料，可用于原木或木皮。依照溶剂种类，又可分成油性（溶剂型）与水性的产品。前者形成完全不透气的漆膜，遮住木质香气；后者的透气性较高，但无法像护木油一样地高度保留木纹与香气。现在亦有用天然蜡来取代树脂的蜡漆，性质介于木器漆与护木油之间；除可用于木质表面，还可涂布于金属面或人造贴皮。

不同配方的木器漆，特性不同。有些能构成极坚固防护层，有的则能高度留住原木肌理；有些颜色为透明无色或带有木头颜色的透明漆料，有些则是能100%遮覆的不透明涂料。通常，我们会先涂上分子较细小的底漆，借由渗透入木头的漆料来修饰，再刷上面漆来构成坚固的表面。面漆可展现消光、平光或亮光等质感。二合一的产品，则同时兼有底漆与面漆的作用，可一次涂刷完成。无论哪种漆，要等漆膜完全干燥之后才会展现各项特质。漆膜通常约需3~7天才会完全干燥。越坚固的漆膜，防护效果越好。用于木家具或室内装修的木器漆，漆膜硬度介于HB至1H之间，少数产品则可达到2H。

图片提供_文泰沃

种类有哪些

1 油性木器漆

为溶剂型的木器漆，成分是石化原料合成，通常含有甲醛、二甲苯等有机溶剂。在施作时，会散发挥发性气体，如聚氨酯木器漆在成膜时，有50%挥发至空气中，而硝基类木器漆则有80%的挥发性，都对居家健康造成危害。而油性木器漆涂上木头表面时，会形成一层薄膜，覆盖住木头的毛细孔，使木料的原始香气无法散发出来。

2 水性木器漆

以水作为稀释剂，不含有机溶剂的成分，不会发出刺鼻的气味。涂上木料后，同样会在表面形成一道薄膜，透气性佳，稳定度也较持久。

这样挑就对了

1 分辨成分

蜡漆多半使用蜂蜡、棕榈蜡等天然蜡与各种植物油。至于以树脂为基材的木器漆，水性产品采用水性树脂，油性漆则分成两种，各带有硝基类或聚氨酯的成分。大部分漆料使用化学合成的颜料；至于诉求环保、健康的产品则使用来自矿物或贝壳的天然色料。早期的木器漆全为油性配方，约有一半比例为俗称“松香水”或“香蕉水”的有机溶剂，因而含有甲醛、苯、芳香烃等毒性挥发物质；后来面世的水性木器，则以水分来取代有机溶剂。

2 辨别有无绿建材认证

符合环保绿建材的木器漆，应不含苯、甲苯、二甲苯等有机溶剂以及八大重金属。常见的认证有中国台湾发给的“绿建材标章”与欧盟生态环保标章“Eco-Label”、“TUV认证”等。此外，用于户外的产品，应通过抗紫外线、耐候测试（从480小时到1200小时不等），以免用久会出现白化、褪色等问题。此外，SGS（中国台湾检验科技）等公信单位的检测亦可当作参考。

这样施工才没问题

1 表面干净，不宜有灰尘附着

施工区域的表面不宜有灰尘与油渍，否则，漆层可能因为附着不够紧密而导致脱落。至于原有漆膜则未必要除去。即使是水性漆，仍可直接覆盖在原有的油性漆面之上。只不过，若能经过打磨，就可确保原有漆膜的表面变得平整，施作品质会更好。

2 彻底干燥

进行涂刷之前，木材或先前涂刷的漆膜，必须充分干燥才能上漆，否则，木材内含的水分可能会导致漆膜发白、出现气泡甚至龟裂；原有漆膜的水分也会破坏新漆膜的形成。涂刷后，在漆膜彻底干透之前也应避免沾到水，以免影响牢靠度。

3 涂刷至少需一底一面

木器漆通常得经过多次涂刷，才能达到预期效果。底漆与面漆各刷一次，是最基本的要求；有时，底漆与面漆甚至会各刷上两三次。每次涂刷之前，必须确定前次刷涂的漆膜已经干燥且平整。

▲ 运用木器漆时，建议选用没有添加甲苯等有机溶剂的漆料，避免危害居家环境。

种类	溶剂型木器漆	水性木器漆
特性	有机溶剂40%~60%	20%~40%为水，不含八大重金属、甲醛、苯类溶剂
优点	1 干燥时间较短 2 施工成本低	1 喷涂施工中无臭、无毒、无味 2 透明性佳且能保持木纹的天然美感 3 稳定性及密着性佳
缺点	1 含有极高的挥发性有毒气体，具有强烈的刺鼻气味 2 燃点极低，容易引起火灾	干燥时间较长，施工期较长，因此施工成本也较高
价格	较低	较高

监工验收就要这样做

1 确定表面干燥

漆料的干燥速度与环境的温湿度、成分配方有关。再次进行涂刷时，应以手指触摸先前的漆面，若不会沾黏，就代表原有漆面已经干燥到一定程度，可以进行新漆面的刷涂了。此时为表面干燥，并非整个漆膜都已彻底干燥。因此，切忌涂刷过厚，以免内外层干燥不均。

2 确定表面平整

利用砂纸打磨，不仅可让漆面变得更为光滑、平整，还可借此来除去木料上的油脂，或是漆面沾染的灰尘。

达人单品推荐

1 天然环保木器涂料

2 家具保养亮光蜡

3 天然蜡漆

1 以亚麻仁油、天然树脂、天然蜡与矿物色料等天然素材，取代合成树脂等石化副产品，维护木作家具的同时，也不会阻绝芬多精的散发。
（尺寸、价格店洽，图片提供_交泰兴）

2 由德国蜂蜡、西棕榈蜡等天然成分，搭配新型亮光剂组成的水性配方，不会伤害漆面。能增强家具表面亮光质感，提供家具基础清洁与亮丽外观。效果明显持久，使用后表面不油腻。水雾式喷剂，使用便利。
（250 ml、RMB: 56元，图片提供 _ 山仁实业）

3 由植物油、蜂蜡与植物蜡组成的配方，一次施作即可达到上色与防护的双重效果。蜡油成分能深入木材，在保有透气性之余，还能达到优于护木油的防水、抗污等防护作用。局部修复时，无须去漆、打磨，直接刷涂即可。也可当成木器的保养清洁品。
（100 ml、300 ml、700 ml，RMB: 56～268元，图片提供 _ 山仁实业）

※以上为参考价格，实际价格将依市场而有所变动

这样保养才用得久

化学漆的寿命平均为十几年，天然漆的寿命则长很多。不过，万一漆面遭到破坏，仍可能折损寿命。

1 使用天然蜡制品来养护

不建议带有溶剂成分的亮光产品，因为溶剂会伤害木头也会伤害原有漆面。建议使用天然的蜡质产品，用干净抹布蘸一点，均匀地抹上，就能加强漆面的防护或修补细小的破损。

2 尽量避免阳光与水汽的伤害

室内用的木器漆可能无法抵抗紫外线的侵袭。因此，除了一开始就不该拿一般木器漆用于户外空间，屋内家具也应尽量避免长时间地暴露在阳光下，以免褪色、表面变白（白化）或粉化。大部分木器漆也无法忍受高温，因此，装盛热汤、热饮的容器别直接摆在家具或木作之上。另外，木器漆虽能让木材增强防水性，但若长时间遭受水汽侵蚀，漆膜也可能因此变质而折损寿命。

护木油
护木护色最天然

30秒认识建材

适用空间	客厅、餐厅、书房、卧房
适用风格	各种风格适用
计价方式	以容量计价
价 格 带	RMB: 45～560元 / L
产地来源	中国台湾、欧洲进口（以德国为主）
优　　点	保留木质特性又能进行保护与修饰
缺　　点	无法遮覆木质原有颜色或缺陷

Q 选这个真的没问题吗

1 护木油和木器漆的差别在哪里？两种都能有效保护木头吗？ 解答见P.216

2 实木家具需要定期上护木油保养吗？上一次油大概可以维持多久？ 解答见P.216

相较于附着在木材表面的木器漆，借由漆膜来阻绝外来的侵害；护木油则是借由渗入木材的毛细孔，从内而外地加强了木质的防水及防污能力，来防止木材收缩、变形或龟裂。因此，使用护木油来涂敷木头，完成后的触感自然又柔和，既不会出现漆面的反光，也不会盖住木材的纹理与木色，更无须担心漆膜会变白、粉化、龟裂、翘起或脱落，因此耐候性更佳。此外，木料还保有透气性，因而得以继续释放出天然芳香（芬多精）。

依照适用的空间，护木油也可分为室内用与户外用的产品。此外，由于硬木多半含有丰富油脂，导致一般的护木油无法渗入，因此，也有厂商推出硬木专用的护木油产品。目前，护木油的成分多为蓖麻油、亚麻仁油等植物性油脂，与木头的亲和力极强。有些配方还会添加天然树脂或天然蜡，以增进防护能力。诉求健康、环保的产品，更是连颜料也完全取自矿物等天然成分，甚至拒绝添加人工杀菌剂，彻底地避免有机溶剂与石化产品的毒害。

图片提供_交泰兴

种类有哪些

1 单一成分的植物油

为历史最久的木器涂料，最典型的范例即为桐油。生桐油的韧性与光泽皆差，适用于食器；熟桐油则广泛用于各种木家具或油纸伞等工艺品。此外，还有核桃油等涂料用油。但遇水或污渍后易留下污渍斑，亦怕高热。

2 以植物油为主的配方

为现今护木油类产品的主流。同一支护木油里面可能混有多种植物油，常见的成分有：亚麻（仁）油、蓖麻油、荷荷巴油、葵花油（向日葵油）。这些植物油都能与木料高度结合，因此完整保留原有木质的触感与纹理，并可借此进行染色。护木油可直接使用，亦可用油漆溶剂（松香水）稀释之后使用。

3 添加蜡质的木蜡油

以天然的蜡与植物性油脂为基料，无须添加有机溶剂，靠着水、蜡与油的比例来调解软硬度。常见的蜡质成分有蜂蜡、棕榈蜡、小烛树蜡。木蜡油结合护木油与蜡质这两种成分的优点，能渗透进木材毛细孔，从内而外地提供透气的防护力，并增强木头表面的硬度。半固态的木蜡油，能在表面形成透气的保护膜，因此，防护力远优于护木油。此外，它的防水效果也比水性木器漆更佳。

这样挑就对了

1 选用最适合的配方

虽说护木油的耐候性不错，仍建议使用户外专用的产品，以免防护效果打折扣。还有，护木油目前仍以德国出产的品质最高，但仍得考虑当地气候对木质带来的影响，来选用适合本土环境的配方。

2 确定为优质的天然成分

矿物油也能涂在木头表面，但渗透力远不如天然的植物油。真正的蜡制品，需经过推抹的过程才会逐步显现天然的光泽，且效力持久。若是油性亮光剂，涂布当下则是立即就油光闪闪，在未干燥前较容易因为油腻而吸附灰尘。此外，天然蜡品质也有高下之分。

3 硬木要选用专属配方

一般的护木油，涂在很硬的木头上时，经常会出现表面很油腻的情形。这是因为硬木多半饱含油脂，以至于护木油成分无法渗入木材里面。此时，应该改用硬木专用的护木油，才能达到涂料的目的。

这样施工才没问题

1 确定表面干净

施工之前，除了必须确定表面是否够干燥，也应以砂纸磨去尘埃与油脂。若先前已经涂过漆了，也应用去漆剂来去除干净，再涂上护木油。

2 勿擅自混入其他成分

护木油不可混合木器漆的产品，以免造成白化或粉化。若欲调色，请搭配专用的着色剂，以免褪色。无论是护木油或蜡油，皆为油性的成分。如要进行稀释，可使用油漆常用的松香水，或采用无毒成分的环保型溶剂。

监工验收就要这样做

1 再次涂刷之前要等待干燥

若能重复涂刷两三次，效果会更佳。每次涂刷时，须等待木材变干燥（前一道木蜡油干燥）后再进行，至少等待8小时以上，最好能隔天再进行涂刷。

2 再次涂刷之前得先打磨

涂刷前，必须用砂纸磨去表面黏附的灰尘或多余的油脂。至于应该使用几号的砂纸，则依产品特性而不同，可参见商品的使用说明。

3 彻底干燥后才能测试物性

无论是木器漆、护木油或木蜡油，其触感、亮度或防水、抗污等物性，都得等到彻底干燥之后才会一一展现。以木蜡油来说，通常约需3天才能形成保护层；若需测试物性，建议7天之后再进行。

种类	护木油	木器漆
特性	又称护木漆，能在木质表面形成一道漆膜，从而达到防护与修饰的目的。主成分为树脂与颜料，可用于原木或木皮	以植物油提炼而成，借由渗入木材的毛细孔，从内而外地加强了木质的防水及防污能力，来防止木材收缩、变形或龟裂
优点	保护实木家具或木作	保留木质特性又能进行保护与修饰
缺点	有些涂料具挥发性，造成有害物质散播	无法遮覆木质原有颜色或缺陷
价格	RMB:67元~220元 / kg；RMB:90~1567元 / L	RMB: 45~560元 / L

达人单品推荐

1 天然室内护木油

2 白垩纪
基础护木油

3 油性护木油

4 天然木蜡油

5 木器保养蜡

1 以亚麻仁油、天然树脂、天然蜡与矿物色料等天然素材制成，成分环保又无毒。运用先进技术将分子予以微细化，能深层渗入并与木材纤维紧密结合；防止水分渗入却不会封堵木材毛细孔，施作简单，保护与染色一次OK。
（0.75L、2.5L、RMB: 560～1343元，图片提供_交泰兴）

2 选用天然的亚麻仁油制成，亚麻仁油能渗透到木材的深层，填满表面的毛细孔。与木材表面下的纤维充分结合，干燥后形成具有保护功能的油膜。
（尺寸、价格店洽，图片提供_自然材）

3 通过耐候与冷热循环等测试，耐水、抗紫外线，且耐候性极佳，日久不会出现白化、粉化、褪色等现象，适用于木屋、阳台等户外场合。成分安全、无毒，符合美国的FDA与玩具标准检验（ASTM）等规范。颜色有透明色与多种原木色。
（1加仑、RMB:50元，图片提供＿颜昌兴业）

4 以多种天然蜡及植物油制成，无毒又环保。经台湾SGS检验证明不含甲醛、八大重金属等物质，符合绿建材TVOC逸散标准。颜色多样，分成室内与户外两大系列，可用于家具、木地板与木屋外墙，并有硬木专用配方。
（1L、RMB:336元，图片提供＿颜昌兴业）

5 以蜂蜡及植物蜡调制的传统配方，具有优异的性价比。干燥快速，亮度自然、柔和，能展现原木特有的质地。可直接使用，亦可用于已上漆的木质表面。适合实木家具的初次涂装或定期养护，亦可用来保护室内的木质地板与墙板。
（1,500ml、1,000ml、RMB:134～235元，图片提供＿山仁实业）

※以上为参考价格，实际价格将依市场而有所变动

这样保养才用得久

1 定期养护可延长寿命

木屋外墙或木栈道，由于日晒雨淋的破坏，每隔三五年宜重新涂刷护木油，以免木材受损。住宅内的木地板也由于天天踩踏甚至重物拖磨而损伤木料。视使用频率而定，隔几年重新涂上护木油，可延长木材寿命。

2 去除表面膜再涂上油

由于蜡质成分或木器漆都会在表面形成保护膜，因此，若要使用护木油，曾经涂刷过木器漆与木蜡油的木材，都得先去除表面的漆膜或保护膜。否则，油脂成分可能无法渗入木料内。已经涂过护木油的成分，只要是不含过多水分，仍可再涂上木器漆或木蜡油。

除甲醛涂料
无毒健康好安心

30秒认识建材

适用空间	各种空间适用
适用风格	各种风格适用
计价方式	以罐计价
价 格 带	RMB:112～3760元
产地来源	中国台湾
优　　点	可去除甲醛异味
缺　　点	价格稍高

Q 选这个真的没问题吗

1 **听说有种可以除甲醛的产品，成分是什么呢？** 解答见P.218

2 **已经装潢完的房子也可以涂除甲醛的产品吗？这样会有效吗？** 解答见P.219

装潢后，最多人感到困扰的问题是刺鼻的甲醛味久久消散不去，这是由于装潢木作的合板建材在制作过程中都会添加胶合剂，这些胶合剂就是甲醛的来源，因此为了改善这个问题，最好在装潢一开始就选用低甲醛的板材，或是以除甲醛涂料去除甲醛。

除甲醛涂料为纯水性、无有机挥发物，在制作过程中将虾、蟹等的甲壳加工，混合在特定的乳胶、树脂或水性溶剂中，可与许多气态的有害物质进行化学反应，因此对于逸散至空气中的甲醛、TVOC等有害物质都能主动捕捉并消除，达到净化空气之目的，而且永久有效，成为环保新武器。

一般会建议在装潢前，就在未上漆的板材上先涂刷，效果会比较好。由于已上漆和贴皮的家具，会阻碍涂料的吸收，效果不如直接涂刷的快速。而其水性的材质，透明无色，不会覆盖原有板材的颜色，施工方便，约等待1～2小时就可进行后续的加工处理。

图片提供_无醛屋

▲ 在未贴皮的木板上涂上甲壳素涂料，可分解空气中的甲醛物质。

种类有哪些

可分为蜡性和水性的产品。

1 水性

可用于木作前的板材处理，或是完工后再施作。

2 蜡性

主要用在现成家具，蜡性产品较能有效渗入已贴皮或上漆的表层，同时也具有清洁保养的效果。

这样挑就对了

1 通过绿建材标章的产品为佳

市面上有很多类似的除甲醛产品，但功能日新月异，可挑选通过绿建材健康标章及获得发明专利的厂商产品，功能性较强。

2 依照被涂面的材质挑选

由于已上漆的现成家具，表面都有一层覆盖住板材，因此在逸散的效果不比直接涂抹在原始板材上来得好，因此需使用特定产品才能有效去除。建议需依照被涂面的材质去选购较佳。

这样施工才没问题

1 全面涂刷效果佳

针对甲醛溢散的木板材，在未上漆、未贴皮的板材涂刷后再进行木作施工。建议全面涂刷，效果较佳。

2 可与其他漆料混合施作

施作的壁面不限，除甲醛涂料亦可与水泥漆、乳胶漆等涂料混合后施作于墙面。

3 若有沾染，以水清洗即可

因除甲醛涂料只有薄薄一层，没有脏污疑虑，沾到地面也无妨，沾到手或地面以水洗净即可。

4 现成家具需针对接合处加强处理

现成家具的表面都已贴皮或上漆，除了在表面涂抹之外，建议可在接合处加强。涂抹的时间建议在第一个月，每两个礼拜施涂一次，接着每个月再重新涂刷一次，持续约一年后可有效降低家具的甲醛含量。

监工验收就要这样做

需等待1～2小时干燥

若是在未上漆前涂刷，建议需等待1～2小时之后，再进行后续加工。但若是已有贴皮或上漆的家具表面，建议选用蜡性的产品，可不需等待，涂上一层后随即干燥。

达人单品推荐

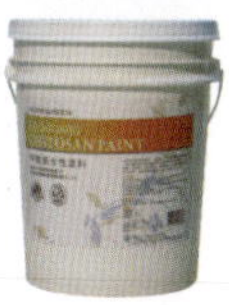

1 甲壳素双全效除醛涂料

2 除甲醛健康涂料（装潢前施工用）
除甲醛健康喷蜡（家具用 DIY 除醛）
DIY 快速除甲醛剂（家具用 DIY 除醛）

这样保养才用得久

未用完需密封处理

若有未用完的罐装涂料，建议密封后保存，这样较不易变质。

1 有效且永久性地分解甲醛、去除 VOC，还有抗菌除臭功能，拥有发明专利也通过绿建材健康标章，不会破坏原装潢的家具颜色或本体。

（RMB:895 元 / 4L，图片提供 _ 健康家国际生物科技）

2 天然环保甲壳素水性配方，通过“健康绿建材认证标章”，经 SGS 权威机构检测认证，瞬间 60 分钟强效去醛率达 100%，持续有效吸附并分解甲醛，专业除甲醛系列有效除醛，分为装潢前施工用、家具用 DIY 除醛，防霉、抗菌并不破坏表面与结构，不影响上色。

（400ml ～ 18L，RMB:112 ～ 3760 元，图片提供 _ 无醛屋）

※以上为参考价格，实际价格将依市场而有所变动

防霉硅利康
防水修边最好用

30秒认识建材

适用空间	客厅、餐厅、书房、卧房、儿童房
适用风格	各种风格适用
计价方式	以g或L计价
价 格 带	RMB:11~112元，特殊颜色另计
产地来源	中国台湾、日本、德国
优　　点	使黏着界面获得高度的防水与气密性
缺　　点	长期受潮会出现霉变

Q 选这个真的没问题吗

1 **硅利康分成中性、酸性和水性，这三种有什么不一样？** 解答见P.220

2 **厨房水槽边的硅利康很容易长霉斑，有没有办法可以解决？** 解答见P.222

硅利康又称硅胶，与空气接触后会固化成具弹性的胶体，密封度极佳，甚至能因应高达30%的位移，且无传统黏胶的刺激气味。室内用产品可接合各种建材、修饰填缝或修补建筑缝隙，也能修补各种日常用品的裂缝。

依酸碱值可分为中性、酸性及水性。装潢时，要黏着金属或玻璃等建材，多半使用酸性硅利康；若建筑体或建材出现裂缝，则施打水性硅利康来填补，事后再刷上批土或油漆。至于中性硅利康，可说是通用型，应用范围最广；窗框漏水、阻绝蚂蚁穴的出口，以及水槽或浴缸周遭的防水，都少不了它。

硅利康硬化后的胶体，寿命约5年，之后就会因为老化而失去作用，必须更新。

此外，硅利康虽可防水，也会因为吸收水汽而被霉菌侵入。发霉的胶体会变黑（霉斑），甚至成为霉菌温床，而引发过敏等健康问题。潮湿环境可选用防霉抗菌的产品，可保证胶体两三年不会出现霉变。防霉效力视防霉剂的比例而定，含量越高，效力越佳，售价也越高。

摄影_Yvonne

种类有哪些

应用最广的中性硅利康填缝剂，还可进一步分成防霉与否的产品。

1 一般的硅利康填缝剂

应用范围很广，从建材黏合到器物缝隙的修补，都可使用此材料。若用来黏着饮用水或食物容器，产品应通过美国食品药物管理局（FDA）的标准。

2 防霉硅力康

添加防霉剂的产品能预防硅胶霉变，其效力依防霉剂比例，从1~10年不等；效力越高，价格越贵。

以上两大类产品多为白色或透明色。目前亦有加入色料的彩色产品，有的品牌甚至可指定颜色及少量订制。

这样挑就对了

1 制造日期越晚者越佳

硅利康填缝剂一与空气接触就开始固化，开封后再盖妥，成分也会在一段时间内就无法使用。即使未开封，产品在包装内也会逐步硬化；因此，应视使用量来选购适当产品，且制造日期愈晚的越好施作。

2 基材品质反映耐用度

优质的硅利康，品质可靠。不会渗出油质（俗称“吐油”或“透油”），没有异味，耐水性佳，且承受温差与酸碱度的能力更优越。硬化后所形成的胶体，也不会收缩而导致龟裂。

这样施工才没问题

1 胶嘴口径应比填缝宽度小

硅利康胶嘴的口径，应对应填补的缝隙大小。以填补瓷砖沟缝来说，口径建议为缝宽的1/3～1/4，以避免胶体溢出过多。

2 彻底清洁后再封填

不管是初次封填或更新，都需先清理施工处的杂质、原有胶体与水汽；否则，成品易脱落或出现漏洞。

3 宽缝宜用专用抹刀

若填补的沟缝较宽，宜搭配硅利康填缝剂专用的塑胶抹刀来修饰，以免表面凹凸不平。

摄影_王正毅

▲ 选购市面上较便宜的硅利康，可能用不了多久就会出油，甚至会释放有机溶剂等物。为求居家健康，应选用VOC含量在250g/L以下的产品。若要用于会接触食物或饮水的地方，产品也应通过美国食品药物管理局（FAD）或日本食品化验中心（JIS）等可信单位的相关检验。

种类	防霉硅利康
特性	1 低释气性（Low-VOC） 2 完全无味道 3 没有溶剂成分，硬化后不会收缩，使伸缩缝有紧密的气密及水密性
优点	1 防止霉斑产生，让室内美观度好 2 不需要经常将发霉的硅利康割除换新，节省资源更环保 3 降低过敏源，减少因过敏所引起的疾病，且空气品质更健康
缺点	1 价格较一般硅利康贵 2 知名度小，经销点少，消费者要购买较不易
价格	RMB:25~90元之间。

监工验收就要这样做

1 及时拆除防护纸胶带

瓷砖铺面的填缝，为避免胶体溢出，最好在施工前先在沟缝两侧贴上纸胶带。封填好硅利胶并修饰表面之后，应趁着胶体稍硬却未彻底硬化之前（封填后5分钟即可动手），拆掉两侧的胶带。若胶带已跟硬化的硅胶黏合，就得用美工刀来割除。

2 彻底固化后才能碰水

硅利康硬化快慢与否，会随着配方、胶体厚度与温湿度而定。建议留个一天的时间等待胶体干燥，可吹电风扇来加快固化的速度。

达人单品推荐

1 道康宁NP中性硅利康

2 硅胶污垢清洁剂

3 道康宁厨卫硅胶

4 道康宁玻璃与金属填缝剂

1 适用于窗框等接缝，中性固化的特质不会腐蚀混凝土、砖石和金属，抗老化、抗紫外线照射且抗潮湿。具有超透明的效果，施作于透明玻璃时几近同色。不建议使用到会直接接触到食品或饮用水的表面，同时大理石等多孔性石材也不适用，可能会影响石材的表面。
（300ml / 支，RMB:27元，摄影_Amily，产品提供_泰联企业）

2 成分为次氯酸盐溶液、氢氧化钠、阴离子活性界面剂、Sodium Phosphate、Tribasic等，可渗透于硅利康内部，有效清除发霉变黑。建议在使用时戴手套并避免沾染到肌肤。
（尺寸、价格电洽，摄影_Amily，产品提供_泰联企业）

3 卓越的黏着效果，可用于大部分建材(瓷砖、玻璃、人造石、花岗石、铝、钢铁等)，长时间黏合而不会脱落。多用途的专业填缝剂，含防霉成分的配方，通过防霉测试ASTMG2196，可预防在高度潮湿与高温下滋生的霉菌，特别适合厨房、浴室、洗衣间等潮湿空间。颜色有透明、白色与象牙白。
（300ml / 支，RMB:27元，图片提供_泰联企业）

4 中性的硅胶填缝剂，不具腐蚀性。可有效地黏合玻璃、镜面、铝门窗等金属材质，以及大部分建材；并适用于漆面与不吐油的木材。具有符合CNS8904和ASTMC920的绿建材测试报告，耐酸碱、抗紫外线、不易老化；对一般溶剂与清洁剂亦有优异的抵抗力。颜色有透明、黑、白、银灰与各种颜色，亦接受指定配色。
（300ml / 支，RMB:25元，图片提供_泰联企业）

※以上为参考价格，实际价格将依市场而有所变动

这样保养才用得久

1 聪明去除霉斑的方法

可覆盖一层浸透漂白剂的纸巾或抹布，大概半天就能消除。如果担心氯气有毒或因施工位置而不便贴覆，建议购买硅胶专用的清洁剂，涂上约半小时到数小时，就能有效去除霉斑且不伤硅胶。若发霉情况严重，建议更新为妥。

2 彻底去除旧胶的诀窍

若要更新已发霉的硅利胶，可用美工刀来刮除；残余胶体可用铁毛刷来清除。若还无法彻底去除旧胶，不妨借助硅胶去除剂。还有，要更新就得全面更新，局部更新会导致新旧胶体无法接合而有漏缝。

填缝剂
让铺面美观更耐用

30秒认识建材

适用空间	各种空间适用
适用风格	各种风格适用
计价方式	以kg计价
价格带	RMB:22~112元
产地来源	美国、日本、中国台湾
优点	修饰铺面、增强瓷砖的基底内应力而使铺面更耐久
缺点	日久可能会颜色不均

Q 选这个真的没问题吗

1 填缝剂究竟是什么东西？用途是什么？ 解答见P.223

2 如果自己买填缝剂填补瓷砖的缝隙，该如何施工比较好？ 解答见P.224

填缝剂主要用来修饰瓷砖之间的缝隙。留缝的铺面，瓷砖特别容易脱落，就是因为少了填缝剂的制衡。传统的填缝剂因为没有添加防水树脂，因此可能会出现混凝土常见的白华（吐白）而导致颜色不均。100%水泥的填缝剂，若少了硅砂来缓冲膨胀收缩，很容易龟裂；若添加高比例的硅砂，完成面则会显得粗糙。基材的粗细，决定它适合填补多宽的沟缝。

此外，不同成分也带有不同的特色。添加或完全为树脂的配方，黏着度与弹性皆佳，而且防水又耐脏。目前，市面也出现了添加纳米成分的抗菌填缝剂，杀菌、防霉的效果最好，售价亦也高。这几年，台湾室内设计界很流行用马赛克来表现风格；现在也有厂商针对马赛克推出适用于缝宽3~5mm的专用产品。

图片提供_樱王国际

种类有哪些

1 水泥基填缝剂

外观皆为粉状，开封后加水或树脂（乳胶剂），搅拌均匀方可使用。含树脂的配方防水性佳，可减少白华现象与壁癌，适合厨房与卫浴间。添加纳米硅片的杀菌成分，则可达到防霉效果。

2 树脂类填缝剂

以合成树脂为主要成分，黏着力和韧性较高，适用于震动频繁的楼层，还具有吸水率低、硬度高的优点，适用建筑外墙。

3 彩色填缝剂

添加颜料的填缝剂，几乎都含有树脂。有些呈粉状，须调入清水才能使用，有的则是早已调配成膏状，搅匀即可使用。

这样挑就对了

1 以沟缝的宽度来选用

按照瓷砖种类（沟缝宽度）来选用适合的填缝剂。目前的市售产品多以缝宽3mm为界，分成粗缝与细缝用的两大类。由于两种的骨材粗细有别；如果用错了，不是难以填入，就是完成表面显得粗糙，甚或出现龟裂。粗缝用的产品适合3mm以上的沟缝；细缝的则适合3mm以下者。至于沟缝宽2~5mm的马赛克，使用专用填缝剂，能使效果更完美。

2 按照铺面的位置来选用

厨房、浴室等易淋水处，抗菌防霉的配方能避免沟缝变色、发霉。高楼的轻隔间常会震动，不妨选用弹性好且黏度强的产品。户外的建材铺面宜用低吸水度、高硬度的产品，以对抗日晒雨淋。

这样施工才没问题

瓷砖粘贴48小时之后，就能进行填缝；工法可分成抹缝与勾缝。光滑面的瓷砖适用这两种工法。复古砖、文化石等粗糙面材，由于毛细孔会吸附水汽与杂质，采用勾缝工法就可避免脏污。

▲ 最常见的抹缝工法是平式，而凹圆及凹V式的工法较费工，可展现师傅的技术。

1 抹缝工法

以海绵镘刀抹过整片铺面，将填缝剂挤入缝隙。待填缝材八分干之际（通常约为15分钟），再用湿布或蘸水的海绵擦掉表面的多余墁料。完成后的沟缝与瓷砖表面齐平，称为“平缝”。抹缝这种工法既简单又快速，工资也较便宜。

2 勾缝工法

以勾缝镘刀将填缝材挤入每条缝隙，再刮出深度。随着镘刀的形式，可刮出凹平缝、凹圆缝或是凹V状的立体勾缝；填缝材经过镘刀的压挤，会变得更扎实。由于缝深约为瓷砖厚度的一半，因此，勾缝工法不适合用于厚度1.5cm以内的薄瓷砖。

监工验收就要这样做

1 填缝表面的平整度

无论采用哪种工法，表面都不应出现凹凸起伏，或者没有确实填入墁料。

2 瓷砖面不残留墁料

填完缝须清除突出沟缝、残留在瓷砖表面的墁料。若为深色填缝剂或粗面瓷砖，填缝同时应立即清除瓷砖表面的墁料，以免瓷砖的毛细孔吃色。

3 填缝干硬前勿碰水

填缝材的干燥速度会视材质与天气状态而定，从10小时到7天不等，建议至少留3天等它干凝。若材料在干凝前碰到水、遭到重撞或阳光暴晒，强度就会被破坏。可用指甲抠一下来测试：如果填缝材没有掉下来，就代表干硬了。

达人单品推荐

1 KN H 0606 纳米抛光石材填缝剂

2 KN H 0603 抗菌防霉填缝剂

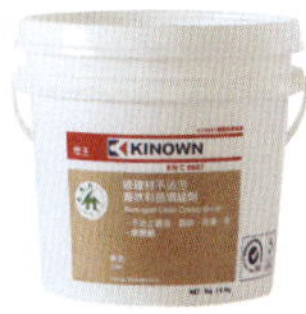

3 KN C 0607 不沾污膏状彩色填缝剂

4 KN P 0609 马赛克专用填缝剂

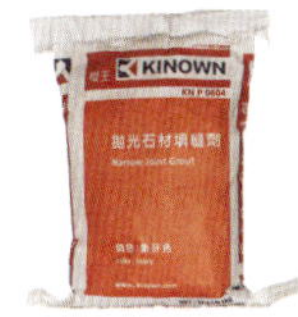

5 KN P 0604 抛光石材填缝剂

1 高分子的树脂聚合物，能使填缝材的黏着力更强、更耐脏、更易擦洗。高科技的纳米抗菌硅片，则通过负电来主动抑制细菌，拥有绝佳的抗菌、防霉之效。
（2kg、RMB:90元，图片提供_樱王国际）

2 粉体加上乳胶剂的双剂型产品，里面的树脂聚合物具有防水效果，可避免霉菌滋生，黏着力也远优于一般的填缝剂。推荐用于室内厨房、浴室等潮湿地方。
（7kg、RMB:179元，图片提供_樱王国际）

3 非水泥基的彩色填缝剂，耐酸碱、抗污。为预先调配好的膏状，开桶之后即可使用，施工方便，还能避免手调搅拌时因操作失误而导致填缝失败的问题。
（5kg、RMB:560元，图片提供_樱王国际）

4 马赛克瓷砖的沟缝，用粗缝或细缝用的产品怎么都不对劲！以特殊骨料制成的马赛克专用填缝剂，可在0~5mm的缝宽，填出光滑又细致的沟缝，适合一般马赛克、玻璃马赛克，或是薄型陶板等材质。室内、户外都可用，并有多种颜色可选。
（10kg / 桶，RMB:157元，图片提供_樱王国际）

5 针对缝宽3mm以下所研发的配方。由于加入了树脂粉而提高了材质的黏结力与柔韧性，可轻松应付瓷砖或基底所产生的内应力，使瓷砖不易脱落、铺面历久如新。适用于室内外各处的细缝施工。
（5kg / 袋，RMB:90元，图片提供_樱王国际）

※以上为参考价格，实际价格将依市场而有所变动

图片提供_樱王国际

▲ 易受水汽侵袭的瓷砖铺面，选用添加纳米级抗菌成分的填缝剂，可避免填缝发霉、变黑。

这样保养才用得久

1 善用瓷砖清洁剂

瓷砖专用清洁剂能快速除去瓷砖表面的油垢与灰尘，却不伤瓷砖与填缝材。填缝材完全干硬后，也能用它来快速清除施工残留在铺面的墁料。此外，弱酸性的瓷砖清洁剂还能与混凝土里面的成分进行反应，从而化解吐白（白华）的问题。

2 勤于维持铺面干燥

虽说，某些特殊的填缝剂能够抗菌、防霉，效果却非一劳永逸。以添加纳米硅片的抗菌产品来说，杀菌效果约可保持3年；之后仍得靠屋主自行努力。保持铺面干燥就是不二法则！

瓷砖收边条
收边美化更精致

30秒认识建材

适用空间	客厅、浴室、厨房、阳台
适用风格	各种风格适用
计价方式	以条计价
价 格 带	RMB:11～1343元
产地来源	中国、欧美进口
优　　点	施工快速、加强收边安全与精致度
缺　　点	花色未必能完全符合瓷砖

选这个真的没问题吗

1 收边条的材质有哪些？哪种材质比较耐久又漂亮？ 解答见P.227

2 收边条可以自己更换吗？更换时连瓷砖也要一起换掉吗？ 解答见P.227

瓷砖收边条（或称“修边条”），不仅是安全防护建材，也是修饰铺面的好配件。以往，较讲究的瓷砖工程，在90度转角处会以转角砖来收边。一片片的转角砖，无论材质、色泽，都与瓷砖相同；然而，由于生产成本较高、搬运不便、施工易有耗损且工资不低，因而被市场淘汰。取而代之的是“收边条”。每道墙角只需加装一支长约2.4m的收边条，即能一次收好边，快速又简便！

目前，收边条已发展出圆边、斜边与方边等形式。花色与材质的选择亦多；从PVC塑钢、铝合金、不锈钢、纯铜到钛金等金属皆有。质感、价格及耐用度，随着材质的厚薄与制造技术而有极大落差。若使用廉价品，可能会出现大幅破坏空间美感的弊端。此外，由于材质的关系，无法要求花色完全与瓷砖相同，却可借此来当成设计的表现重点。

图片提供_辰邦

种类有哪些

1 塑胶材质的收边条

价格相对较低，花色最多变。由于塑胶的品质不一，耐用度因而有天壤之别。高档的塑钢（PVC）制品，受到重力冲击也不易出现裂痕。劣质塑胶的制品，稍加敲打则四分五裂。

2 金属材质的收边条

铝合金、不锈钢等金属材质制成的收边条，质感佳又耐用，价格较高。其中，不锈钢能抗紫外线，可同时用于外墙与内墙。

这样挑就对了

1 不锈钢收边条，要看板材与厚度

不锈钢依含镍量多寡可分成不同等级，一般来说，含镍量越高就越不易生锈。此外，厚度也会影响坚固程度。目前的不锈钢收边条多厚约0.4mm，受外力碰撞时易有凹陷；最好能厚达0.8mm以上。

2 大理石纹收边条，看本体与贴膜

塑胶材质的成品，若使用回收塑胶，可能一敲就破；本体为塑钢材质的收边条，比较坚硬耐用。而表面使用进口的大理石纹膜制成会比台湾贴膜的较耐刮磨。

这样施工才没问题

1 洗缝时勿伤及收边条

瓷砖工程会先安装收边条，之后才填缝、再清除残余墁料（洗缝）。倘若在清洁瓷砖表面的填缝剂时，用粗糙材质来洗缝，可能会伤及收边条的表面。

2 金属材质要用清水擦拭

金属材质的收边条，应以干净湿抹布或海绵来擦洗。尤其是铝合金收边条，应在进行瓷砖抹缝的同时就立即擦去表面沾黏的墁料，否则表面会遭到侵蚀。

监工验收就要这样做

1 确认直立度和接缝

安装于突出墙角的收边条，由上往下检视其角度，可确定是否安装歪斜。瓷砖和收边条的密合度；若缝隙的间距过大，应立即要求工班拆掉重做。

2 确定收边条有无缺损

确认收边条在施工过程中是否因为碰撞而造成损伤。尤其是低价品，工班可能趁着交屋之前暗中以补土、喷漆的方式来遮掩破裂处；等到屋主发现时，也只能自掏腰包花钱重做了。

搭配加分秘技

强化金属的冷硬质感

在卫浴空间的材质上选择以金属砖作为洗手台两侧的贴面，而中间则单纯以水泥裸色呈现，金属砖的沟缝则采用不锈钢板与不锈钢边条设计，粗犷中有细节与光泽感，使单纯的化妆室也别有设计趣味。

图片提供_邑舍设纪

这样保养才用得久

1 用水擦拭即可

收边条无须特别清洁养护。但若有脏污时，PVC材质的收边条，经得起清洁剂与菜瓜布的刷洗；至于不锈钢及铝合金材质，用清洁剂擦拭后，应立即再用清水擦拭干净。

2 更新得连同瓷砖一起敲掉

通常达一定水准的收边条，寿命至少二三十年以上。若要替换收边条，就得拆掉连接的整排瓷砖，至少得花上四五千元。建议一开始就采用品质有保障的产品，确认施工阶段有无问题，以避免事后拆除的麻烦与金钱损失。

第12章

居家收纳的好伙伴

系统柜

何谓系统家具？所谓“系统”，指的就是高度相容、彼此可自由组合搭配的模组化元件；这些元件，包含了基本的板材、各种五金与配件。以板材来说，大多是一般民众最常用到的尺寸与最受欢迎或目前较流行的板材，事先在工厂裁切、包装好；再按照专业设计师规划好的设计图、搭配相关的五金或配件，由施工人员到现场组装。

虽然元件尺寸与形状为便于工厂大量生产而有所简化，但成本往往比木作柜来得低。此外，用系统家具来装潢居家也是个节省时间的方案，在现场只需组装、无须施工，不仅省去施工时间，还可避免切割木料所造成的粉尘污染。对于一般想节省装潢费用和降低甲醛污染的人，系统柜就成为首要的选择。而看似小而不起眼的五金，在系统家具中不容小觑，若想使用得更顺手，在品质和产地的要求上必须严格把关。

种类	柜体	五金配件
特色	主要由板材、门片和五金组合而成。在板材的部分，多使用塑合板、美耐板或木心板。	种类繁多，材质以不锈钢、镀铬制品为主。可依照设计选用适合的配件
优点	甲醛含量低、材质防潮防刮	协助柜体使用更顺畅
缺点	品质不一，需注意产地来源	品质不一，需慎选
价格	依产品设计而定	依产品规格而定

设计师推荐私房素材

权释国际设计 · 洪桦华

图片提供 _ 权释国际设计

1 系统柜 · 经济实用的平民素材：系统柜有相较于木作柜的亲民价格，且施工快速，完工后可立即搬入，不会有刺鼻的甲醛味。板材样式也日益增多，甚至有陶烤门的材质，适合作为新古典风格的设计运用。另外，其抗潮的特性，使用湿抹布擦拭清洁都没问题，对于注重居家清洁的人是一个很好的选择。

图片提供 _ 绿的家具

朵卡艺术空间设计 · 邱柏洲推荐

2 系统柜 · 打造无毒居家环境： 选择好的系统柜厂商，不仅在建材的选用上有安全无毒的保障，其柜体的组装也更扎实牢固。若系统柜表面材质采用美耐皿，则外观上不似一般系统假木面，不会有虚假感。且表面光滑不会卡脏且耐磨，对一般清洁剂、溶剂等具极佳抗性，非常容易清洁保养。

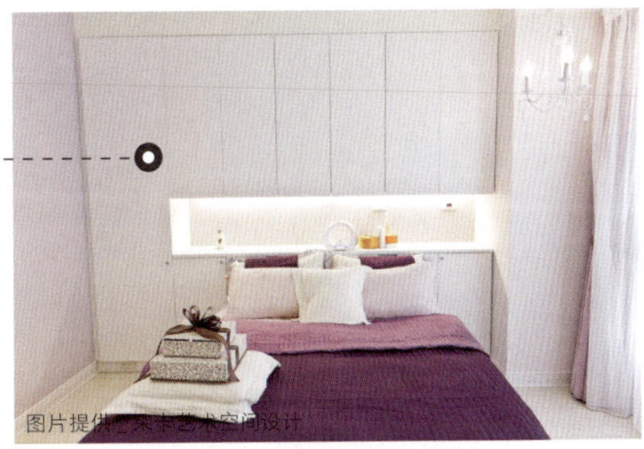

图片提供 _ 朵卡艺术空间设计

柜体
客制化设计最贴心

30秒认识建材

适用空间	客厅、餐厅、卧房
适用风格	各种风格适用
计价方式	以m^2计算
价格带	依产品设计而定
产地来源	德国、欧洲
优点	甲醛含量低、材质防潮防刮
缺点	品质不一，需注意产地来源

Q 选这个真的没问题吗

1 系统柜在价钱上怎么计算？一定会比木作便宜吗？ 解答见P.230

2 听说系统柜和木作柜相比比较没有甲醛味，是真的吗？ 解答见P.231

3 搬家时把旧的系统柜搬去新家，需要再花一笔拆除组装的费用吗？ 解答见P.232

在居家装修中，系统柜的施工不但快速，而且又能减少木作柜所产生的甲醛，受到不少民众的喜爱，在装修的选择上占有一席之地。

系统柜主要由板材、门片和五金组合而成。在板材的部分，多使用塑合板、美耐板或木心板。从玄关、客餐厅、书房到卧室都可依需求量身打造特定的系统柜。大致可分成鞋柜、玄关柜、电视柜、收纳柜、书柜、衣柜等。不同类型的柜体，在功能上和五金的选配上都有不同的挑选重点。你可以直接购买单一的系统家具回家自行DIY，也可委托厂商派专业人员到府组装。

一般来说，系统柜的价格没有一定的定价，影响系统柜的价格除了设计的复杂度、品牌与材质之外，还有以下三个因素较易影响价格：规格色、规格尺寸和五金配件的多寡。挑选规格色会比订制的颜色大概省下约10%的预算；采用规格的尺寸通常可以直接拿现货，节省等待定做的时间；五金配件愈多，成本愈高，除非必要，建议可以逐步添购。

而传统的木作柜在施工步骤上则比系统柜多了贴皮、喷漆等，在工资上就会花费较多。但系统柜若选用大厂牌或是增加五金配件等，这时就有可能会比木作贵了。

图片提供_绿的家具

种类有哪些

1 客厅

（1）电视柜：是客厅区空间的主角，通过造型、机能的有效规划，配合整体装潢打造风格满足主人的生活需求。可依门片所使用的材质或样式，搭配出专属的个人风格与生活格调。

（2）收纳展示柜：顾名思义即是兼具收纳与展示机能的柜体，透过层板、门片、灯光的设计规划，除了有效的机能配置之外，更能成为厅区当中的视觉焦点。

2 书房

书柜：书柜在规划功能上要能符合屋主现在与未来的藏书量、尺寸、大小，于是在层架的设计安排上，多以活动方式为主，满足屋主需求，同时也要考量板材的耐重量是否足够。

3 卧房

（1）衣柜：柜体设计上以符合屋主藏衣量为主，通过门片的材质挑选，作为与整体风格的呼应，其中五金与柜体内配件视需求做搭配。

（2）化妆台：依屋主需求、空间大小为主，可以设计为上掀式的功能，保持桌面整齐外，化妆物品可以分类放置于桌面下方。

4 更衣室

更衣室为独立的空间，多以开放式的层架设计或衣柜规划为主。配合五金，可以不用预留打开衣柜门的距离，规划出符合屋主需要的收纳空间，可视收纳物件做高度不同的分类计划。

这样挑就对了

1 材质以防潮、耐压为优先考量

在材质的挑选上，为因应台湾海岛型潮湿气候，板材必须符合耐热、防潮高标准。以表面材质来说，大多采用塑合板，塑合板因其胶合密度高、空隙小，所以不易变形，并且具有防潮、耐压、耐撞、耐热、耐酸碱等特性。

2 从板材的重量和剖面判断

在挑选时，不妨实际感受一下板材的重量。品质较好的板材通常重量较重，剖面处的孔隙愈密，板材则愈密实耐重。反之则亦然。

3 注意产地来源

多数有信誉的厂商会采用欧洲进口的板材，如

▲从板材剖面的空隙疏密可判断品质的好坏。

德国、奥地利、比利时等。其甲醛含量经过严格的把关。有些较小的厂商可能会混杂大陆或东南亚的板材，在选购时必须谨慎小心。

4 注意甲醛含量

厂商与产地不同而有良窳之分。一般来说，欧洲厂牌的板材都符合低甲醛的环保标准，耐用度也较高。以甲醛含量来分，有E0级和E1级，E0级的甲醛含量趋近于零，E1级的则为低甲醛，都为经过政府许可标准的板材。因此，购买系统柜时，认明环保标志，有助于打造环保无毒的居家空间。

这样施工才没问题

1 针对现场防护措施

现场地砖、木地板、现成家具的防护，例如铺上养生胶带或防潮布。

2 施工机具位置进行防护措施

机具摆放位置并进行多层保护，避免伤害到原有的家具。

3 施工完毕要清洁干净

维持现场清洁是很重要的，每日施工完毕后都要进行初步清洁。

4 填缝材质可视缝隙大小选择

系统柜因为板材有制式规格，组装完后难免会遇到无法刚好填满，出现缝隙的状况，这时可视情况选择利用木板或硅胶将缝隙补平，但若缝隙超过2cm，建议以木板封平较佳。

5 若了解拆装顺序，可自行安装

若要将系统柜移至别处拆装使用，只要找专业有信誉的厂商或设计师帮忙拆卸组装，但通常都会另计拆装费用，1cm约RMB: 9元，改装费和材料费则再额外计算。若自己懂得拆装的顺序，手上也有补料，要DIY进行也不成问题。

监工验收就要这样做

1 测试柜体部分

现场试开每片门板与抽屉是否开合动作流畅，门板安装应相互对应，高低一致，所有中缝宽度应一致。

2 测试电源

检查电源配置部分是否具备完整电力。

达人单品推荐

1 厨柜

2 高身收纳柜

3 电动式升降吊柜

4 转角功能柜

1 具有寂静缓冲滑门，采用油压缓冲五金，可以减缓关门时的声音和冲击。
（尺寸、价格电洽，图片提供_竹桓股份有限公司）

2 大尺度的收纳空间扩增使用量，下方还有亲子脚踏收纳底柜，不仅可做收纳，也是取放高处物品的踏脚凳，具有自动上锁装置避免滑动。
（尺寸、价格电洽，图片提供_竹桓股份有限公司）

3 防夹手的智慧功能，在升降中遇到障碍物能即时停止。
（尺寸、价格电洽，图片提供_竹桓股份有限公司）

4 可移动的餐车模式，方便烹饪时快速取用，可将使用频率较低的物品收纳于两侧边的三角拉篮，完全利用畸零空间。
（尺寸、价格电洽，图片提供_竹桓股份有限公司）

这样保养才用得久

1 使用一般居家清洁剂即可

若使用的板材为塑合板、美耐板或木心板等，以棉布蘸中性清洁剂擦拭再以清水擦拭，棉布擦干，切勿使用强酸和强碱液体及香蕉水、松香水等高蒸发性溶剂擦拭。

2 勿用菜瓜布等较粗的材质擦拭

以菜瓜布擦拭可能会刮伤门板，应避免使用。另外，塑合板的表面可使用啤酒去污，再用抹布擦拭，可常保光亮如新。

3 利用修补笔延长板材使用寿命

使用了五六年后，板材难免会有损伤或有拆卸时留下的钻洞孔，此时可利用修补笔遮盖。旧板材就可以再重复利用，能省下重新添购的预算。

搭配加分秘技

利用不规则的板材营造层次感
谁说系统柜都是很制式？利用不规则的方格排列，系统柜看起来更有层次，也成为空间中的视觉焦点！

摄影_江建勋

特殊刷色展现乡村风格
为了统一整体风格，系统柜体的门板选用仿旧刷色以及线板样式，再配上造型把手，流露浓厚的乡村风情。

图片提供_摩登雅舍

五金配件
让柜子好用又顺手

30秒认识建材

适用空间	客厅、餐厅、书房、卧室、更衣室、儿童房
适用风格	各种风格适用
计价方式	以件计价
价格带	依产品规格而定
产地来源	德国、欧洲、中国台湾
优点	协助柜体使用更顺畅
缺点	品质不一需慎选

Q 选这个真的没问题吗

1 听说国外进口的五金比国产五金品质来得好，是真的吗？ 解答见P.234

2 在挑选五金时需要注意什么？可以选铁制的五金吗？ 解答见P.235

3 完工后，我要怎么测试才知道师傅有没有装好？ 解答见P.235

五金是系统柜中的配角，虽然看起来不起眼，但对于使用品质优良的五金，都让系统柜在设计搭配上获得不少加分。然而进口的五金就一定比较好吗？其实不然。不同产地的五金，会有不同的优势。有些国产的五金都是外销国外，品质有一定的水准。不妨依照自己的需求和预算，再选择国产和进口的五金。

以滑轨而言，为了避免抽屉关闭时发出巨响，配备有缓冲功能的滑轨是最基本的；为了美观以及避免幼童不慎撞及把手，免把手设计滑轨也可以考虑。只是要慎选这样的滑轨，因为大部分的免把手不仅牺牲了缓冲的功能，而且不允许强拉开启，万一滑轨出现故障，抽屉就无法打开。为了美观，避免抽屉开启时露出冰冷的滑轨，隐藏式滑轨渐受欢迎，这种滑轨是安装于抽屉下方而非侧面。

而在把手部分，透过按压方式的隐藏式设计即考虑到家中孩童在活动上的安全性。另外，在衣柜铰链的设计上，也颠覆传统门片只能打开90° 的制式规格，借由130度的开门设计，让业主收放拿取衣、物更为轻松自在。

图片提供_竹桓股份有限公司

种类有哪些

1 依材质分

五金在材质上大多为不锈钢、镀铬制品，不锈钢的材质较坚固耐久。另外，还有铁制加工的材质，但此类五金较容易发生生锈的状况，在使用上要特别谨慎。

2 依五金样式分，种类繁多，仅列出常用五金

（1）隔板粒：系统柜中支撑层板的隔板粒，种类也各有巧妙不同，搭配玻璃层板的隔板粒，为了防止玻璃滑动，会在隔板粒上加装两圈防滑套。而与木层板搭配的隔板粒，则以表面平整、下有蹲坐的样式最常见。

（2）铰链：用来开关门片的旋转五金，通常为不锈钢制。由于使用率高，用久了容易卡住或有异声，在选材上要注意选用耐久的材质。

（3）抽屉滑轨：可选择有无缓冲式的滑轨。一般来说，缓冲式的滑轨能降低开关时的噪音，并且能够避免过度用力开阖而造成缩短五金的使用寿命。

这样挑就对了

1 以使用者需求为导向

主要配合空间设计选择适合的五金配件。若小物品摆放所需的空间不大，可选用格架以增加摆放空间。

2 挑选适量的五金

选用越多五金，相对费用越高，所以适量是很重要的。挑选五金时可以先比较一下重量，因为有些五金可能是空心的，相较之下就能分辨出虚实。

这样施工才没问题

1 铰链

五金的好坏考验着系统橱柜的耐用程度，尤其是衔接门片与柜身的铰链。如果品质不好或是安装数量不足，门片就很容易变形。

2 滑轨

轨道结构（钢轨、接头、轨枕及道碴）与安装时的温度等铺设条件，在施工时须特别加以注意。

3 其他五金

施工时应确认所有配件都已安装，缺少配件可能会导致结构不稳，或是功能不正常，并注意结合处是否有破损影响结构。

监工验收就要这样做

1 检查五金外观

观察五金外观是否有瑕疵损伤，若有则重新更换。

2 实地操作，检查功能是否正常

具备活动或移动性质的五金，像是铰链和缓冲装置，顺畅度是首项要求。建议完工后实际使用一遍。并且要注意结构是否稳固，避免操作时损坏崩解。

3 试用抽屉时请记得用点力

抽屉的缓冲装置和承重量是测试重点，因此在测试柜子抽屉时用力推拉，才能感受五金的品质和手感。

达人单品推荐

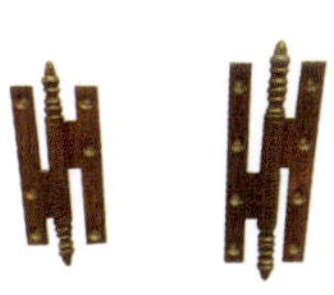

1 古铜铰链

2 乡村柜门把手

3 复古门把

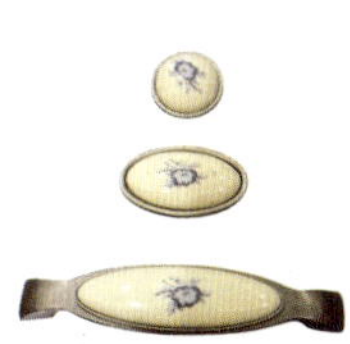

4 抽屉把手

1 质朴造型的铰链，无须重新上色便能呈现怀旧氛围。
（尺寸、价格电洽，图片提供_东顺五金）

2 以花草为主题的把手，是乡村风格居家中重要的点缀装饰。
（尺寸、价格电洽，图片提供_东顺五金）

3 深棕色的圆润造型，能带来温厚朴实的感受。
（尺寸、价格电洽，图片提供_东顺五金）

4 各式造型的抽屉把手，能适用于不同柜体的需求。
（尺寸、价格电洽，图片提供_东顺五金）

第13章

烹煮食材的场域

厨房设备

近几年，开放式厨房的设计越来越流行，已打破了厨房原本为密闭式空间的观念，厨房与生活空间的藩篱逐渐消失，再加上外观的设计朝向精致化路线，对美感的要求越来越高，以充满质感的厨房设计为导向，厨房就成了营造居家氛围重要的一景。

种类	台面	橱柜	门板	炉具	排油烟机	水槽
特色	为摆放或切剁食材的区域，材质以不锈钢、人造石、美耐板为主。	可分成不锈钢桶身、木心板桶身等，可做成底柜或吊柜	为厨具外观的门面。材质多样，包含钢琴烤漆、美耐板、实木和不锈钢等	以能够有效节能节源的瓦斯炉为主流，外观也朝向精致化设计，具有造型感的电磁炉和电陶炉也占有一席之地	分为传统斜背式、欧风倒T式和具有特殊造型的款式	以大尺寸的设计为主，材质有不锈钢、人造石等
优点	便于摆放料理食材或器具	具有收纳量、方便拿取物品	防水耐潮，外形样式选择多	具有高热效率、节能省电	具有高排烟力，吸纳厨房异味	静音、耐高温
缺点	有些材质易有不耐潮湿的问题，使用寿命较短	转角处容易设计不当，需多加注意	有些材质不耐刮，需特别注意	造价高	若排油烟管设计不良，易有火灾危险	珐琅制的使用年限较短
价格	依产品设计而定	依产品设计而定	RMB:980~4917元	RMB:1343~4477元	RMB:1120~4477元	依产品设计而定

设计师推荐 私房素材

朵卡艺术空间设计 · 邱柏洲推荐 图片提供_朵卡艺术空间设计

1 门板 · 以陶板制成更耐污： 陶板经过1150℃高温釉烧，超光滑的表面让油污更易擦除。比起美耐板、结晶钢烤制成的门板，其强度更强，耐刮耐洗，若再加入纳米抗污技术还可以防污抗菌。陶板的外观种类繁多，可烧成雾面或做出各种纹路，能营造出不同风格的厨房。

图片提供_竹桓股份有限公司

台面
切洗食材的工作台

30秒认识建材

适用空间	厨房
适用风格	各种风格适用
计价方式	以材或以cm计价
价格带	依材质不同，价格不一
产地来源	欧洲、中国台湾
优点	防刮耐污、耐高温
缺点	有些材质易有不耐潮湿的问题，使用寿命较短

Q 选这个真的没问题吗

1 **哪一种台面的材质在清理上比较容易方便？** 解答见P.239

2 **听说人造石台面不耐热，容易裂开是真的吗？** 解答见P.239

3 **台面平时要怎么保养才能够使用比较久？** 解答见P.240

厨房台面一向是切洗食材的重要场域，在挑选时除了考量到外观，最重要的是考虑台面材质是否有耐刮、耐潮、耐热等特性。常见的台面材质包括人造石、不锈钢、天然石、美耐板、石英石等。

早期的台面多以天然石材为主，但由于天然石材拥有毛细孔，液体容易渗入也易藏污纳垢，因此，研发出仿石材的人造石产品。人造石除了具有耐磨、耐污、好清理等特性，整体造价也比天然石材低廉，已成为不少人使用台面的建材首选。目前大多数的厨具多以人造石台面与不锈钢水槽做出一体成型的设计，让水槽、台面，甚至背墙，形成一个无接缝的操作环境。

石英石是近年新兴的材质之一，其材料90%以上采取石英硅砂，再加入少许宝石、矿石、玻璃、镜片等制成。石英石的熔点高达1600℃，因此特别耐热耐磨，使用年限较长。

图片提供_近境制作

种类有哪些

1 天然石

早期多使用大理石和花岗石作为台面，虽然纹理质感佳，但天然石材具有毛细孔，且有热胀冷缩的特性，容易吸附水汽和油污，时间一久表面容易发黄。并且大理石的硬度较低，不适合在上面进行切剁的动作，因此则较不建议使用。

2 美耐板

美耐板的优点在于耐磨、不易刮伤。但若美耐板的转角接缝处没有做好防水处理，容易会发黑，甚至会造成底板腐坏、表面翘曲的情况。

3 不锈钢

以不锈钢做台面，不仅耐磨耐用，防水又抗酸碱，是现今较常使用的台面材质。但表面容易产生水纹较难清除，若用菜瓜布等用品擦拭则易有刮痕。

4 人造石

人造石属于一种合成产品，利用树脂加入色膏、树脂颗粒、石粉等制造而成，外观仿造天然石材，拥有石材纹理却没有毛细孔，防脏、耐污、好清理更是其最大优点，但人造石不耐刮，若出现刮痕可请厂商打磨处理。

目前人造石所使用的树脂多为压克力（MMA）与聚酯树脂（Polyester）两种原料，建议使用压克力制成的人造石，除了本身材质稳定、具韧性外，使用约10年之后才会黄变。但聚酯树脂无韧性、易黄变，且时间愈久质地会变硬，即容易产生脆裂现象。

5 石英石

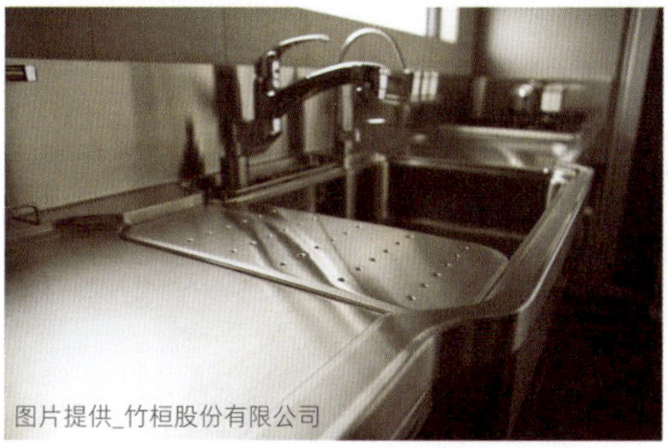

图片提供_竹桓股份有限公司

▲ 不锈钢台面在清理上需用海绵擦拭，不可使用钢刷等坚硬的洗涤物品，避免留下刮痕。

以石英硅砂、少许宝石、矿石、聚酯树脂等采用高温高压及真空震动所制成的，以块状方式制成之新型石材。其优点为硬度高、耐磨耐热。石英石越厚、硬度越高，因此若太薄，会有脆裂的可能，大部分的厂商会将厚度做到1.5cm左右。另外，石英石的材质大且重，安装也较费力费工，价格上也相对提高不少。

这样挑就对了

1 询问产地来源

选购台面时要仔细询问厂商产地来源以及寻找有优良信誉的厂商。以人造石台面为例，不少厂商为了降低生产成本，往往会选用不适用于制造人造石的树脂，制造出来的人造石运用在台面上，不但非常不耐磨，更重要的是很容易引起台面的老化和泛黄。此外，在使用人造石时，也要细心使用与做好保养工作，如此才能延长人造石的使用寿命。

种类	天然石	美耐板	不锈钢	人造石	石英石
特色	以花岗石或大理石制成，花岗石的材质较硬较耐久。	分为面材和底材。底材多为塑合板和木心板制成，有些面材则为贴美耐皿处理	不锈钢制品耐热，防水机能一流，但表面容易有刮花的情形	可塑性极高，易做造型设计，且具有高达160℃~180℃的耐高温特点与耐酸碱。表层可进行研磨、抛光处理	以石英硅砂制成，硬度比人造石高，且耐高温
优点	纹理独一无二，质感佳耐高温。	防刮耐磨，好清理	耐酸碱、高温，清理容易，可回收再利用	硬度高，较耐磨防水	耐高温、耐磨
缺点	有毛细孔，易产生吃色现象，可塑性低	不耐撞，表面如有破口易受潮	表面易有刮痕	怕刮、不耐高温，会有吃色的情形	厚度薄则易脆裂。价格和装设费用较高
价格	34元起/cm	价格不一	RMB: 4917元起/m^2	RMB:11~45元/cm	依进口汇率而定

2 用眼睛察看表面光泽

为了避免选购到聚酯树脂（Polyester）制成的人造石，可用眼睛察看表面光泽度来判定。压克力（MMA）成分的人造石表面较为光亮，聚酯树脂（Polyester）成分的人造石表面则呈现雾雾的感觉。

这样施工才没问题

1 台面以R角处理

包括不锈钢、人造石台面皆可做R角处理（R＝Round，为边缘做圆弧造型），让台面延伸至背墙的转角做圆弧处理，避免积累污渍。

2 精准测量尺寸

同服装剪裁一样，凡是“石”类的台面都须先在现场“打版”而后才进场依样裁切，通常是在橱柜组装完工后，于现场先做“板模”，精准地裁量出转角空间的角度，让台面与壁面更为密合。

监工验收就要这样做

1 台面结合要平整

不论是L、Π字形的厨房设计，在台面的接合处及转角都要注意是否有平整连接，并且转角收头要做到一致性，以免影响美观。

2 台面的边缘需确实处理毛边

台面的表面不得有凹痕与碰伤的情况，也要注意下缘部的毛边是否处理确实，以避免刮伤。

达人单品推荐

1 不锈钢台面

2 浮凸加工不锈钢台面

1 采用高于商业等级的1.2mm不锈钢素材，好清理又不易留污渍，再加上可滑动式的滴水盘设计，使用更加便利。

（尺寸、价格店洽，图片提供_竹桓股份有限公司）

2 台面采用不易看出刮痕的砂面涂装，再以特殊浮凸加工的不锈钢处理，可防止台面刮伤，让清洁保养更容易。

（尺寸、价格店洽，图片提供 _ 全胜祥实业）

这样保养才用得久

1 避免使用钢刷刷洗

平时以中性清洁剂清洗即可，避免使用钢刷、菜瓜布等容易刮伤台面的用品刷洗。台面应随时保持干燥，以延长使用寿命。若在人造石台面上打翻酱油等深色液体，应立即擦拭，避免造成吃色的情形。

2 人造石台面耐温性不高

人造石的表面耐温性低，若要放入高温锅具时，记得要在底部垫一层隔热垫，以免过热锅具或电器用品伤及人造石台面。另外，搭配的炉具面板要记得选择玻璃材质，玻璃材质能与热绝缘，过去常见的铁或不锈钢材质则容易导热，易加速人造石遇热裂开的情况。

3 不直接在台面上进行切剁动作

许多台面材质都有耐刮的特性，但有些材质较软，需避免直接使用尖锐物去刮，或将食物直接放在台面上做切割动作。

搭配加分秘技

以多重机能串联空间

以人造石工作台作为公共空间的活动核心，位于厨房这边是料理台，空间转换至客厅，则成了沙发背墙，台面继续延伸，以微幅转折与段差做变化，视屋主需求可当成工作桌或餐桌灵活使用。

图片提供 _ 演拓空间室内设计

开放式厨房增设多功能吧台

开放式厨房增设吧台，作为轻食餐台，吧台一角，让此工作区块能够拥有弹性运用的机能，成为生活的延伸。

图片提供 _ 馥阁设计

橱柜
随手收纳超省力

30秒认识建材

适用空间	厨房
适用风格	各种风格通用
计价方式	以整体需求而定
价 格 带	整组计价，依产品设计而定
产地来源	日本、欧美、中国台湾
优 点	具有收纳量、方便拿取物品
缺 点	转角处容易设计不当，需多加注意

Q 选这个真的没问题吗

1 **橱柜桶身有木心板、不锈钢等材质，选择哪一种比较好？** 解答见P.243

2 **吊柜要做多高，才比较适合妈妈使用呢？** 解答见P.243

随着橱柜和内部五金收纳不断推陈出新，各式各样厨柜为空间做了最有效率的运用，在收纳规划和厨柜使用上有各种不同的设计巧思。

制成橱柜的柜体，在坊间都统称为“桶身”，材质大致可分为木心板、塑合板、不锈钢等。其中，不锈钢的桶身具有防水、防腐蚀的功能，坚固耐用，建议用于有装置水槽的底柜。而木心板和塑合板桶身较容易受潮，一旦有受损，细菌和蟑螂较容易滋生，因此较适合用于上方的吊柜，相对而言比较不容易有沾水的机会。

另外，橱柜形式可分成吊柜、底柜和落地柜。一般在收纳不常用且较重的器具时，建议可放至底柜，且尽量往柜内底部摆放；较轻、使用频率高的物品应摆放于靠近柜门的地方。

为了能更容易拿取物品，考量到日常操作的便利，吊柜多朝向更省力的设计发展。最广为人知的便是自动式或机械式升降柜，对于行动不便的长者或身材娇小的家庭主妇而言，能省去使用椅凳取放吊柜物品的不便。

收纳设计包括拉篮、侧拉篮、抽屉分格柜等，另可于转角空间规划旋转式转盘，较不容易受限于空间而更方便拿取器皿。炉台旁的空间最适宜规划摆放料理调味瓶瓶罐罐，有助于烹煮时顺手拿取。

内部的收纳层架也是挑选的重点之一，大致有两种选择：固定式的层板和可移动的转盘。在转角处通常使用旋转盘，除方便拿取物品之外，也不浪费收纳空间。

图片提供＿弘第HOME DELUXE

种类有哪些

1 吊柜

位于厨具上方，增加厨房的收纳机，一般来说吊柜放置的物品以“不摆重”为原则。收纳设计包括自动式或机械式升降柜、下拉式辅助平台、下拉抽等。升降柜有60cm、80cm、90cm等款式，建议收纳容量需求大的消费者挑选最大尺寸，以免收纳空间因扣除了升降柜两侧的油压五金，不敷日常使用。

另外，若吊柜设计得太高，娇小的女性就无法拿取吊柜里的物品，以小凳子辅助也十分不方便，因此在设计吊柜的高度时，则以最常使用厨房的使用者的身高先决定流理台的高度，再往上加55～60cm，为吊柜的最适高度。

2 底柜

可做于炉台和水槽下，适合收纳体积大、重量重的器具。像是瓦斯炉或水槽下方的空间约有80～90cm宽，可搭配拉篮收纳一些较重的大锅具。而炉台下可设计拉式抽屉，放置常用调味料。若厨房为L型设计，转角柜可用旋转式五金，更方便收纳物品。

3 落地柜、高柜

若需要收纳的物品很多，使用落地柜和高柜是最能有效扩充厨房的收纳空间，除了可收纳电器、餐具之外，还有干粮储藏柜等功能。搭配拉板或活动式垃圾筒等，满足随手整理家务的使用需求，又可完美融入高柜里。

这样挑就对了

1 注意选用的柜体板材

厨房柜体一般可分为实木板材、木心板与环保板材，实木板材价格最贵，环保板材较便宜，木心板材重量最轻。实木板材既美丽又有质感，却不见得适合台湾，尤其北部气候较为潮湿，实木厨柜在使用多年后常见变形的问题。

2 选用适合的五金材质

各式收纳层架五金的材质分为铁、不锈钢、铁镀铬、不锈钢镀铬等。其中不锈钢镀铬较不易生锈，而铁制品则需要费心保养，在挑选时宜多方观察比较。

3 层板式设计，空间省最多

拉篮设计虽然便利拿取，但实质的收纳空间不如层板式设计，对于厨房收纳需求高的家庭来说，还不如采用层板设计搭配密封式收纳盒的方式，来得实用经济。

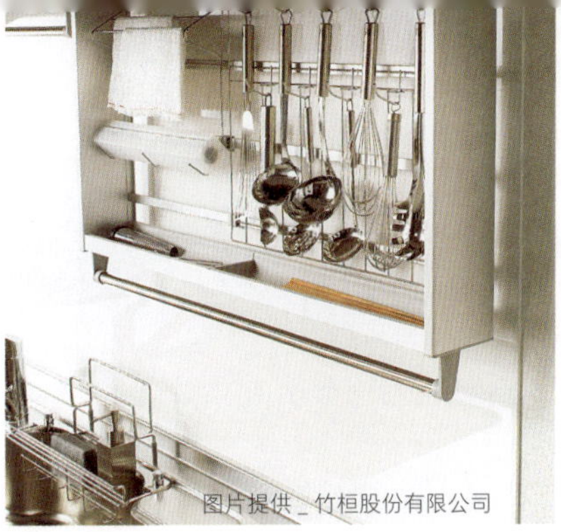

▲ 吊柜采取下拉式设计，让拿取东西更方便。

这样施工才没问题

1 确认五金轨道的精准度

完工后实际开拉各抽屉一遍，以确认轨道是否安装精准、确实。

2 电动式收纳需于事前规划水电配置

橱柜里是否装置电动式收纳设计，在厨房规划时应一并提出，于水电配置时进行修正补强。

3 转角柜以拉盘设计较方便拿取

转角处因为无法同时打开两边柜子的门，所以转角柜内部搭配拉盘的话，才方便将放在里面的物品拉出取放。

监工验收就要这样做

1 防锈处理要确实

柜内式五金如属于滑动型如滑轨，若材质为铁制，表面的防锈处理要确实，滚轮或滚珠是否容易做防锈保养。

2 塑胶类五金勿受热

塑胶类的五金要避免脆化或因撞击、遇热受到破坏。

这样保养才用得久

1 柜体层板以中性清洁剂擦拭

平时以中性清洁剂擦拭即可，避免使用强酸强碱清洁，以免弄伤层板的表面材质。

2 收纳五金上蜡或润滑油保养

若开启时觉得不够顺畅，有卡卡的感觉，可能是五金出了问题，可上蜡保养维持顺畅度。

达人单品推荐

1 隐藏式
下拉收纳组

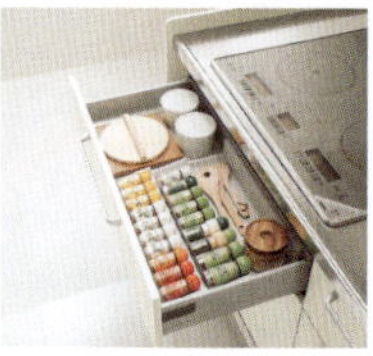

2 炉台柜
调味品收纳

3 LEICHT
转角豌豆柜

4 LEICHT City style古
典橱柜

1 将上柜后方不容易取物的空间，设计为隐藏式的手动升降组，不仅美观，更是一种贴心的空间利用设计。
（尺寸、价格店洽，图片提供 _ 全胜祥实业）

2 在炉台下另设计各种调味品的放置专区，让烹煮饮食更方便。
（尺寸、价格店洽，图片提供 _ 全胜祥实业）

3 在厨具高柜的转角处，运用拉盘五金让空间充分被利用不浪费，锅具、餐具都能轻松取用。
（尺寸、价格店洽，图片提供 _ 弘第HOME DELUXE）

4 将厨具设计延伸到其他空间，相同的厨具材质，简约的线条，营造出一种轻盈的新古典型式。不仅可作厨房收纳柜，即使放在起居空间，也仿佛精致的家具般优雅。
（尺寸、价格店洽，图片提供 _ 弘第HOME DELUXE）

搭配加分秘技

木与石的完美搭配
以人造石塑出吧台高度，下方再嵌入木质柜体，以温润木质柔化人造石的刚硬，而上方搭配的铁件杯架则让空间增加利落现代感。

图片提供 _ 禾筑设计

门板
展现厨房美感元素

30秒认识建材

适用空间	厨房
适用风格	各种风格适用
计价方式	以m^2计价
价 格 带	RMB:980~4917元
产地来源	日本、欧美、中国台湾
优　　点	防水耐潮，外形样式选择多
缺　　点	有些材质不耐刮，需特别注意

Q 选这个真的没问题吗

1 用水晶门片要怎么配才会好看又有质感？ 解答见P.246

2 门板需要费心保养吗？用一般的厨房清洁剂擦洗可以吗？ 解答见P.245

厨房的门板设计，是美学表现重要的一环，随着厨具设计家具化、新科技的引进，门板设计也出现了令人惊奇的变化。不论是清洁便利的烤漆玻璃，或是具有木质纹理和立体触感的质朴实木贴皮，不同的门板设计，搭配不一样的设计风格，让厨房的空间与起居室、餐厅更能相互辉映。

门板的结构可分为底材、面材和封边等。底材的种类可概分为密底板、木心板、塑合板、不锈钢板、玻璃等。表面的面材，又分为烤漆与贴皮。一般若想拥有光亮的高雅质感，选择钢琴烤漆或玻璃烤漆都能有不错的表现。但在选择材质上还需考量自身的烹煮习惯，若为中式的大火快炒方式，使用好清理的材质较方便。而大部分的材质用中性清洁剂就可去除脏污，只是需避免使用菜瓜布，以免刮伤表面。

图片提供_竹桓股份有限公司

种类有哪些

1 钢琴烤漆

底材多以密底板制作，表面需经过7～10层的烤漆手续处理，外观呈现光亮的表面，质感佳，能在小空间中具有放大的效果。具有不易掉漆、易清洗的优点。经常和钢琴烤漆相比较的为“结晶钢烤门板”，结晶钢烤门板的外层为压克力材质制成，价格较便宜，也能呈现如钢琴烤漆般的光亮。但结晶钢烤硬度低，易刮伤，且表面仅有素色的选择，不若钢琴烤漆可做出不同的花纹。

2 实木

门板以实木贴皮的做法呈现，底材为一般的木心板或密底板。要注意的是，实木具有毛细孔，较容易吸附脏污，所以使用完后要以湿布清理表面油污。

3 强化烤漆玻璃

以木心板为底材，面材以烤漆玻璃贴覆。其外观呈现光亮的质感，且硬度比不锈钢更高，再加上玻璃表面的毛细孔较细，不容易吃进脏污，也较容易擦洗。

4 不锈钢

不锈钢门板在表面涂覆一层薄膜，具有隔脏的功效，便于日常清理擦拭，不留手痕，且不容易附着污渍和烹煮过后的残留气味。

5 美耐板

底材多为密底板或木心板，表面再贴上美耐板。美耐板具有耐刮耐热的优点，价格也较平价，但底材仍为木材原料制成，若表面的封边条处理不够完善，水汽渗入后木料会膨胀变形，造成表面脱胶翘曲的情形。

这样挑就对了

1 以烹煮习惯决定使用哪种材质

在家开伙下厨的频率、是否习惯油烟料理的饮食，是决定门板规划的重要考量。若为大火快炒的中式料理，材质建议选择好清理不沾油的较方便。

2 门板样式与整体风格作配置

厨房采开放式设计，门板样式、颜色亦须考量与室内装修的融合问题，而不同的形式、材质与封边设计等，也都会影响门板的价格。

这样施工才没问题

1 施工前进行正角处理

柜体在工厂施工时，即应先进行“正角”的处理，意即柜体的角都要是90度，如此一来，在现场安装门板时才会接得好。

2 木纹门片需先对花

如果挑选的是木纹或特殊图案的门板款式，安装前应先做好“对花”的排序再安装，以避免发生错误。

3 安装前柜体前先抓水平，才能确保门板不歪斜

底柜在安装前要先抓现场水平，避免踢脚板的抽屉卡住。安装吊柜前除了抓水平，还要抓垂直，这是考量到台湾建筑常有“墙斜”问题，免得门板安装后却发生“不正”的现象。

监工验收就要这样做

1 确认与柜体的密合度

门板和柜体必须确实密合，需避免有离缝的情况，造成蟑螂或害虫等异物入侵。

2 门板要对称

上下橱柜的门板要有对称性，避免影响视觉观感。

种类	钢琴烤漆	实木	强化烤漆玻璃	不锈钢	美耐板
特色	呈现亮面质感，烤漆层可施作从3层、7层、10层等，层次愈高，硬度愈高	木纹自然，质地温暖，易搭配室内空间风格，质感高级	外观光洁亮丽，具透明感。	散发出金属现代风格	材质耐刮防火，外观种类繁多，从木纹面到金属面的质感都有
优点	表面光滑，清洁容易	纹理质感良好	易于清洁保养，硬度也比钢琴烤漆高	防水耐热，好清洁	耐用、耐刮，好保养
缺点	怕刮，忌强酸碱	天然实木遇水容易膨胀变形	出于人身安全考量，不适用于底柜。烤漆玻璃背易受尖锐物品刮伤	不适用于温泉地区，易产生氧化现象	接缝处容易产生脏污
价格	RMB:1220~2948元/m²	RMB:1220~3905元/m²	RMB:980~1970元/m²	RMB:1220元/m²	RMB:242元/m²

达人单品推荐

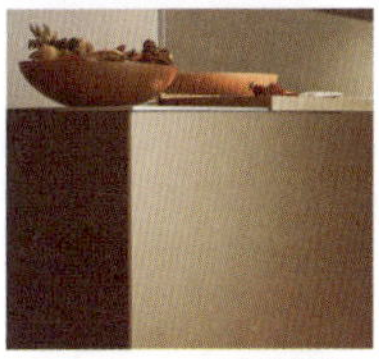

1 bulthaup沙漠棕铝合金面板

2 SieMatic S1浅橡木色实木贴皮门板

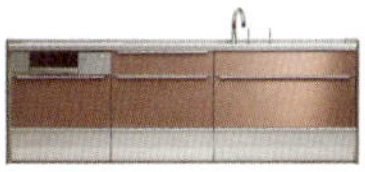

3 不锈钢门板

4 LEICHT Concept40

1 独家的技术使铝合金表面呈现饱和的色彩，温润有质感的色泽，为厨房增添高贵典雅的氛围。除了沙漠棕之外，还有烟熏灰、古铜棕的色调可供选择。
（尺寸和价格电洽，图片提供_楠弘厨卫）

2 极简风格的S1浅橡木实木贴皮门板，天然的木纹，让人充分感受空间中的自然氛围，使得厨具设计与起居室等其他空间相互融合而不显突兀。
（尺寸、价格店洽，图片提供＿宝厨）

3 在不锈钢的外层涂布一层防护膜，能有效预防脏污，也加强表面的耐刮程度。极具金属质感的门片，不论搭配何种风格都很适用。
（尺寸、价格店洽，图片提供＿全胜祥实业）

4 以40cm的等比例切割门板，水平组合排列，创造隐藏式收纳，可依厨房配备随意搭配的设计，颠覆一般厨具门片的制式规格，甚至可延伸到客厅或起居空间。
（尺寸、价格店洽，图片提供＿弘第HOME DELUXE）

搭配加分秘技

实木油机罩决定厨房乡村味
采用英国进口的白色厨具门板，以及典型实木油机罩，壁面贴覆特色花砖，地板花砖让乡村厨房更原汁原味！

图片提供＿陶玺空间设计

炉具
让烹饪节能有效率

30秒认识建材

适用空间	厨房
适用风格	各种风格适用
计价方式	以组计价
价格带	RMB:1343~4477元
产地来源	日本、欧美、中国台湾
优点	具有高热效率、节能省电
缺点	造价高

Q 选这个真的没问题吗

1 不同的瓦斯炉面材质，会有什么差别呢？ 解答见P.249

2 瓦斯炉安装完后，要怎么检视有无装设完备？ 解答见P.250

摄影_王正毅

对于习惯明火料理、大火快炒的人来说，瓦斯炉是最佳选择。喜欢少油烟的料理，或者是开放式的厨房设计，外形美观的电陶炉或电磁炉则广受大众喜爱。

而经济紧缩的现代，大众在家电的使用上，则逐渐倾向购买具有节能省电的器具。因此，厂商也极力研发更符合环保诉求的设计，例如内焰式的瓦斯炉，强调火力集中的效果，让烹调过程缩短，无形中就达到节能的目的。近年政府极力推动节能标章认证，国产的炉具许多都获得政府的认证，确保可有效节省能源也更经济。此外，瓦斯炉的防空烧设计，以及瓦斯熄火的自动切除装置，让消费者使用起来更安全。

在材质的选购上，炉具台面是否美观又好清洁，也是人们在挑选时的重要考虑因素。一般的材质有不锈钢和强化玻璃等，目前为了搭配流理台的外形，再加上厨房设计精致化，简单利落的强化玻璃，在清洁上也非常容易。

种类有哪些

1 传统台炉

以两口设计为主，一体成形，有不锈钢或珐琅材质。不锈钢材质较耐热耐刷洗，珐琅表面有上漆，用久了之后会有掉漆的问题。

2 嵌入式炉具

俗称嵌炉，嵌入流理台面中，但开关旋钮仍在前方，橱柜门板须预留空间给开关旋钮。有不锈钢、珐琅材质，有单口、多口设计。清理方便，不易有菜渣油渍积垢在炉边。

3 台面式炉具

俗称台面炉，点火开关旋钮在炉具面板上。因此，无须在橱柜门板预留空间给开关。台面材质多以不锈钢、强化玻璃为主。

4 电陶炉

运用钨丝加热，与电磁炉不同，不会产生电磁波，锅底非自体发热，有余热显示时，不可直接碰触炉面。

5 电磁炉

以前的电磁炉仅有110V的电压，热效率不高，无法像瓦斯炉般可以大火快炒。而现在则改良出可以取代瓦斯炉的新式电磁炉。新式电磁炉采用220V的电压，热效率大大提升，送热温度高，可用于大火快炒的中式料理，在使用上则减低了瓦斯外泄的危险。但在锅具上有使用限制，必须为具有磁吸力的不锈钢锅具，才能有效使用。

这样挑就对了

1 两口炉比三口炉更适合

瓦斯炉并不是越多口就越好使用，家中厨房空间若是不大，建议可将三口炉换成前后两口炉，让工作台面增加到100cm，并可搭配电热壶，如此一来当使用瓦斯炉煮菜时，也能同时用电热壶烧水，切菜、备料的工作台空间也加大。唯一需要注意的是若以大锅炖煮只能择一使用，不然会因距离过近而发生碰撞，习惯小锅烹煮的人，则可搭配炉架，这样会更好使用。

2 考量尺寸大小

选购嵌入瓦斯炉及台面瓦斯炉前，要特别考量到原先炉具的挖孔尺寸大小

3 挑选有高热效能的炉具更节源

选购热效能高的炉具，可节省能源，烹调起来既经济又省时。

▲安装完炉具后应试烧，调整空气量使火焰稳定为青蓝色。

这样施工才没问题

1 瓦斯炉与排油烟机距离不宜超过70厘米

瓦斯炉距离排油烟机的高度，必须考量排油烟机的吸力强弱，一般来说至少要有65~70cm的距离，油烟才能被吸附、不外散，但也需要视各厂牌的规格再进行调整。

2 安装电炉需先确认电压

欧洲进口电炉，大多使用220V电压，若为不锈钢材质，须确定每款炉具有独立电闸，以确保安全。

3 拼接炉具时需安装连接条

连续拼接双炉或三炉具时，需安装连接条，若炉具间以台面隔开则不需用连接条。

4 电子开关和炉头需紧密结合

电子开关和炉头结合要确实，以避免松脱情形。另外，瓦斯进气口的部分要注意夹具与管具之间的安装要确实牢固，以免造成瓦斯外泄。

监工验收就要这样做

1 安装后先试烧

瓦斯炉安装完毕应试烧，调整空气量使火焰稳定为青蓝色。

2 上下嵌式瓦斯炉口金属边缘有无尖锐毛边

材质及开关零件均要经过检验合格才能用，像是不锈钢材质清理方便，但面板易产生热度造成烫伤，选择时要注意台面材质厚度，以及材质是否具有认证型的不锈钢材质，避免表面锈质产生。

3 注意炉面的烤漆面板是否做好烤漆处理

正面背面都要注意烤漆涂装是否确实，可从金属边板是否容易掉漆来判断，如有的话容易生锈且会降低使用寿命。

这样保养才用得久

1 随时检查炉火的颜色

不定期检查炉火是否燃烧完全，若发现黄色火焰过多，则请专业人士检查调整。

2 以中性清洁剂擦拭台面

应每天固定清洗台面，使用抹布蘸上中性清洁剂擦拭即可。

达人单品推荐

1 嵌入式防漏瓦斯炉+小烤箱

2 台面式内焰二口炉

3 LUCE PC730 三口安全瓦斯炉

4 LUCE DK2K 双口电陶炉

1 瓦斯炉和烤箱二合一的贴心设计，具有过热自动熄火设定以及儿童安全锁，使用更安心。
（RMB:8910元，图片提供_林内）

2 高效率的内焰炉头和吸气遮罩，提升加热速率，改善热能耗损的缺点。
（RMB:2977元，图片提供_林内）

3 双环5000瓦烈火设计能大火快炒，瓦斯自动切断装置，提升安全性。
（RMB:3805元，图片提供_嘉仪）

4 搭配两种不同直径炉盘，可同时使用不同小锅具，6段火力设定，还有安全余温指示灯。
（RMB:4141元，图片提供_嘉仪）

※以上为参考价格，实际价格将依市场而有所变动

排油烟机
降低厨房油烟异味

30秒认识建材

适用空间	厨房
适用风格	各种风格适用
计价方式	以组计价
价格带	RMB:1120~4477元
产地来源	日本、欧美、中国台湾
优点	具有高排烟力，吸纳厨房异味
缺点	若排油烟管设计不良，易有发生火灾的危险

Q 选这个真的没问题吗

1 挑选排油烟机时应该要注意什么？ 解答见P.252

2 听说欧式的排油烟机吸力不强，那适合用于开放式厨房吗？ 解答见P.252

摄影 _ 王正毅

近几年，随着经济的增长、生活的富足，人们对于厨房三机（瓦斯炉、排油烟机、洗碗机）的美观设计和技术性的要求越来越高，而不少排油烟机在外型和设计上都朝向精致化的方向发展。

由于开放式厨房的设计逐渐受到大众的喜爱，在设计上为了配合整体风格，排油烟机不只是一项用品，也被纳入居家空间中展示的一景。像是具有时尚外观的欧风排油烟机，其干净利落的金属外形，可成为瞩目的焦点。而为了不占空间且让室内的空间看起来更开阔，目前已设计出更轻薄的排油烟机，甚至有隐藏在中岛台面下的抽拉式排油烟机，让整体美观更一致。

一般大众对于欧式的排油烟机都抱持排烟力不强的疑虑，在烹煮中式料理时则无法有效排去油烟。目前已有厂商针对此一缺点，改良了马达的转速运作，让欧式排油烟机的吸力更强。

不论是哪种机型，只要针对个人的厨房使用需求，选择适合的排油烟机，就可以让料理成为一种生活享受，而不是让人浑身油烟的酷刑。

▲ 排油烟机内有油网，建议每半个月使用中性清洁剂清洗一次。

种类有哪些

1 传统斜背式或平顶式

为传统的机型，排风力较强，但机具的厚度较厚，比较占空间，考量到厚度的问题，目前较少使用。

2 欧风倒T式

改良以往排烟力弱的缺点，设计出高速马达，马达转速越快，排油烟的力道越强。造型美观大方，适合搭配欧化厨具，常作为开放式厨房中使用的器具之一。材质多以不锈钢与铝合金为主。

3 特殊款式

强调造型设计，或与空间融合的隐藏式设计。

这样挑就对了

1 排油烟机的尺寸要比瓦斯炉大

排油烟机的宽度最好可以比瓦斯炉宽一些。瓦斯炉宽度一般约70～75cm，最好选择80～90cm的排油烟机。

2 材质、颜色需搭配空间色系

排油烟机的体积不小，很容易成为视觉焦点，因此其材质及颜色都会影响整个厨房的氛围，建议可选择钢板烤漆材质，再搭配厨房颜色加以变化。

这样施工才没问题

1 注意排风管管径大小

有些大楼是原建商预留的小管径排风管，后来再接上设计的大管径排风管，因尺寸上的落差，连接后会出现回风的问题，导致排风量锐减，因此必须特别注意管径是否相同。

2 排风管不宜拉太长及弯折过多

排烟管线的距离勿配置过长，最好能在4cm以内，并不超过6cm，建议在排油烟机的正上方最佳，可以隐藏在吊柜中，此外最好避免排风管有两处以上转折，否则容易导致排烟效果不佳。

3 评估墙面是否稳固

因为排油烟机需装设于壁面或稳固墙面上，以避免日后或运转时发生危险。

4 装设位置附近应避免门窗过多

排油烟机摆放的位置不宜在门窗过多处，以免造成空气对流影响，而无法发挥排烟效果。

5 安装前确实量好准确尺寸

隐藏式机型必须精确丈量橱柜与机器的尺寸以免产生误差。

监工验收就要这样做

1 排油烟管的排油管要避免皱折弯曲

排油烟机的排油管要避免皱折弯曲，排油管不可穿梁，塑胶材质燃点较低，选择金属材质的排油管较好，以免发生火灾。在管尾处要加防风罩，并注意孔径不能过大或过小。

2 要测试马达和面板

安装后要测试马达运转是否顺畅，声音的分贝数是否过高。按键面或控制面板是否灵敏，要事前确认测试。

达人单品推荐

1 倒T式排油烟机（高速马达）

2 水洗+电热除油排油烟机

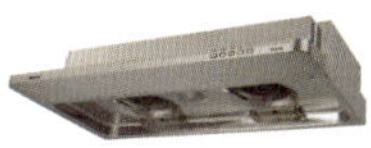

3 隐藏式排油烟机

1 60cm深，可完全吸附烤箱热气和炒菜油烟，瞬间高速的强力排烟功能，关心妈妈的健康。
（RMB:3806元，图片提供_林内）

2 斜背深罩式的造型强化集烟功能，同时具备自动清洗和电热除油的性能，节省清理的时间和麻烦。
（依型号而定，RMB:2016~2174元，图片提供_林内）

3 双涡轮的设计，吸力佳，有效清净厨房空气。超薄的简约设计，展现极简的优雅美学。
（依型号而定，RMB:2015~2574元，图片提供_林内）

※以上为参考价格，实际价格将依市场而有所变动

这样保养才用得久

1 有电热除油功能为佳

选择有电热除油功能的排油烟机，借电热高温化油方式，将机体内的油垢排出，以免内部积存油垢而凝固，这样可常保排油烟机内部清洁与吸力顺畅，亦可延长使用年限。排油烟管要避免用塑胶材质。

2 随时检查排风管

检查排风管是否有过度的油污或卡垢的情况，若有，则切记不可使用强酸碱性溶剂清洁，以免造成腐蚀。

水槽
洗涤食材的场域

30秒认识建材

适用空间	厨房
适用风格	各种风格适用
计价方式	以组计价
价 格 带	依产品设计而定
产地来源	日本、欧洲、中国台湾
优　　点	静音、耐高温
缺　　点	珐琅制的使用年限较短

选这个真的没问题吗

1 水槽的深度应该要多少，才不会造成腰酸的情形？ 解答见P.255

2 哪种材质的水槽比较好用又持久？ 解答见P.255

水槽，是厨房中重要的洗涤场所，在动线的设计上要流畅顺利，才不会影响煮菜的节奏。以一字型厨房为例，洗切炒的动作放在同一侧较好，水槽与瓦斯炉之间的工作台面长度则需要60～80cm，有足够的空间方便进行备料工作。

水槽尺寸是选购时的最大考量，这是因为东方民族习惯大火快炒，标准的炒菜锅直径便有38cm，更何况是大型尺寸或其他锅具，为清洗的便利着想，并不建议挑选低于50cm的单槽。强调分类洗涤概念的多槽，因多槽会削减主要大槽的空间，并不适合人口众多、锅具量多的家庭使用；圆槽则多半装置于吧台、中岛桌，成为主要操作动线的水槽延伸，适合轻食族群使用。

目前，由于人们对生活品质的要求越来越高，拥有宁静舒适的环境就成为许多人追求的目标。因此，在开关水的使用上，安静低噪音的水槽也成了现今的新宠儿。静音水槽采用多层结构，包括不锈钢表面、吸收水滴落振动声响的制震包覆层等，让倾倒热水或强力流水冲击产生的高分贝声响，迅速降至有如图书馆静音环境的38分贝，若是再搭配静音水龙头，就能创造安宁舒适的烹调环境。

图片提供＿禾筑设计

种类有哪些

1 不锈钢

不锈钢的水槽耐洗又耐高温，为一般家庭较常使用的材质。某些不锈钢产品的表面会涂上一层纳米陶瓷，使油污不容易附着其上，再加上做出凸粒状的设计，具有防刮功能，让不锈钢摆脱以往不耐刮的名声。

2 人造石

人造石与不锈钢可作一体成型设计的特点，尤其是双色人造石水槽带来的双色组合视觉，为洗涤空间注入鲜活的色彩。但人造石的材质偏软且不耐高温，应避免直接倒入滚烫的热水。

3 珐琅

底材为铁，外层为漆。由于珐琅容易热胀冷缩，一段时间后，表面的漆会剥落或产生裂痕，使用年限较短，目前较少使用。

这样挑就对了

1 水槽深度要适中

水槽深度必须适中，以符合使用者的身高和锅子的尺寸。若深度太深，使用者需常弯腰，长久下来容易腰酸背痛；若太浅，容易喷溅水花。另外，也要符合家中锅具的尺寸，避免在清洗时造成不便。

2 珐琅陶瓷类材质厚度与涂装要注意

选择珐琅陶瓷类材质，要注意厚度、涂装是否经过良好处理，以避免事后碰触造成缺角与龟裂。

3 依照烹调方式选择

如果是中式快炒的家庭，建议使用80～90cm的大单槽，以便于清洗炒菜锅，且大单槽可再加设实用的小凹槽设计。若是西式料理方式，则可选择较小的尺寸。

这样施工才没问题

1 平接式

平接式与台面高度几乎相同，不易察觉接缝。

2 上嵌式

上嵌式为传统的做法，是直接将水槽嵌入工作台面内。由于水槽边缘会与台面相接，需留意接缝处的清洁。

3 下嵌式

将水槽嵌入台面下，高度比台面低，较容易把台面上的残余菜渣扫入，但水槽边框的硅利康接缝处容易外露，而产生发霉、发黄的情形。为了改善此种情况，而改良出另一种内嵌式做法，不需使用硅利康就能完全接合，且不会有缝隙。

监工验收就要这样做

1 水槽要经过排水测试

安装完毕后要经过多次的测试排水功能是否顺畅，并严禁洗涤其他物品或到入油渍等，以免影响判断。

2 防水处理要确实

水槽与台面要注意边缘的防水处理，如防水橡胶垫、止水收边如硅力康等处是否确实。

达人单品推荐

1 静音水槽

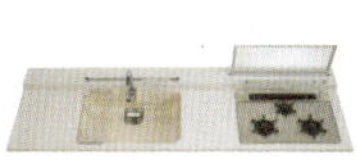

2 台面、水槽无接缝处理

1 业界独创不锈钢静音、防刮、抗油污水槽；图书馆音量约40分贝，若搭配Cleanup静音龙头，静音效果可达38分贝。
（尺寸、价格店洽，图片提供＿全胜祥实业）

2 人造石的高可塑性，是将水槽、台面做一体成型的最佳选择之一，且颜色款式选择丰富。
（尺寸、价格店洽，图片提供＿全胜祥实业）

第14章

营造舒适无压的洗浴空间

卫浴设备

在讲求设计感以及鉴赏品位的今天，即便是卫浴空间内的任何配件，都可以带来如艺术品般的质感与装饰效果。淋浴用花洒、水龙头以及各种五金配件早已脱离了单纯的功能性，造型上的变化加上性能提升，让卫浴五金朝精品的方向有更多表现。结合造型美观以及强大的功能，卫浴五金将工艺品的艺术性与实用性发挥到极致，让沐浴成为生活中的一大享受。

种类	水龙头	面盆	马桶	浴缸	淋浴设备	淋浴拉门	浴柜	五金配件
特性	以铜镀铬和不锈钢的材质为主	材质大致可分成石材、玻璃、不锈钢、陶瓷	马桶的冲水功能一般可分成虹吸式、喷射虹吸式、漩涡虹吸式、洗落式等	市面上多以FRP玻璃纤维浴缸和压克力浴缸为多	花洒、莲蓬头和淋浴柱的功能除了单纯的淋浴外，在造型上也走向精致化设计	市面上淋浴拉门的材质，主要为PS板、强化玻璃两类材质	最常使用的材质唯美耐板和发泡板	以塑胶、锌合金、不锈钢、ABS树脂及铜制材质为主
优点	造型多变、设计新颖前卫	设计多元实用	冲净力强，加了纳米材质，表面可防污	提供舒适的泡浴环境	功能性多、可调节水量	有效隔离水汽，易保养	收纳卫浴物品	耐用好搭配
缺点	铜制水龙头易有水渍产生	石制面盆较容易藏污，不易清理	若损坏，需重新打掉浴室地、壁面装设	压克力制的较易刮伤	保养不易，需常清理	需注意玻璃强度，以免破裂	木制浴柜遇潮湿易损坏	锌合金制品易氧化
价格	RMB:672元~2240元	依产品特性不同	依产品特色价格不一	依材质设计估算	依产品特色价格不一	依产品材质不等	依产品材质不等	依产品材质不等

设计师推荐私房素材

IS国际设计·陈嘉鸿推荐

图片提供_IS国际设计

1 马桶及龙头·居家品质的关键：居家生活有没有品质，就看浴室，所以不论是天地壁的建材，还是卫浴设备都很重要，其中龙头及马桶要特别注意。龙头不只牵涉空间风格，选得不好日后很容易漏水造成麻烦，而马桶则关系着身体健康，好不好坐、舒不舒适都会有影响，所以一定要慎选。

图片提供_楠弘厨卫

近境制作·唐忠汉推荐

2 浴缸·营造悠闲的洗浴氛围：好用的浴缸能够营造出舒适悠闲的洗浴氛围。采用保温性高的铸铁浴缸，浴缸基座以石材打造，展现大气优雅的卫浴空间。铸铁浴缸的造价高昂，但传递热能快速，在清洁保养上也很容易，使用寿命可长达数十年以上。

图片提供_近境制作

水龙头
调节水流不可少它

30秒认识建材

适用风格	各种风格适用
计价方式	以组计算
价 格 带	RMB:672元~2240元（视产地、设计与材质而定）
产地来源	中国、东南亚居多
优　　点	造型多变、设计新颖前卫
缺　　点	铜制水龙头易有水渍产生

选这个真的没问题吗

1 **我家住在北投的温泉区附近，水龙头要选用哪些材质才不容易硫化？** 解答见P.259

2 **用菜瓜布清理水龙头的水渍，不但擦不掉，还出现了好几道刮痕该怎么清才对？** 解答见P.260

水龙头的功能虽然相当固定，但在造型上则配合各种不同的风格意象而有不同的发挥。从奢华古典的复古设计，具有东方的内敛精神到西方讲求简洁的设计精神，水龙头设计也展现多元而丰富的内涵。

另外，对于水龙头的选择，目前内部的主体芯大都以陶瓷芯为主，使用年限可达10年以上。而外材质有锌合金、铜镀铬、不锈钢等，锌合金成本较低，使用年限较短。铜制的水龙头则因铜的比重不同，品质也有差别，因此选择时材质愈纯、重量会愈重，相对价格也来得愈贵，加上铜外面镀铬的厚、薄度也会影响品质。不锈钢则因不含铅，兼具环保与健康，使用年限也较长，也较耐用、不易产生化学变化，因而常适用于温泉区。但也因材质不易塑型，在整体造型上受限，而无法有多种变化。

图片提供＿楠弘卫厨

种类有哪些

依照制成材质可分成铜镀铬和不锈钢水龙头。

1 铜镀铬

以物理真空镀膜融入龙头的表面处理，呈现亮面的光泽，其致密的镀层让龙头的寿命更长久。

2 不锈钢

表面以电镀处理，材质耐用不易变质。

这样挑就对了

1 确认出水孔的孔数

挑选龙头时，要先确认住家的龙头出水孔为单孔、双孔或三孔，才不会选到不合用的水龙头。

2 依照喜好选购

若预算许可，选择具有设计质感的龙头让空间看起来更具艺术质感。

这样施工才没问题

注意出水孔的距离

在装设时必须要确实固定，并注意出水孔距与孔径。尤其是与浴缸或者水槽、面盆接合时，都要特别注意，以免发生安装之后出水孔距离却不方便使用的情况。

监工验收就要这样做

1 配件要点收齐全

一般面盆龙头的配件主要有去水器、提拉杆及龙头固定螺栓和固定铜片、垫片。若适用于浴缸的龙头，则还有花洒、两根进水软管、支架等标准配件。要注意不可遗漏。

2 注意是否有歪斜

不论是浴缸出水龙头还是面盆出水龙头，都要注意完工后是否有歪斜，若发生这样的情况，需立即调整。

达人单品推荐

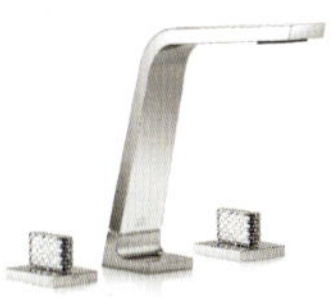

1
Dornbracht_CL.1系列水龙头

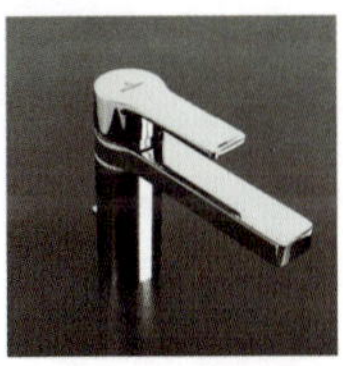

2
Villeroy&Boch Just水龙头

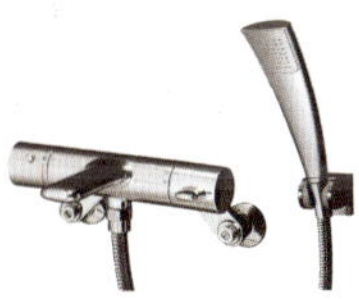

3
eco 脸盆用单枪水龙头

4
Strayt Deco系列水龙头

1 优雅延伸龙头高度，精致的线条画出优美造型，并以两种不同的浮雕纹理赋予把手立体的质感。同时也具有省水节能的功效，精确控制每分钟的水流量。
（尺寸、价格店洽，图片提供_楠弘厨卫）

2 Villeroy&Boch Just以直线、直角和半径的几何设计，创造出优雅的线条。高品质的镀铬防刮耐磨，方便清洁，且无铅的材质让用水更加安全。
（尺寸、价格店洽，图片提供_楠弘厨卫）

3 附有泡沫滤网，有效防止水花喷溅，同时有按压式拉杆，可以轻松开闭止水盖。
（尺寸、价格店洽，图片提供_TOTO）

4 以中国“外方内圆”意念为发想，因此以立方形为主体，再以圆弧导角收边。而顶端图腾的灵感则源自中式窗棂及西方天主教堂华丽的彩绘玻璃。
（尺寸、价格店洽，图片提供_KOHLER）

※以上为参考价格，实际价格将依市场而有所变动

这样保养才用得久

1 以清水和棉布清理

如果是有镀金或有特别设计如镶嵌水晶的龙头，在清洁时必须特别小心，不要以为用最强力的清洁剂就最有效，建议使用清水和棉布轻轻擦拭即可，若使用不当的清洁剂，会有掉色的危险。如果清水和棉布无法擦掉脏污，可改用中性清洁剂，但千万不可以用菜瓜布刷洗，以免破坏龙头表面的电镀，让龙头表面刮伤而永久受损。

2 铜制龙头可以热水或水蜡去除水渍

平常随时保持龙头干燥，可以预防水渍的问题，清洁的方式则使用海绵或抹布擦拭。若水渍较为严重，建议使用热水或车用水蜡即可去除上面的水渍。

搭配加分秘技

跳脱制式龙头想象

颠覆以往的印象，自天花而降的龙头，让洗浴感受更显丰富有趣。

图片提供 _ 森境 & 王俊宏空间设计

图片提供 _ 楠弘卫厨

浴缸的最佳伙伴

方正的单枪龙头构成一个宽大的出水口，并采用13道水流出水方式，犹如无数颗珍珠般呈现生动的水流表现，放在浴缸旁，展现绝佳的视觉享受。

面盆
梳洗洁净全靠它

30秒认识建材

适用空间	卫浴
适用风格	各种风格适用
计价方式	不等
价 格 带	依产品特性不同
产地来源	中国
优　　点	设计多元，适用与装饰兼具
缺　　点	石制面盆较容易藏污，不易清理

Q 选这个真的没问题吗

1 **听说脸盆有分上嵌式和下嵌式，这两种有什么不一样？** 解答见P.261

2 **固定脸盆时，要怎么做才会比较稳固不会掉落？** 解答见P.262

在讲求品质的今日，面盆精品化与科技化可以说是当今流行的趋势，利用质感上的追求，不仅可将面盆设计推到极致，同时也可与其他盥洗设备共同营造出独立而舒适的空间，集功能、美感与个性为一体。

以目前市面上常见的面盆来看，在造型上、材质上有相当多样化的产品，从石材、陶瓷、玻璃、金属到具有纳米处理的面盆，甚至加上LED灯设计者大有人在，然而以空间使用与搭配的角度而言，浅色、纯白的面盆仍为大宗，当然，使用彩绘或者其他颜色的面盆，也可将浴室空间点缀得更有特色，因此搭配的概念也在选购面盆产品上占有重要地位。

一般来说，面盆可分为上嵌或下嵌式，两种不同的做法会让面盆有不同的呈现。最主要应该注意的是要配合石材台面，注意高度是否符合人体工学，并且要注意防水收边的处理。

上、下嵌式脸盆的下底座支撑要确实，以避免事后掉落，尤其是下嵌式脸盆，由于下方通常为悬空，所以若施工时不可稍有闪失，以免日后造成意外。另外，独立式的面盆，能完整呈现面盆的整体造型，因此富有多种变化，以充满流线感的卵型面盆最具代表性。

图片提供＿TOTO

种类有哪些

面盆的材质有相当多种，大致可分成石材、玻璃、不锈钢、陶瓷。

1 石材、玻璃面盆

石材和玻璃所制成的面盆大都是搭配整体环境，外观造型为首要条件。其中大理石由于纹路天然细致、硬度高，但因天然石材有毛细孔，容易藏污纳垢，而且笨重不易搬动，因此在特殊公共场合较常使用。

2 不锈钢面盆

不锈钢面盆不但耐用又好清洗，不会有爆裂的问题，但造型受到限制，对于讲求整体设计的空间仍不够精致。

3 陶瓷面盆

陶瓷面盆是一般最常用的材质。陶土的好坏将影响硬度，陶土品质佳才能以高温窑烧，窑烧温度愈高，外部才能达到全瓷化，使其硬度高不易破裂。另外，若在陶瓷面盆的表面再上一层纳米级的釉料，能使表面不易沾污且好清理。

这样挑就对了

1 面盆尺寸需以比例衡量

有时面盆的造型好看，但安装在空间可能会有比例上的问题。另外，材质的表现也会影响外观，挑选时记得多方比较。

2 记得要挑选具有支撑性

选购面盆时，要注意支撑力是否稳定，以及内部的安装配件螺丝、橡胶垫等是否齐全。

3 增加固定的螺丝数量，安装上会更牢靠

为避免面盆掉落，可加强固定螺丝的点，可从“点”拓展成“线”或“面”，稳定度自然相对牢靠许多。

这样施工才没问题

1 注意台面的防水收边处理

由于面盆分为台面式或下嵌式，两种安装的台面都要注意防水收边的处理工作。独立式的面盆则要注意安装的标准程序。

图片提供＿楠弘厨卫

▲ 台面式的面盆需在台面上做出安装孔径后置入，底座的支撑要能确实支撑。

2 壁挂式面盆要确实锁紧螺丝

壁挂式的面盆由于特别仰赖底端的支撑点，因此施工时务必注意螺丝是否牢固，以免影响日后面盆的稳定度。

监工验收就要这样做

1 事先做好安装的规划

不论是哪种面盆，在事前都需依照卫浴面积、使用需求、排水管位置等各方面做完整的规划。

2 检查壁面是否有裂痕

面盆装置妥善时，应检查螺丝和面盆之间的壁面是否因旋转过紧而出现小裂痕，若有此情形应及时处理。

这样保养才用得久

使用时勿重压

面盆破裂伤人的事件时有耳闻，因此在使用上切勿重压、倚靠在上面施力，当面盆出现小裂纹时，就得格外注意避免扩大而发生爆裂。

达人单品推荐

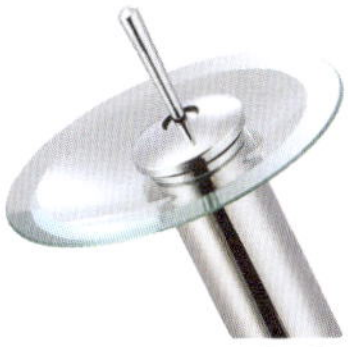

1 F1034面盆龙头

2 Villeroy & Boch Octagon系列面盆

3 Villeroy & Boch Artis 台面面盆

4 CONTEMPORARY 台面式面盆

5 Villeroy & Boch Avento 系列面盆

1 玻璃圆盘式出水口设计，搭配摇杆开关把手，展现时尚科技感；玻璃圆盘引导出水，创造独特水流感受。
（尺寸、价格店洽，图片提供_OVO京典卫浴）

2 特殊的材质型塑出面盆内部的八角形状，精确的棱面和角度增添高雅气质，外观则搭配立式圆柱，呈现古典质感。
（尺寸、价格店洽，图片提供_楠弘厨卫）

3 以纤薄细致的轻量陶瓷制成，比例圆满的圆形造型，营造精心设计的细腻质感。
（尺寸、价格店洽，图片提供_楠弘厨卫）

4 优雅极简线条，勾勒出现代感的极致美学，适宜的大小和深度不易溅水出来，使用更具人性化。
（尺寸、价格店洽，图片提供_TOTO）

5 方正简约的造型，其特殊的纤薄边缘经过细致的切割，展现当代简约的线条。
（尺寸、价格店洽，图片提供_楠弘厨卫）

搭配加分秘技

混合两种面盆搭配

下嵌式面盆和台面式面盆两者同时使用，不仅强化了机能的便利性，其温婉的白瓷和深色浴柜、台面形成对比，呈现优雅自然的氛围。

图片提供 _ 楠弘卫厨

马桶
生活必需亲密产品

30秒认识建材

适用空间	卫浴
适用风格	各种风格适用
计价方式	整组
价格带	依产品特色价格不一
产地来源	中国、欧洲进口
优点	冲净力强，若加了纳米材质，表面可防污
缺点	若损坏，需重新打掉浴室地、壁面装设

Q 选这个真的没问题吗

1 采购省水马桶的时候，有哪些事项要注意？ 解答见P.265

2 马桶冲力有虹吸式、漩涡虹吸式和喷射虹吸式，哪一种的冲力最强？ 解答见P.265

3 一体成型的免治马桶和免治马桶座哪一种比较好用？保养上会不会很麻烦？ 解答见P.265

提供_TOTO

对于现代人来说，马桶是生活中每天都要接触到的产品，同时也与身体有着相当亲密的关系。除了基本的功能之外，借由技术的发展以及工业设计的前进，马桶的设计在功能与外形上并重的趋势，俨然成为产品发展的重点。

马桶的冲水功能一般可分成虹吸式、喷射虹吸式、漩涡虹吸式、洗落式等。虹吸式主要是以虹吸效果吸入污物，由于壁管长、弯度多，所以容易阻塞，用水量也比较大，但声音相对来得小，而且存水量较浅所以不易溅出，容易清洗。另外，喷射虹吸式的马桶是将原本的虹吸马桶再增加一条水道口在水封底下，冲水时增强虹吸现象，加强马桶的冲水力道。

旋涡虹吸式则是运用独立水流冲向马桶，使水池面产生反时钟的漩涡，原本的虹吸现象加上漩涡的导引力量，进而将污物吸出。漩涡式的冲洗方式，较不易附着脏物，冲水迅速噪音低。

而洗落式的马桶在欧洲国家的使用率较高，其壁管短、孔径宽较不易阻塞，用水量少，但存水量较深，容易溅水。

一般马桶的材质大多以陶瓷制成，塑胶类都用于流动厕所，不锈钢大都在飞机等特殊场合，较耐碰撞不会有破裂的问题。在清洁时要避免使用盐酸、磨

▲ 有些电脑马桶的喷嘴会附设自动清洗功能，对卫生更有保障。

石粉等强酸、强碱，才不会破坏釉面层；而坐便器应经常使用酒精稀释液轻轻擦拭，避免细菌滋生。

随着科技的进步，人们对清洁舒适的要求更高，电脑（免治）马桶的使用率越来越高，电脑马桶除了提供温水、温座、前后洗净的功能外，还有烘干、除臭、喷嘴自动洁净等特殊功能。而电脑马桶可分成“一体成型式全自动电脑马桶”、“可拆换式电脑马桶座”，前者的马桶与马桶座为一体成型不拆卖，较适合新购屋、新装潢的人使用。后者不需大兴土木，只要更换马桶座，就能拥有电脑马桶，相对而言较方便。

种类有哪些

依照马桶的设计可分成单体式、二件式、壁挂式：

1 单体式

马桶与水箱为一体成型的设计，多为虹吸式马桶，特点为静音且冲水力强，但要注意的水压不足的地方如顶楼不适合安装。

2 二件式

马桶和水箱分离，利用管路将水箱与桶座主体串联，造型较呆板，优点为冲洗力强，缺点则为噪音大。

3 壁挂式

将水箱隐藏于壁面内，外观只看得到马桶。安装时利用钢铁与嵌入墙面的水箱连接，优点为节省空间，缺点则为安装手续麻烦，需事先规划。

这样挑就对了

1 注意排水方式与管距

买马桶时除了品牌、颜色、款式以外，也要注意排水方式和管距，让施工过程可更为顺利。

2 省水马桶的选购原则

（1）选择助压式马桶，冲刷力强：一般家中最常使用水箱式马桶，而其中又以重力冲水式和助压式最为普遍。重力冲水式虽然价格便宜，但冲刷力却远不如助压式，可能需要多冲几次浪费了水量，而利用加压空气增加水的冲力之助压式，则可避免这个问题。

（2）纳米陶瓷材质可省水：运用纳米陶瓷技术的瓷器，可使马桶表面不易附着脏污，防污力高，因此只要使用小水量就能冲净。

（3）更换为两段式冲水：若想将家中的一段式马桶改为两段式，只要更换零件即可，不过必须先测试一下原本的马桶是否适合升级，首先将水箱水量减半，丢入5～6张卫生纸揉成球状后冲水，若冲不干净的话，这类马桶并不适合更改为两段式省水马桶，换了反而更浪费水。

3 选购电脑马桶座时应注意孔径大小

若想更换电脑马桶座，应先测量好家中的马桶盖尺寸和孔径宽度，以免尺寸不合。

这样施工才没问题

1 马桶中心需距墙面40cm

马桶的形式将决定管径（马桶中心与壁面之间的距离），一般在17～30cm之间。马桶中心离墙面40cm，总长70cm，一个人坐上马桶的空间最少约70cm。另外，马桶不对门、不放浴缸旁，尽量放在门或墙后的贴壁角落，才能有隐私感觉。

2 安装时严禁用重物敲击锁合

安装时禁止强行锁合，或使用重物撞击的方式硬挤压进去或硬塞，避免裂缝产生。

3 安装分离式马桶时，要确实每个接点环节

禁止以硅利康填补，否则会产生漏水的问题，造成维修上的困难，固定时要对齐底座与地面排水孔。与瓷砖的收边要处理完善，避免排水不良产生异味。

4 马桶的施工可分为湿式施工法和干式施工法

一般国内传统都采用湿式施工法，湿式施工是混合水泥砂浆后接合污水管与固定马桶，日后若要更换马桶，需破坏马桶及地砖。干式施工是利用螺丝固定，适合用在干、湿分离的卫浴设施。但台湾大部分的卫浴设备都集中在同一空间，会在地面制作泄水坡度，若采干式施工法，较易产生马桶水平不佳的问题。

5 电脑马桶需预留配电插座和进水安装

设计时需要预留配电插座以及进水安装。新成屋大多会事先在马桶排水管附近设置电源，但不少中古屋旧屋通常没有预留插座，需另外牵线，影响整体美观。

监工验收就要这样做

1 采湿式施工时，留意水泥不能全部填满

湿式施工时需预留热胀冷缩的空间，不能全部填满水泥；干式施工则需特别留意卫浴空间水平面的问题，否则水平状况不佳，容易有倾斜渗水情况。

2 检查是否有渗水

完工后应观看马桶与地面接缝处是否有渗水的情况。

这样保养才用得久

勿以水柱冲洗电脑马桶

不可用水柱冲洗电脑马桶的坐便器，以免微电脑故障。喷嘴可用软毛牙刷清洁，倘若没有清洁则会造成感染。

达人单品推荐

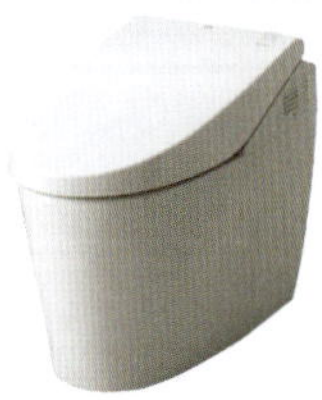

1 一体型全自动马桶

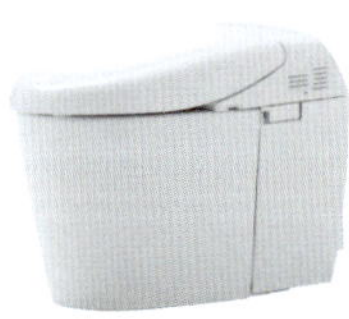

2 NEOREST马桶

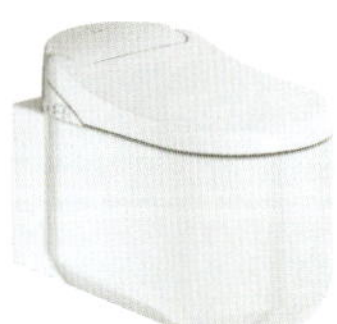

3 GROHE_Sensia Arena电脑马桶

4 Villeroy&Boch Joyce马桶与纤薄马桶盖

1 极简的凳型线条大方而气派，上层为无缝光滑的表面，不仅拥有优美的外型，也容易在日常维持洁净。
（RMB:41346元，图片提供＿TOTO）

2 具有自动冲洗、开合、除臭的感应功能，且使用前还有喷雾功能，着座后对便器表面喷水，使便器表面湿润，防止污垢附着，使用上更智慧人性。
（尺寸、价格店洽，图片提供_TOTO）

3 独特的创新研发将所有功能整合在遥控器上，操作更具直觉简便。针对女性给予专属的冲洗方式，并提供暖烘干功能。
（尺寸、价格店洽，图片提供_楠弘厨卫）

4 创新的虹吸概念和独特的节水功能，再加上SlimSeat马桶盖以纤薄的设计为概念，搭配缓降功能使整体呈现优雅的姿态，精练的设计线条获得了2013年的红点产品设计奖。
（尺寸、价格店洽，图片提供_楠弘厨卫）

※以上为参考价格，实际价格将依市场而有所变动

搭配加分秘技

隐藏的马桶让空间更完整

要让卫浴空间也可成为被欣赏的舞台，或如艺术品般的装置感，那么将马桶隐藏是一个相当重要的手法。利用矮墙的设置，可将马桶隐于墙后，在内使用既可保持隐私，外观上也让卫浴空间更加完整。

图片提供＿艺念集私

浴缸
纾压洗浴的必需品

30秒认识建材

适用空间	卫浴
适用风格	各种风格适用
计价方式	以组计价
价 格 带	依材质设计估算
产地来源	中国、欧美
优　　点	保温效果佳
缺　　点	压克力制的较易刮伤

Q 选这个真的没问题吗

1 压克力、FRP玻璃纤维、铸铁等材质，哪种才是最保温又耐用的浴缸呢？ 解答见P.269

2 新浴缸才装没多久，发现浴缸底部在渗水，是哪里出了问题呢？ 解答见P.269

3 要怎么测试浴缸的品质？有方法可以辨识吗？ 解答见P.269

图片提供＿楠弘厨卫

市面上贩售的浴缸种类相当多样，价位从几千元到高价的数万元皆有。以材质来区分，大致有压克力浴缸、FRP玻璃纤维浴缸和铸铁浴缸等类型。压克力浴缸与FRP玻璃纤维浴缸为市面上最常被选购的浴缸材质，压克力的保温效果佳，但表面容易刮伤。FRP玻璃纤维浴缸，为现在最普遍的材质，安装搬运方便，但容易破裂。在使用上要多加小心。

按摩浴缸的功能多样，按摩功能的设计通常讲究喷嘴位置的配置，同时也符合人体工学，让身体达到舒缓的目的。一般来说，其设计多安置于浴缸底部以及两侧，机器可利用喷射水流等多种模式来达到按摩的效果，近年则有搭配上多种灯光变化，营造出特别的气氛，让泡澡更具多元化的视觉享受，而在造型上则有圆形、方形、扇形等多种类型，为空间的布置营造更多乐趣。

种类有哪些

1 压克力浴缸

保温效果佳，缺点是硬度不高，表面容易刮伤，但色泽鲜艳、质轻耐用是其特点，不过由于种类多样，因此市场上的价格落差也相当大。

2 FRP玻璃纤维浴缸

可大量制造，价钱相对便宜。其最大的特色在于体积轻巧与搬运安装方便，但由于容易破裂且保养不易，也成为使用上最大的缺点。

3 铸铁浴缸

保温效果最佳，使用年限相当长，在表面会镀上一层厚实的珐琅瓷釉。但价格高昂，体积笨重不易搬运。

4 钢板珐琅浴缸

主要是在一体成型的钢板外层上珐琅，色泽美观，表面光滑易整理。保温效果佳，但不耐碰撞。

这样挑就对了

1 以指甲压测硬度与厚度

浴缸的硬度和厚度不足时，容易出现破损，建议先敲敲看检测为实心或空心，并用指甲压一下浴缸，会凹陷则代表硬度不足。

2 试坐浴缸边缘感受稳固度

轻坐在浴缸边缘处，感受浴缸是否稳固，会倾斜或翘起来表示稳固性可能有问题。

3 注意材质滑顺度与接合度

浴缸会与全身皮肤接触，因此最需要的就是注意材质。建议先用手触摸缸体是否滑顺，再来摸一下接合处会不会粗粗的或有锐利感。

这样施工才没问题

1 管线配置合理确保排水顺畅

按摩浴缸或整体卫浴在装设时要注意的是排水系统，管线要做到适当合理的配置，注意马达要使用静音式的安装，才不会出现结构性的低频共振。整体卫浴亦同，平日特别要注重保养工作。

2 确实做好防水

排水时要注意浴缸底座要确实做防水处理，防水粉刷做好之后再来装设浴缸，不得敷衍了事，一般漏水问题都从这边而来。

3 注意边墙支撑度

浴缸装设时要考虑边墙的支撑度要够，如果没有做好的话，因为水量多跟少上下移位的关系，会产生裂缝进而渗水。浴缸施工时尽量避免将重物放置浴缸内，这样容易造成表面磨损，若不慎磨损可用粗蜡打亮。

4 选用防霉硅利康固定

若选用独立式浴缸，最大的优点是可随喜好摆放位置，在安装时通常会在底座利用硅利康固定于地面，建议使用具有防霉成分的，才不容易发生霉变，造成日后清洁上的困扰。

监工验收就要这样做

1 清除溢出的水泥

安装后要将溢出的水泥清除，否则固化之后很难清理。

2 24小时后再使用

浴缸安装后固硅胶固化需要长达24小时，建议在这段时间内不要使用，以避免发生渗水情况。

达人单品推荐

1 Villeroy & Boch Squaro Prestige 独立浴缸

2 HOESCH Ergoplus 浴缸

3 晶雅独立式浴缸

1 Squaro Prestige独立浴缸的所有配件均手工制作，浴缸外层可包覆木纹薄片或皮革贴面，展露自然大器的精致氛围。
（尺寸、价格店洽，图片提供_楠弘厨卫）

2 Ergoplus系列按摩浴缸，在浴缸周围装设一圈LED灯管，你可以一边处理手边的事情，同时预备泡澡水，当水位到达感应器的高度，灯光自然会产生变化，提醒使用者及时关水。
（尺寸、价格店洽，图片提供_楠弘厨卫）

3 流线的造型，塑造出极简的空间美学。独立式的浴缸设计，附扶手的贴心概念，洗浴更加安全。
（尺寸、价格店洽，图片提供_TOTO）

这样保养才用得久

使用中性清洁剂

清洁时要用中性的清洁剂，若使用强酸或强碱会伤害浴缸表层。若材质为压克力或FPR玻璃纤维，建议擦拭时用软布去除污垢即可，不可用菜瓜布，以免刮伤表面。

搭配加分秘技

加宽浴缸边框给予乘坐空间

适度加宽浴缸的边框，形成一个坐台作为缓冲，拆解进出浴缸的动作，让进出浴缸更顺利。

图片提供_禾筑设计

图片提供_相即设计

木质素材相呼应，营造温暖的洗浴空间

以仿岩的瓷砖搭配木质浴缸，展现木石的温润之美，浴室天花板再辅以相同的木质素材，加深朴实自然的印象。

淋浴设备
节水节能又省钱

30秒认识建材

| 适用空间 | 卫浴
| 适用风格 | 各种风格适用
| 计价方式 | 单品、整组皆可
| 价 格 带 | 不等
| 产地来源 | 中国
| 优　　点 | 功能性多、可调节水量
| 缺　　点 | 保养不易，需常清理

Q 选这个真的没问题吗

1 我家住在顶楼，水压平时就不足，适合安装淋浴柱吗？ 解答见P.273

2 听说现在莲蓬头也有省水装置，在选购时有什么注意事项吗？ 解答见P.273

近几年大众对于沐浴的品质要求越来越高，淋浴用的花洒或莲蓬头早已脱离了单纯的出水功能，在造型和性能上都提升不少，渐渐地花洒和莲蓬头已朝向精品概念的方向设计，并且也出现多功能的淋浴柱，不但造型美观，使用上也更为便利。

而花洒的出水方式可依照按摩、洗头等不同需求，而有不同的水流和水量控制。讲求按摩效果的花洒，还可利用按摩式水流出水，借以刺激身体的穴道，涡轮式水流则可为皮肤带来微痒感觉，以达到刺激知觉的目的。

除了有不同的出水功能之外，还具有节能、自洁、恒定水温等多样化功能，固定花洒和手持花洒的组合搭配也相当受欢迎，在使用的便利性上更贴近消费者的习惯。

淋浴柱除了安装普通的花洒之外，也有配置数个喷嘴的款式。一般来说，喷嘴的配置数量愈多，代表着淋浴范围愈大，出水量自然也越多，另外还可搭配上微调功能。

另外，淋浴柱的设计也可针对个人体型高矮的不同而改变位置，个人可视需求调整高低，让腰、背部皆可冲洗。喷嘴除了与淋浴范围相关之外，另也有单孔直喷式及多孔喷雾状水流式，若兼具两项功能的喷嘴，价格也会较高，而出水口愈多者，水雾效果也越好。

图片提供 _ 楠弘厨卫

种类有哪些

1 依样式可分为：

（1）固定式花洒：分成外挂式和埋壁式，通常固定于墙壁或是天花板。外挂式花洒若有问题较容易维修；埋壁式花洒则藏于天花板内，维修较不容易。

（2）手持花洒：最常见的是手持式莲蓬头，构造简单，装设原理较不复杂，又方便使用，不论装在浴缸上或淋浴间都很适合。

（3）花洒淋浴柱：包含顶端花洒、手持莲蓬头、淋浴柱等等产品。使用者可依自己的喜好，挑选含有不同功能的淋浴柱，例如水温记忆、按摩喷头、自动控温等等，选择相当多元化。

2 花洒和莲蓬头依材质可分为：

（1）黄铜镀铬：黄铜制的花洒使用年限长、耐撞击外，单价比较高。

（2）塑胶镀铬：塑胶制的较耐用，但一般人会有因不耐热而散发有毒物质的疑虑。基本上平常卫浴时的温度并不会高于42℃，因此塑胶类花洒仍可安心使用。

（3）不锈钢：不锈钢材质因无法做出造型上的变化，因此较少见。

这样挑就对了

省水莲蓬头的采购Tips：

1 检视水流量再更换

先测试家中到底适合哪种莲蓬头？将龙头的水调至适温后流约1分钟，若在10L以内，建议可挑选气泡喷洒型或具暂时控制开关型的莲蓬头；若超过10L则可选择雾化型或固定节流型的莲蓬头。

2 挑选符合需求的款式

（1）气泡喷洒型：利用起泡作用使空气混入微小水滴，能造成较大的湿润面积，并减少使用水量，即使是压差小的高楼层使用，也不会降低出水量或冲洗力。

（2）雾化型：此款莲蓬头可产生许多小而雾化的水滴，使湿润面积变大而减少用水量，水打在身上的感觉较轻柔，不会有疼痛感。

（3）具暂时控制开关型：莲蓬头上附有控制开关，可在洗澡擦肥皂时先将水流暂停，避免浪费用水，但必须注意是否有定温设计，也就是开关前后须保持同样水温，才不会引起烫伤的危险。

图片提供＿TOTO

▲ 结合花洒和淋浴柱的卫浴设备，在使用上有多元的选择。

（4）固定节流型：将节流器埋入并固定在莲蓬头内，但节流器会使水流速度降低，水量减少，因此较不适合低楼层或水压不同的居家使用。

这样施工才没问题

1 安装淋浴柱要注意淋浴柱的高度与进水管的管距

在安装淋浴柱时确认高度和进水管的管距是否与自家浴室空间相合，尤其进口产品与国内规格有出入，因此选购时要确认规格尺寸。

2 注意家里水压够不够

一般来说，水压通常要2kg，如果家中设备水压不够，就必须考虑加装加压马达，但若是老旧房子就要注意管线的耐压度是否足够。若是家中同时安装按摩浴缸、莲蓬头与浴柱等，必须要同时安装水路转换器。

监工验收就要这样做

1 测试水流量

将水龙头打开测试水流量是否正常，水流是否正常喷洒。

2 避免在交屋前使用

由于不少房子交屋前是使用临时用水，水质不佳，可能会有细小砂粒堵塞花洒，建议这段时间应避免使用。

达人单品推荐

1 Air In Shower气泡式淋浴系列

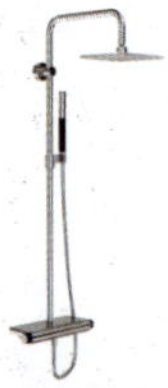

2 Kohler Aparu 恒温淋浴柱

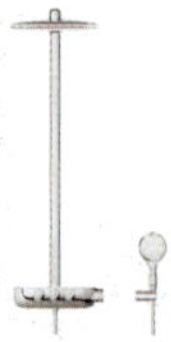

3 GROHE SmartControl 淋浴系统

4 Dornbracht Sensory Sky

1 运用气泡式出水技术，在水中注入大量空气，将水滴扩大，增加出水面积，却不增加使用水量。相较以往的淋浴器，可节约35%的水量。
（RMB: 6044元，图片提供＿TOTO）

2 流行感十足的方形顶喷花洒设计，搭配独特亲氧花洒，出水可融合空气，使水滴圆润饱满，并兼具环保省水功能。
（尺寸、价格店洽，图片提供＿KOHLER）

3 莲蓬头具有SafeStop安全控制钮，可限制水温不超过38℃。头洒则结合强力的按摩喷嘴，在家就能有SPA的舒适效果。
（尺寸、价格店洽，图片提供_楠弘厨卫）

4 平整的出水面板共设计三个淋浴区，分别为可独立操作的头部喷淋、身体喷淋和雨帘，并搭配灯光和香熏的功能，让洗浴体验升华，在家就能拥有SPA般的顶级享受。
（尺寸、价格店洽，图片提供_楠弘厨卫）

这样保养才用得久

1 详读使用说明

若家中的淋浴柱有特别的功能，在使用前务必详读使用手册，了解正确的操作方式。

2 不可使用菜瓜布或强酸强碱清洗

平日的保养使用抹布与海绵将表面擦拭干净即可。另外需要注意的是，不可使用菜瓜布或强酸强碱清洁，否则可能会造成淋浴柱与花洒的表面损伤。

3 白醋加上小苏打，轻松去除水垢

花洒最容易发生水垢堵塞的问题，因此平时保养可用白醋加上小苏打综合后，将花洒旋开浸泡10分钟左右就能清除水垢。外层保养可用纸巾加醋酸后轻轻包覆，即可维持亮度。

搭配加分秘技

图片提供＿CJ Studio陆希杰设计事业有限公司

外壁淋浴营造室外感

刻意将淋浴区设于水泥造型墙之外，虽然同样都在室内，却营造出有如在海滩上的淋浴间的情境，刻意选用造型简约的花洒和莲蓬头，让意象更为鲜明。

淋浴拉门
隔离水汽保干爽

30秒认识建材

适用空间	卫浴
适用风格	各种风格适用
计价方式	整组
价 格 带	依产品材质不等
产地来源	中国
优　　点	有效隔离水汽，易保养
缺　　点	需注意玻璃强度，以免破裂

Q 选这个真的没问题吗

1 **我想将家里的浴室改成干湿分离，但浴室很小又有浴缸，哪种拉门比较适合？** 解答见P.276

2 **玻璃材质的淋浴拉门会不会容易有水渍？平常该如何清理？** 解答见P.276

由于现今居家空间的卫浴多采干湿分离的设计，为了能有效隔离水汽，淋浴拉门的材质就更显得重要。

目前市面上淋浴拉门的材质，主要为PS板、强化玻璃两类材质，PS板是聚苯乙烯（Polystyrene），它的硬度比压克力来得高，但相对较脆，价格较低。缺点是透明度不够，造成透光性较差。强化玻璃在饭店空间相当常见，除了耐撞程度高，高度的透明度也可让浴式空间更放大，在视觉上也有极佳的表现。

淋浴拉门的设计从最简单到繁复的设计均有，有L型拉门、圆弧形拉门等，除了独立安装之外，也可装设在浴缸上，对于需节省空间的消费者来说相当实用。不论是何种形式的设置，由于每间卫浴格局不同，在选购前要特别注意与主体空间能配合才是最适合的，如果空间许可，拉门尽量选择往内推，才可以真正达到干、湿分离的效果。

图片提供 近境制作

种类有哪些

依照样式可分成:

1 L型拉门

适合装设在转角，有效节省浴室空间。

2 一字型拉门

为较常见的样式， 通常采取横拉式门片，门片数量从两门到四门都有。

3 圆弧形拉门

呈现扇形结构，既节省空间又具有美感。

4 钻石型拉门

两侧以玻璃作为隔间墙面，中间设置一面玻璃拉门，宽度会比圆弧形拉门稍宽。

5 半面式一字淋浴门

通常与浴缸和墙面搭配使用。适合不想更改浴室的人，不需重新规划，也能拥有干湿分离的效果。

图片提供 _ 一太e卫厨

▲ 一字型拉门为台湾常用的款式，价格较便宜。

这样挑就对了

1 依照空间大小选择适用的拉门材质

若空间较小可使用强化玻璃材质，可放大空间感。

2 淋浴拉门的安装可分铰链式和横拉式

铰链式拉门最常被使用在强化玻璃的淋浴拉门产品上，依功能的不同可以分为回归铰链、自由铰链、回归弹簧铰链等。铰链的功能在于固定门片，并让门片开合。不同功能的铰链，还可让门片以90° 或180° 来开启。横拉式门片靠的是轨道与滑轮五金来移动，施工安装的细节较需注意，大约可分为一字型、一字二门、三门、四门等，消费者可以根据需求和喜好选购。

这样施工才没问题

1 玻璃门要选用有强化材质的产品

使用强化材质的玻璃可避免单点撞击的伤害发生，另外也要考虑载重的问题。

2 铝框式拉门要注意安装的结合点

铝框式的淋浴拉门要注意结合点、轨道的润滑性、尺寸是否水平，以及闭门关起后的止水功效。

3 五金和墙壁的结合则要确实

要做好固定支撑处理，一开始就要确定把手的形式以及孔数、孔径大小。

监工验收就要这样做

完工后要试推

完工后要推一下拉门，了解整个开合是否流畅。

这样保养才用得久

1 使用后将水珠擦干

为避免皂垢长期积累不易清除，不论何种材质的门片，在使用后应用棉布将水珠擦干，或使用刮刀清除以免留下水渍。

2 沐浴后要随手清理

淋浴拉门主要在拉门门片与铝框接合处最容易藏污纳垢，因此沐浴后需用清水冲洗。

3 玻璃拉门以白醋清除水垢

若有水垢、皂垢出现，勿用菜瓜布用力擦拭。玻璃材质的拉门可用白醋擦拭，若已出现雾化（氩化）情形，可用少许工业醋酸去除。若是PS板的拉门可使用海绵加上中性清洁剂清除，绝对不可使用去渍油等挥发性物质，否则会破坏表面材质。

搭配加分秘技

图片提供＿IS国际设计

钻石型玻璃拉门放大空间感

钻石型拉门的设计不仅不占空间，以清玻璃制成的拉门，还具有放大空间感的效果，让浴室看起来更开阔。

图片提供_摩登雅舍

半面式浴缸区分干湿区

全屋都以白色为基调，唯有卫浴空间运用缤纷的瓷砖拼贴，此处的用色灵感，来自教堂色彩斑斓的彩绘玻璃，通过活泼的色彩铺陈带来心灵疗愈的效果。由于有浴缸的使用需求，因此为了有效区分干湿区，运用半面式的一字型拉门分隔。

浴柜
浴室收纳好帮手

30秒认识建材

适用空间	卫浴
适用风格	各种风格适用
计价方式	整组计价居多
价格带	不等
产地来源	中国
优点	收纳卫浴物品
缺点	木制浴柜遇潮湿易损坏

Q 选这个真的没问题吗

1 在浴室用木制的浴柜，但又怕湿气太重容易发霉，有没有解决办法呢？ 解答见P.279

2 听说美耐板可以防水，适合用在浴柜的门片吗？ 解答见P.279

图片提供＿楠弘厨卫

卫浴空间也需要收纳的机能配置！在小小的浴室空间，总是需要收纳柜体来满足物件的收纳需求，而随着空间的不同以及设计上的要求，浴柜的样式也因此多元，但与一般柜体不同的是，由于浴室的空间比其他空间相对潮湿，因此除了美观之外，浴柜本身防潮性是否足够，就成了选购时最应考量的重点。

浴柜通常有壁挂式，或具有柜脚或是轮子的。吊柜式设计通常会搭配透明的门板，除了拿取使用上更方便外，还能降低对小空间的压迫感，且吊柜的尺寸多，可依空间大小来选择。离地的设计最主要在于隔离地面潮气，建议最好离地约15cm，一方面考量湿气外，一方面也会减低柜体的重量感。除此之外，浴柜所附属的金属零件通常也应经过防潮处理，以防潮湿的环境减损柜体的使用寿命。

种类有哪些

1 依样式可分为

（1）落地式：具有柜脚，家具感较为强烈。通常与面盆搭配安装，或有一体成型的设计。

（2）开放型：柜体具开放式设计，同时也安装门片，可视需要灵活放置物品。

（3）不对称型：在造型上采用不对称设计，特别具有强烈的现代感。

（4）吊柜：属于壁挂式的柜体，可与镜面相搭配，兼具多样化功能。

2 依材质可分为

（1）美耐板：美耐板具有耐磨、耐热、防水、好清理等特性，因此多见于厨具、卫浴柜面等处。若美耐板在施工时没有留意接缝处，则容易有黑边出现。另外，若板面受伤破裂，板面会膨胀变形。

（2）发泡板：发泡板的特色在于防腐防霉、防水防潮、质地轻盈，韧性佳。

这样挑就对了

1 浴柜的合门，最好能大角度打开

以大角度开启门片，拿取物品才会更方便。

2 保障进出水管的检修和阀门的开启

挑选浴柜款式时，一定要保障进出水管的检修和阀门的开启，为日后的维护和检修省下不必要的麻烦。

3 木质浴柜适合用于干湿分离的浴室

木质浴柜对卫浴环境的要求相对严苛，不能过于潮湿，因此适合用于干湿分离的浴室，淋浴的水花就不会四处飞溅，尽量使淋浴以外的空间保持干燥。

▲ 浴柜材质选用耐潮耐湿气的发泡板较能持久。

这样施工才没问题

柜子尽量选择防水材质

材质必须要能防水，柜子与面盆的结合点要做好防水处理，可打上硅利康让每个结合点具有防渗水的保护。

监工验收就要这样做

1 完工后打开水龙头观察是否有渗水

浴柜若与面盆做连接时，完工时可打开水龙头了解有无渗水情形。

2 检查门片是否开合顺畅

完工后试开门片，观察是否开合顺畅，同时也应检查内部层板高度是否适合放置卫浴用品。

达人单品推荐

1 Villeroy & Boch Avento 浴柜

2 KEUCO Royal Match镜柜

3 Villeroy&Boch Legato浴柜

4 Alape——Be Yourself系列

1 有机玻璃材质的浴柜，玻璃的亮面效果深具时尚感，具有白、灰、黑、蓝四种色系。
（尺寸和价格电洽，图片提供_楠弘厨卫）

2 除了具有足够的收纳量外，在镜柜的两侧加上LED的光带照明，不论开合都能释放柔和光线。
（尺寸和价格电洽，图片提供_楠弘厨卫）

3 无把手的柜门设计，让外观多了点简约的造型美感，浓厚木色为卫浴空间带来沉稳的视觉感受。
（尺寸和价格电洽，图片提供_楠弘厨卫）

4 面盆、浴柜、浴缸全结合的省空间设计，让浴室空间享有大自然般的开阔。
（尺寸、价格店洽，图片提供_楠弘厨卫）

这样保养才用得久

以拧干的湿布擦拭

浴柜大都采用美耐板与发泡板材质，平时只要用软布加清水擦拭即可，若有污渍可使用中性清洁剂，是属于易保养的材质。

搭配加分秘技

图片提供_摩登雅舍

素面柜体映衬缤纷台面

卫浴空间中纳入普罗旺斯的热情意象，台面选用彩色马赛克圆砖拼贴，创造缤纷的视觉，同时选择素面的柜体稳定鲜明的色系。而壁面则选择乡村风味浓厚的复古砖，营造欧式浪漫的情怀。

卫浴五金
塑胶金属奢简由人

30秒认识建材

适用空间	卫浴
适用风格	各种风格适用
计价方式	单品、整组计价皆可
价格带	依产品材质不等
产地来源	中国
优点	耐用好搭配
缺点	锌合金制品易氧化

Q 选这个真的没问题吗

1 怎么挑选适合自己的五金配件？在选购上需要注意什么？ 解答见P.282

2 五金配件的材质有哪些？哪一种既耐用又好保养？ 解答见P.282

卫浴中的配件相当多，从镜子、牙刷杯、肥皂台、毛巾杆、浴巾架、卷筒纸架、衣钩等皆属之。就材质上来看，从最普通的塑胶到金属、玻璃皆有，既可成套购买也可随意搭配，各种组合都可让空间感更加有变化。

若在浴室搭配使用金属材质的配件，本身的光亮程度较佳且有精致感，再加上可塑性高，具有多种造型变化，因此在实用性与装饰性上都具有相当好的效果。五金配件除纯铜镀铬或镀镍、仿镀金等表面处理工艺之外，顶级的产品也使用18K或24K黄金进行镀金处理。

仅从外观上看，铜镀铬以及不锈钢镀铬并无太大差异，但实际上仍有差别。一般来说，铜镀铬的五金配件要比不锈钢镀烙的产品价格更高一点，除此之外，铜镀铬的产品较不锈钢镀铬的产品更为耐用，光洁度也较高，从使用年限和外观上来看，铜镀铬产品较不锈钢镀铬表现更为优异。

摄影 _ Yvonne

种类有哪些

一般来说，用于浴室的五金配件材质比较主流的有塑胶、锌合金、不锈钢、ABS树脂及铜制品。

1 塑胶

塑胶制的配件色彩很丰富，价格也便宜但是质感相对较差，不耐用但适合硫黄区。

2 锌合金

价格平实，塑型容易，可采用模具化生产，外表可上层电镀。但材质脆易断裂，较不耐用，时间一久则易氧化产生白点。

3 不锈钢

刚性强，价格属于中价位，造型简单，颜色不亮，大多为不锈钢片组合而成，较尖锐也较粗糙。

4 铜制品

刚性适中，塑型容易，铜电镀后表面平整不生锈也不剥落，经久耐用质感也高。也有人用铜镀上K金，更添高级感但价格昂贵。

5 ABS树脂

比一般塑胶硬，可以电镀，也比塑胶有质感，可用于硫黄区。但价格差异很大。

这样挑就对了

1 依壁面条件选购

由于浴室的五金配件大多需要钻孔安装。因此，选购时须注意家中浴室墙壁是否为空心，如果是空心无法钻墙，可用粘贴式五金取代。

2 选购时特别注意材质及风格

各配件之间的风格需注意是否协调统一，避免在颜色与材质上有过大的反差，影响到整体的视觉美感。

3 注意产品是否具有认证

要避免购买来路不明的产品，以免产品损坏。

这样施工才没问题

1 零件必须齐全

施工前要先注意五金配件的零件如螺丝、华司套片等是否齐全，同时也要详阅说明书，以免施工错误。

图片提供＿雅鼎

▲ 卫浴五金装设于壁面时，要注意稳定度，以免事后松落。

2 需确实以螺丝固定

若需要以螺丝锁合，在施工时必须要确实，同时也要注意不可伤及墙面。

监工验收就要这样做

确认是否锁紧牢靠

试着放上沐浴用品，观察是否有倾斜或不稳的情况发生。

这样保养才用得久

使用清水和棉布轻轻擦拭即可

定期的擦拭可以避免脏污水渍附着在配件上面。如果清水和棉布无法擦掉脏污，可改用中性清洁剂，但千万不可以用菜瓜布刷洗，以免破坏表面的电镀。

达人单品推荐

1 扇形皂盘

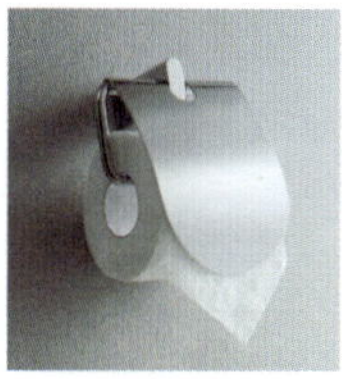

2 附盖卷筒卫生纸架

1 融入古典折扇的意象，让最简单的皂盘摇身一变，成为充满东方意趣的艺术品。扇间的上下凹槽可以沥干香皂，相当实用。
（尺寸、价格店洽，图片提供_雅鼎）

2 附上与支架同样材质的外盖，让卫生纸不会再被洗手台的水溅湿。其优美的盖板曲度与圆弧下缘，更是经典精致工艺的表现。
（尺寸、价格店洽，图片提供_雅鼎）

搭配加分秘技

图片提供 _ 楠弘厨卫

善用五金营造空间的一致感

毛巾或浴巾架除了可收纳之外，也能当作扶手使用，提高浴室安全性。另外再搭配相同材质的给皂器和水龙头，形成一致性，让空间质感提升。

图片提供 _ 楠弘厨卫

结合莲蓬头的安全扶手

在淋浴区的墙面运用安全扶手，在洗浴时便能安心握扶避免滑倒。L型的优美线条，与莲蓬头挂柱完美合并，型塑细腻精致的贴心设计。

第15章

各种生活空间的入口

门窗

门及窗在设计上以安全、气密、隔音、隔热、节能为主，而近年来跳脱传统制式的尺寸，对材质的要求更加细腻，让整体质感呈现精致的艺术概念，强调空间风格、格局大小可以进行定制化的设计。

种类	玄关门	室内门	气密窗	百叶窗	广角窗	卷门窗	防盗格子窗	门把五金	门窗隔热膜
特色	具有防盗、防爆效果，同时也需考量隔音、防台风功能	具有区隔空间、遮蔽隐私的功能，品质较好的门片也能有效阻绝室内噪音	特殊设计的窗框，再加上塑胶垫片与气密压条，可达到隔音、防台风效果	可调整百叶窗的叶片角度，能弹性控制光源，维持室内通风	中间为固定的景观窗设计，两侧搭配可开启的推射窗，让视野扩大	以电动升降门片，内部包覆PU发泡，提升保温、隔热功能	窗格材质一般以铝质格或不锈钢格为主，能有效防止宵小入侵	可分为外显把手以及隐形把手	借由反射与吸收原理，达到隔热效果。
优点	防盗防爆、防火隔音	设计多元，实用与装饰兼具	有效隔绝噪音、风雨	可调整光源、通风效果佳	扩展视野角度，采光良好	方便启动、透气通风	气密、隔热、隔音及防盗，多重机能合一	美化装饰、提升隔音效果	有效隔绝热能、紫外线，具有防爆功能
缺点	大部分为建商附赠，品质不一	木制的隔音效果稍弱	须注意室内空气流动，避免通风不良	叶片多，较不易清洁	所占空间较大	造型较一致单调	阻挡对外的视野	塑料材质使用年限较短	DIY的技术门槛高
价格	依设计、尺寸、材质而定	依设计、尺寸、材质而定	RMB:858~2453元/m²	RMB:1672~3938元/m²	RMB:187~220元/m²	RMB:2453元/m²	RMB:1595~2453元/m²	RMB:112~2238元/个（含以上）	RMB:242~980元/m²

设计师推荐 私房素材

采荷室内设计 · 丁荷芬 推荐

图片提供_采荷设计

1 百叶窗 · 兼具隐秘和通风的功能：百叶窗的功能多样，关起来时能让空间保有隐秘性，打开后又使空间具有穿透感，让室内通风。虽然价格稍高，但百叶窗本身的造型就能创造独特的氛围，存在感极强。而清洁上也十分轻松简单，使用百叶窗专用的清理工具即可。

图片提供 _ 蓝鲸国际

2 气密窗 · 隔绝湿气、噪音的好帮手： 居家防水、隔音效果要好，气密窗绝对不可少。特殊的真空双层玻璃，不仅能隔音，再加上本身具有排水槽的设计，可有效减轻房子渗水的困扰，非常适合台湾潮湿的环境。气密窗窗框的素材选择非常多样，有木纹、烤漆等材质，易于搭配各种风格和设计。

图片提供 _ 演拓室内设计

演拓室内设计 · 张德良 推荐

森境&王俊宏室内设计 · 王俊宏 推荐

图片提供 _ 森境&王俊宏室内设计

3 折叠门 · 让小空间变大的最佳利器： 折叠门最大的优点就是可以将门片通通收到一侧，让空间具有开阔性，增强室内的通透感，非常适用于小面积的空间。在清洁保养上也很容易，价钱也属中等，如果预算不多，折叠门是个不错的选择。

玄关门
居家的第一道防线

30秒认识建材

适用风格	现代风、古典风、奢华风、简约风、中国风
计价方式	以樘计价
价格带	价格依设计、尺寸、材质而定
产地来源	中国台湾、德国
优点	防盗防爆、防火隔音
缺点	大部分为建商附赠，品质不一

Q 选这个真的没问题吗

1 居家大门要怎么选才有防盗、防爆、隔音的功效呢？ 解答见P.287

2 听说电子锁比机械锁的防盗功能更强，这是真的吗？ 解答见P.287

摄影 _ Yvonne

兼具防盗、防爆效果的大门，可维护一家人的财产与生命安全。且随着时代的进步，消费者对于玄关门的美感标准也逐渐提升，选择一樘具有艺术质感的玄关大门，代表着住宅门面，同时也象征了主人的生活品位。

玄关门形式多元，该如何为自己的居家选购合适的玄关门款，首先最重要的是安全考量，如材质的强固性、门锁防盗性，另外还须符合防火安全标章；其次是评估其材质、面料处理，是否耐气候变化；再则是设计面的考量，包括玄关门的面材质感、花式造型、颜色，以及相关配件款式等等，是否与整体室内外风格互相搭配呼应。

至于玄关门片样式，有单扇、双扇、子母门、双玄关门及门中门，可考虑生活的需求来决定，如平时进出是不是需要较宽的空间等；另一个须注意的重点，则是玄关门的隔音效果，良好的隔音性，可保护居家隐私并隔绝噪音，对生活品质的提升相当有帮助。另外，家中若需要无障碍空间，门框则可考量无门槛设计。

种类有哪些

1 门的材质

玄关门除了不锈钢、镀锌钢板及铝之外，也有黑铁钢板、钢木、锻造等不同材质。

2 门的形式

玄关门造型相当多变，以门片的开启形式分类，可分为单扇门、双扇门、子母门、双玄关门及门中门。

（1）单扇门：仅有一片门片，为目前较常见的款式。

（2）双扇门：以两片宽度相同的门片制成，门框较宽，通常需要较大的空间装设。

（3）子母门：以两片一大一小的门片装设，通常需要120cm以上的宽度。

（4）双玄关门：其由双层门片构成，目前许多大楼、公寓相当常见。因有两扇门的厚度，隔音程度与防盗效果，比单扇门来得更好，但缺点是所占的空间较大。

（5）门中门：有点类似将双玄关门二合一的概念，虽是单门结构，但门中还有一扇小门可独立打开，比传统的猫眼更能看清来访对象。门中门部分可搭配纱门或玻璃，打开后增加通风与采光。

这样挑就对了

玄关门挑选时，须注意安全防盗、隔音、防火的功能，以确保使用品质。

1 门锁段数越高，防盗功能越强

一般门锁包括三段锁、四段锁及五段锁，段数越高表示开启越复杂，所需时间越久；相同材质下，门片厚度越厚实，防盗效果也更好，但须注意的是，厚重扎实的门，相对需要足以荷重的铰链。防撬门挡、门框结构，也是防盗设计重点。另外，防盗效果相当好的防爆门，设计概念是在门板内加入交错的钢骨，强化整体门扇的结构。

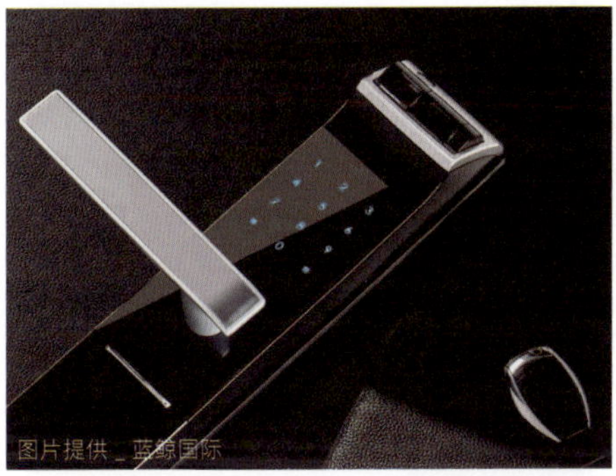

图片提供＿蓝鲸国际

种类	科技智慧锁具——电子式门锁
特性	在防盗方面，门锁可分成机械式和电子式，机械式使用一般钥匙进入。电子式则可以晶片感应、遥控或以密码、指纹辨识进入，包括美国进口的指纹辨识系统防盗，或是意大利、日本、韩国进口的专利防盗锁，更有国人自行研发申请专利的防盗锁。
优点	1. 不用担心遗失或忘记带钥匙，不须另外打钥匙备份。防盗性高，难以破坏 2. 内建警报器，若遭破坏撞击，将有警示铃声；部分也有火灾温度的警报提醒 3. 若密码连续操作错误，将有暂时停机机制
缺点	1. 须注意门锁蓄电力问题。若是以晶片感应，须注意消磁或折损问题 2. 故障时维修较麻烦

2 索取防火试验报告

挑选玄关门时，须注意其防火、隔热性能。可请厂商提供防火试验报告及经济部标检局的商品验证证书。

3 四周加装气密条，隔音效果倍增

每个人对声音的感受不同，挑选时记得测试玄关门的隔音分贝等级，是否符合自己所需，并请厂商提供隔音测试报告证明。门片材质、厚度不同，会影响隔音效果。另外，搭配周边配件，如门框四周的气密条或毛刷条，以及下方的防尘门档，可填充门的缝隙，让隔音效果更好；门片内填入隔音材质，如隔音棉等，亦可有效阻绝声音传导。

4 关于材质处理部分

材质的差异，以及表面处理方式，会影响其防锈、防晒、耐候性与使用年限，尤其是设置在户外的门片若处理不当，恐出现烤漆剥落现象。因此须慎选信誉良好的厂商，在品质与施作工法上较具保障。

监工验收就要这样做

泥作隔间前先立门框

先抓地面水平，如果是使用一般便门，都必须在泥作隔间之前先立框，框才会稳，缝也会比较小。

这样施工才没问题

1 门框水平垂直无偏差

门框定位须符合水平、垂直要求，另外，立面亦不能前倾或后倾，以免影响开关。可借由水平仪、铅垂线等工具辅助验收。

2 五金配件使用正常

包括把手、门锁等皆安装牢固且使用灵活正常；检验门片开合是否顺畅，确认铰链位置是否需要调整。

达人单品推荐

1 S320典藏系列——湖苑

2 S320典藏系列——湖波

3 中国风双开门

4 日式现代门

1 面材使用西班牙壁砖加复合实木打造，搭配意大利PFS造型把手。日本隔音气密条、双气密隔音结构，可阻绝40分贝噪音。
（尺寸、价格店洽，图片提供_蓝鲸国际）

2 实木胡桃木打造，并以“徐风吹面成湖波”为概念设计，荣获了2012年金点设计奖。台制隐藏门弓器，可自动关门。可阻绝40分贝噪音。
（尺寸、价格店洽，图片提供_蓝鲸国际）

3 使用黑色纱网透光性佳。外框厚28.5cm，门高可达280cm。五段水平锁、玻璃为6.8防爆、防火钢丝金宣胶合复层玻璃，让大门形成一道保护膜。
（尺寸、价格店洽，图片提供_优墅科技门窗）

4 颜色消光处理，抗盐分、耐候，可达27年不褪色。玻璃为钢丝防爆喷砂复层玻璃，搭配西德进口铝饰条复层防雾处理不起雾。双气密条设计，防水、气密、隔音效果佳。
（尺寸、价格店洽，图片提供_优墅科技门窗）

这样保养才用得久

避免不当的使用方式、适度的保养清洁，可延长玄关门使用年限。

1 正确使用操作

开关时避免大力撞击，才不容易造成门扇变形；开门时，避免钥匙方向错误而造成锁匣跳Key问题。

2 勿以异物伤害

避免用尖锐物品碰刮，并注意勿让孩童将硬币投入锁孔内，而造成门锁无法开启。

3 加装保护设施

若为户外玄关门，担心日晒雨淋则可加装采光罩或遮雨棚保护。

4 适度清洁维护

若沾染手渍或灰尘，可以干布擦拭。若为木质门，可用家具保养用之中性清洁剂，每隔3个月或半年擦拭，维持亮度。

搭配加分秘技

摄影_王正毅

深色门片打造厚实沉稳氛围

以原始红砖墙铺陈的建筑中，运用深色玄关门创造厚实沉稳的空间气息，与朴实自然的墙面元素相呼应，呈现舒适悠然的氛围。

室内门
打造多样生活入口

30秒认识建材

| 适用空间 | 卧室、书房、和室、起居间、厨房、卫浴、阳台
| 适用风格 | 各种风格适用
| 计价方式 | 以樘计价（推开门）
以m^2计价（折叠门、横拉门）
| 价 格 带 | 依设计、尺寸、材质而定
| 产地来源 | 中国台湾、欧美
| 优　　点 | 设计多元，实用与装饰兼具
| 缺　　点 | 木制的隔音效果稍弱

选这个真的没问题吗

1 家里的拉门刚装好没多久，门片就有松动的情形，请问是什么原因？ 解答见P.291

2 浴室门的材质该选哪种才不容易因潮湿而损坏呢？ 解答见P.291

3 门片安装完工后，该如何检查验收？ 解答见P.292

图片提供＿Parti Design Studio & 曾建豪建筑师事务所

所谓室内门，包括卧室门、书房门、厨房门、卫浴门，以及阳台、起居空间的门片。除了传统的实木材质之外，现在也常见合板、玻璃、钢木、铝合金和PVC的应用。室内门依开启形式，分成推开门、横拉门等，选择与空间搭配的门片比例与造型，不但具有装饰效果，还能为居家风格加分，有时还可营造视觉上放大的错觉。

室内门不仅具有区隔空间、遮蔽隐私的功能，品质较好的门片也能有效阻绝室内噪音，让各个独立空间不互相干扰，确保良好生活品质。有些门片内包夹隔音质料，能有效阻绝噪音；门框与门片上的侧边隔音条，以及自动下降门档等，能避免声音从门缝穿透；另外，门片搭配合适的把手锁具及五金配件，也能提升隔音效果。

不同材质的门片各具优点，不论是厚实感、穿透感、弹性隔间等，选购时首先应考量安装在什么空间，再依照实际需求来做挑选。譬如卫浴门应具有防潮、防水、好清理特点，如PVC材质；卧室门则可选择不透影的遮蔽材质，才能确保隐私。

种类有哪些

室内门依开启方式，可分为推开门、横拉门与折叠门。

1 推开门

室内最常见的门片形式，以推开方式开启（内开或外开），透过铰链五金作为开关时的旋转支撑。依据铰链的不同，门片可90°、180°，甚至是360°打开。

2 横拉门

横拉门是借由轨道、滑轮等五金搭配，左右横向移动开启。依据轨道位置分为悬吊式或落地式，可做成单轨或多轨。不像推开门需要预留门片旋转半径，使用上较不占空间。

门片材质多以穿透度高的玻璃，或是重量较轻的复合木门。门片数量从1片到4片都有，只要宽度足够，还可做成多片连动式拉门，兼具弹性隔间机能。

3 折叠门

折叠门的结构为多扇门片，特色是在使用时可收至侧边，收叠后不占空间，且能让空间的穿透性高。

常见的门片材质包括铝、木质、玻璃等，安装方式分为悬吊式或上下轨道。折叠门打开后，空间极为开敞，经常应用于书房、起居室，作为弹性隔间机能。

▲ 悬吊式连动拉门因仅固定于天花板，需考量天花板材质硬度是否足够。落地式的拉门则要留意地面是否水平，地面若不平整则可能会有自动滑出的可能。

这样挑就对了

1 依照各空间的性质挑选

以轻巧及方便性考量，浴室门由于易碰触水，具有防水功能的塑钢门较合适；顶楼最好用防火建材的防火门；实木质感佳，能为卧室营造舒适氛围，挑选时以含水率低的木种为主，较不易变形。

2 选购前先测好尺寸

建议消费者在购买前需先测量家中门框内缘尺寸。测量时最好在上、下、左、右分别量出长与宽的正确尺寸，有效的测量，可以节省不必要的支出及施作时的拆装时间。

这样施工才没问题

1 安装铰链须注意位置与深度

安装铰链的位置和深度要确实，避免产生门缝过大状况，或是门片反弹、无法完全闭合。

2 悬吊式安装须注意门片重量

若是悬吊式安装方式，须注意门片材质的重量，以及天花板的承重力；若有轨道，则须确认轨道平直无弯曲，且长度正确。

3 立门框时确认水平和垂直

立门框时，须抓好水平、垂直。推开门在泥作隔间之前，先行立框会较为稳固。

4 浴室门片的防水要确实

浴室门片在装框后进行水泥填缝修补，须特别留意防水处理是否确实。

监工验收就要这样做

1 确认门片的水平

门片定位的左右水平没有前倾、后仰等变形问题。

2 完工后实际操作一遍

不论是何种形式的门片，须实际开关或推拉，确认操作顺畅。

3 检查门片与门框的缝隙

检查门片与门框之间的缝隙是否密合、安装稳固牢靠。

4 点收门片五金

门片的五金配件需完整，品牌、规格皆正确。

达人单品推荐

1 悬吊式折叠门

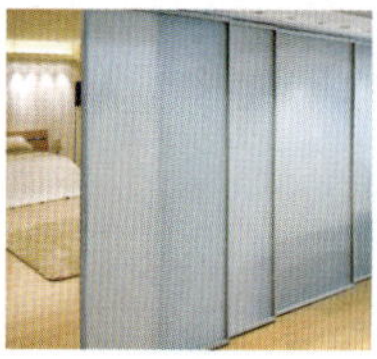

2. 防爆玻璃静音拉门

3. KD06意大利METAL STAMI DIY铝框拉门

4. 防夹手进口折叠门

1 大面幅的玻璃门片、铝框材质，搭配无下轨式悬吊设计，成为最具弹性的活动式隔间，敞开时可让空间完全连贯、穿透无碍。
（75cm × 240cm、价格店洽，图片提供_楠森贸易有限公司）

2 铝合金外框，材质坚固耐用、不易变形，玻璃贴附雾面防爆膜，强化使用安全。特制滑轮，拉门滑动时更为顺畅，并降低推拉时的噪音。
（75cm × 240cm、价格店洽，图片提供_楠森贸易有限公司）

3 铝合金门框，搭配外挂五金，可做外挂拉门。多种玻璃材质可供挑选，如镜玻、黑玻等，可借镜面映射，放大视觉尺度。
（尺寸、价格店洽，图片提供_冠亨钢铝有限公司）

4 门扇采用上吊轮悬挂系统，移动之间轻便安全。门片可完全收于一侧，让空间立面全开。门扇之间采特别加宽的密封条，防止夹手意外。
（尺寸、价格店洽，图片提供_冠亨钢铝有限公司）

这样保养才用得久

1 开关门片勿过度施力

门片开启时勿过度施力或拉扯，正确操作才能延长使用年限。

2 以清水清洁

平时用软布以清水擦拭，勿使用腐蚀性清洁溶剂。轨道的沟缝或轮子避免堆积灰尘、毛屑，最好定时以毛刷清扫。

搭配加分秘技

铁件拉门呈现简约风格
与餐厅相邻的书房，选用玻璃作为隔间，营造视线的通透感。铁件与玻璃制成的拉门，线条简洁利落，呈现现代简约风格。

图片提供 _ 上阳设计

用框景营造儒雅东方风
架高的和室用铁刀木框与柚木皮门片共构，大片的拉门创造开阔空间的想象，也带出中式院落联想。

图片提供_

气密窗
无噪音居家就靠它

30秒认识建材

|适用空间| 各种空间适用
|适用风格| 各种风格适用
|计价方式| 以m^2计价
|价 格 带| RMB:858~2453元/m^2
（玻璃越厚，价格越高）
|产地来源| 中国台湾
|优　　点| 有效隔绝噪音、风雨
|缺　　点| 须注意室内空气流动，避免通风不良

Q 选这个真的没问题吗

1 该怎么选购气密窗才能真正达到隔音、防台风的效果？ 解答见P.295

2 铝质窗框和塑钢窗框相比，哪种材质的品质较好？ 解答见P.295

3 品质优良的气密窗可以从哪些条件判断呢？ 解答见P.295

图片提供 _ 优墅科技门窗

窗户的窗框，约占整体面积中的25%，玻璃则占75%。气密窗窗框经特殊设计，并以塑胶垫片与气密压条，与窗扇之间间隙紧密接缝，可产生良好气密性；另外，通过厚玻璃或胶合玻璃、复层玻璃，能达到更好的声音隔绝以及防台风效果。

具有良好的气密性，可称之为气密窗；若再具有一定等级以上的隔音效能，则可称为隔音气密窗。搭配多点式扣锁五金，与传统窗户比起来能更有效降低噪音，且窗框采用阶梯式的排水结构设计，下大雨时较不用担心雨水滞留、回流的问题，同时也可调节室内外温差造成的结露状况。

各家厂商的气密窗品质不同，选购前可由产品本身的气密性、水密性、耐风压及隔音等级等指标作判别。若要能有效隔音，建议所采用玻璃至少厚度须达8mm以上，并须符合CNS规范气密2等级以下，具噪音隔绝在25分贝以上。

种类有哪些

窗框多以塑钢和铝质制成。玻璃使用胶合玻璃与复层玻璃，在隔音效能上，比一般玻璃的功效更佳。

1 窗框材质

（1）塑钢：材质强度高，不易被破坏。其导热系数低，隔热保温效果优异，可达到节能效果。

（2）铝质：质地轻巧、坚韧，容易塑型加工，防水、隔音效果好，是目前市面上最广泛应用的窗材。但铝质的厚度，间接会影响整体结构的抗风强度和使用年限。

2 玻璃材质

（1）胶合玻璃：胶合玻璃由两片玻璃组成，中央并以PVB树脂相结合。在隔音表现上，音波遇到PVB层会降低声音传导，且PVB层具黏着力、不易破坏，因此还兼有耐震、防盗功能。

（2）复层玻璃：一般称为防侵入玻璃，玻璃厚度愈厚，隔音效果愈显著。复层玻璃中间具有一中空层，一般以干燥真空方式或注入惰性气体，可有效隔绝温度及噪音传递。但若处理不当，造成湿气渗入，便会产生玻璃雾化现象。

这样挑就对了

气密窗品质的好坏，较难用肉眼观察评测，建议消费者可以气密性、水密性、耐风压及隔音性等指标选购

1 气密性

测量一定面积单位内，空气渗入或溢出的量。CNS规范之最高等级2以下，即能有效隔音。一般都市内最好选择等级8m^3 / hr · m^2以下等级，已足够隔绝噪音分贝数。

2 水密性

测试防止雨水渗透的性能，共分4个等级，CNS规范之最高标准值为50kgf / m^2，最好选择35kgf / m^2以上，来适应风雨侵袭的季风型气候。

3 耐风压性

耐风压性是指其所能承受风的荷载能力，共分为五个等级，360 kgf / m^2为最高等级。

4 隔音性

隔音性与气密性有极大关联，气密性佳、隔音性相对较好。好的隔音效果，至少需阻绝噪音25~35分贝。

这样施工才没问题

1 检查窗框是否正常无变形

窗户送达施作现场时，首先须检查窗框是否正常、无变形弯曲现象，避免影响安装品质。

2 标示水平垂直线

在墙上标示水平、垂直线，以此为定位基准，不同窗框的上下左右应对齐。

3 以水泥填缝

安装完成后以水泥填缝，窗框四周处理防水工程，确认无任何缝隙，避免日后漏水问题。

监工验收就要这样做

1 确认产品等级无误

请厂商出示完整之测试报告及图面，并须确认此报告之测试样品，与实际安装品为同一产品等级。

2 确认定位正确无变形

检验窗户定位正确，左右水平且没有前倾、后仰等变形问题。

3 确认施工品质完善

窗户需牢固不晃动，并确认窗户开关好推顺手且气密度佳。

达人单品推荐

1 横拉式气密隔音窗

2 推开式气密隔音窗

3 欧风横轴翻转气密隔音窗

4 KHA节能窗

1 巾型专利轨排水料45°切角压合、正前排水加内空心排水，是隔音窗之基本入门款。
（水密性50kgf/m^2、气密性等级2、耐风压强度360kgf/m^2、价格店洽，图片提供_百德门窗科技股份有限公司）

2 依CNS A3196评估为D-40等级隔音性，配备三点连动式加压气密把手及美式重型四连杆，耐重载、不下垂、水密高、隔音强。
（水密性50kgf/m^2、气密性等级2、耐风压强度360kgf/m^2、价格店洽，图片提供_百德门窗科技股份有限公司）

3 可随意调整翻转角度，扳开锁紧结构即可顺手地180°回转。可在室内安全地清洁外面玻璃，让窗户清洁更轻松简单。
（水密性50kgf/m^2、气密性等级2、耐风压强度360kgf/m^2、价格店洽，图片提供_冠亨钢铝有限公司）

4 隔音性大于或等于35分贝，通过绿建材防音认证标章，断热桥铝挤型技术，能有效隔热节能，且抗震性优越。
（水密性100kgf/m^2、气密性等级2、耐风压强度600 kgf/m^2、价格店洽，图片提供_冠亨钢铝有限公司）

这样保养才用得久

1 窗户沟缝以毛刷清扫

平时用软布以清水擦拭即可，勿使用腐蚀性清洁溶剂。窗沟缝可用小毛刷或毛笔轻扫。

2 保养窗锁与窗轴

在锁头、轨道及窗轴部分，若感觉开关干涩不顺，可滴一点点润滑油，维持顺畅度。

搭配加分秘技

大面横向开窗延展视觉

公共区域中以横向大面开窗引入充足自然光，并在墙面以背光光灯装点出墙面的层次氛围。主墙选择以大干木材质大面积铺设，木材的温暖特性和缓木纹带来的强烈个性，鲜明的木纹层次反而为空间创造出深刻的印象及特色。

图片提供_石坊空间设计

图片提供_蓝鲸国际

室内外选用不同材质，机能更齐全

想要营造室内温馨质感，又希望兼具窗户的坚固功能，可以选择木铝复合窗，让窗户在室内的那一面保持实木的温暖质感，对外则依然以较坚固的铝质做防护。

百叶窗
调节光与风的高手

30秒认识建材

| 适用空间 | 客厅、卧室、书房、餐厅、卫浴
| 适用风格 | 乡村风、北欧风、古典风
| 计价方式 | 以m^2计价
| 价 格 带 | RMB: 1672~3938元/m^2
| 产地来源 | 世界各地
| 优　　点 | 可调整光源、通风效果佳
| 缺　　点 | 不宜装在室外，易掀起

Q 选这个真的没问题吗

1 百叶窗的种类有哪些？哪一种的材质最好？ 解答见P.299

2 安装百叶窗时，需要注意什么吗？ 解答见P.299

3 百叶窗的叶片会不会容易积灰尘，平时容易保养和清洁吗？ 解答见P.299

在欧美被广泛应用的百叶窗，遮阳、隔热效果极佳，高隐蔽性能有效阻绝紫外线，并可借由连动杆或直接转动叶片方式，调整百叶窗的叶片角度。与一般窗户或窗帘相比，其优点是能弹性控制光源、维持室内通风，且材质不易附着尘螨、不易积落尘，较不会引发过敏、呼吸道疾病。

百叶窗线条比例优美，木质外框多以榫接工法施作，可增加结构强度。在设计方面，从叶片侧面观察，可看到边缘特别做成圆弧形状，这种设计是为了将光束柔化成更舒适宜人、不刺眼的光源。

常见的百叶窗为木材质，现今除了木材质之外，还发展出铝质、塑料、玻璃等等。样式可做成对开窗、折叠窗等，还能突破传统的方形造型，打造成多种特殊窗框，搭配不同色彩、五金，为空间带来更多变化。另外，百叶于门片应用上也相当常见，做成左右横移的拉门或折叠门，可增加室内隔间功能。

图片提供＿宏烨国际

种类有哪些

1 木质百叶

木百叶质感温润。常用木种为椴木、松木、西洋杉和凤凰木。其中，椴木材质最常被使用，其质地稳定性高，且价格平实；松木、西洋杉特色是油脂高、纹路较细致；凤凰木则是纹路清晰、质地较轻，不会造成窗框承重压力，经特殊处理后不易变形。

2 防水ABS材质

ABS材质是一种强化树脂，并不是PVC塑胶材质，全实心防水ABS材质搭配不锈钢五金配件，拥有100%防水用途，适合安装在卫浴空间。

3 铝质百叶

强度高，不用担心变形、发霉问题，可作为室外窗或装载于潮湿的地方。

4 玻璃百叶

采光度极佳，不用担心潮湿、变形、发霉问题，可安装于需大量光源或潮湿的地方。

这样挑就对了

1 窗型比例与使用需求

挑选时可依照窗框大小、窗型比例，挑选适合的百叶叶片宽度；另外材质上，则须视安装空间的环境条件，考虑是否需要防潮防水机能的百叶。

2 检视叶面质感

若为木片百叶，叶片表面触感应光滑细致，才能避免卡灰。通常多道的涂装、打磨手续，会让质感更细致。

▲ 可随光线调整的百叶窗，不仅能创造美式休闲风格，让空间表情随光影挪移更丰富。

3 符合健康标准

木质叶片表面经涂装处理，不论是涂抗UV或抗潮漆料，最好挑选符合安全健康的环保材质，以避免甲醛溶剂挥发，危害呼吸道与人体健康。

这样施工才没问题

内扇的叶片宽度不超过90cm为宜

若要确保百叶窗的稳固性，以及让空间中的叶片可分区调整，建议内扇尺寸每片宽度不超过90cm，高度若超过180cm可分割成上下段，整体结构会更为强固稳定，叶片光源调整也更随心自如。

监工验收就要这样做

1 叶片表面是否平滑无伤

确认每扇百叶窗的叶片，其角度调整没有问题，叶片表面平滑无损伤。

2 确认开启是否顺畅

不论是对开窗、折叠窗还是推拉窗型，确认开启顺畅。若有轨道，检视水平度及五金零件是否齐备。

这样保养才用得久

1 以掸子擦拭除尘

百叶窗平时的保养，可使用柔软干布、掸子擦拭除尘，若要进一步清洁则可用湿布拧干后再擦拭。台湾气候多雨潮湿，若是装设在户外，则选择室外型百叶，较不会产生使用保养问题。

达人单品推荐

1 白柚木
正常对开型

2 凤凰木推拉型

3 Woodlore
+材质

4 防水ABS
双层窗

5 折门型

1　纹路细致，蕴涵禅风，为居家带来优雅气息。
（尺寸、价格店洽，图片提供_宏晔国际）

2　质地轻盈、木纹清晰，白色调适合乡村风格设计。
（尺寸、价格店洽，图片提供_宏晔国际）

3　运用获得专利的Woodlore+材质制成，以实木为基材，外层包覆强化树脂，材质更耐用且易清洁，有多种颜色和样式可供选择。
（尺寸、价格店洽，图片提供_宏晔国际）

4　ABS防水材质，适合运用在卫浴空间。上下层排列，让调光更具弹性。
（尺寸、价格店洽，图片提供_宏晔国际）

5　百叶窗也可做成折门，除满足采光通风之外，也兼具隔间用途。
（尺寸、价格店洽，图片提供_宏晔国际）

搭配加分秘技

图片提供_宏晔国际

乡村风格的精致感
在乡村风格铺陈的空间中，除了在柜面运用线板装饰展现风格语汇，也善用百叶窗流露乡村风格的精致感，同时也能为空间调节光线，成为居家光影最佳的推手。

拱门造型营造乡村气息

国外常见白色百叶窗，常运用于美式、乡村及古典风格的居家，其实百叶窗不只可用于造型窗，结合百叶串联空间，展现属于风格的个性。

图片提供＿宏晔国际

对外窗和室内窗使用相同建材，整体风格更一致

利用线板和百叶窗带出英式乡村的清丽感，营造淡雅脱俗的生活品质。不论是对外窗或室内窗都使用相同窗型，风格呈现一致感。

图片提供＿陶玺空间设计

广角窗
居家视野更宽广

30秒认识建材

适用空间	客厅、卧室、书房、起居室
适用风格	各种风格适用
计价方式	以m^2计价
价 格 带	RMB:2090~2453元
产地来源	中国台湾
优　　点	扩展视野角度，采光良好
缺　　点	所占空间较大

Q 选这个真的没问题吗

1 **广角窗的材质这么多，选择哪种才比较适合呢？** 解答见P.303

2 **广角窗的施工应该注意什么事？** 解答见P.303

3 **开窗时会有点卡卡的，可以用润滑油吗？** 解答见P.303

有别于一般的平面窗户，广角窗的特色在于其主体结构突出外墙，造型立体。与一般凸窗不同之处在于，广角窗的上下盖是与墙面顺接，外观看起来较为一体成型；而传统凸窗则是平顶突出，下方借由斜架支撑。广角窗的窗型包括三角窗、六角窗、八角窗或圆弧形等，需依现场的环境条件设计施作，而突出于墙面的距离，也须视窗型与窗户尺寸大小而定。

常见的广角窗样式，中间为固定的景观窗设计，两侧搭配可开启的推射窗。大帷幕的窗扇，搭配左右斜角，让视野变成“超广角”，不但利于通风，同时让大量阳光洒入室内，采光更明亮。沿窗区往外延伸，能拓展约30cm深度的使用空间，作为花台、桌面或置物平台都相当好用，尤其对小面积的居家而言更是弥足珍贵。

广角窗还可结合胶合玻璃、复层玻璃，增强气密隔音机能；或是融入格子窗设计，提高防盗性。另外，目前还有加入横轴翻转窗的技术，可让景观窗扇180°翻转，空气流通性更佳，也方便外层玻璃的擦拭清洁工作。

图片提供＿优墅科技门窗

种类有哪些

1 木质窗材

质感佳、具自然气息，但防水性较差，较不适合台湾潮湿气候。

2 塑胶窗材

窗体不易损坏、变形，但防水、气密、隔音效果有限。

3 不锈钢窗材

坚固耐用、防盗性佳，但窗体重量较重，防水、气密、隔音及耐用性较佳。

4 铝质窗材

质轻坚固、不易变形损坏，防水、气密、隔音及耐用性佳。一般市面较为常见铝质的广角窗材。

这样挑就对了

1 窗材挑选

除了美观之外，须注意玻璃与窗框的组合，是否有良好的气密、水密、抗风压及隔音效果。另外窗材是否具防水、防锈等耐候特质。选购时可请厂商出示完整的测试报告与图面。

2 不结露保固

广角窗能为居家带来良好视野，但若玻璃雾化结露就相当煞风景了！建议选购时，可请厂商开立不结露保固，目前市面上最高保固为15年。

3 安全装置

突出外墙的广角窗，能增加使用空间，但若家中有幼小孩童，需考量儿童安全问题，建议加入安全锁设计。

这样施工才没问题

1 上下盖以角钢支撑

广角窗的上下盖以斜切角与墙面接合，外观看不到支架，但其实内部是借由角钢作为承重支撑，约每间隔30cm嵌入一根角钢，以确保窗的稳固性与载重能力。

2 转角顶端处应先密封

广角窗的转角柱体较易渗水，因此须将顶端处预先密封后再施工。

3 注意窗体的水平垂直

窗体安装时，须注意垂直、水平，并确认无前倾、后仰。

监工验收就要这样做

1 确认产品等级无误

请厂商出示完整之测试报告及图面，并须确认此报告之测试样品，与实际安装品为同一产品等级。

2 确认施工品质完善

广角窗施作完成后，验收时须确认上下盖是否一体成型、窗体组接处无隙缝。整体牢固不晃动、窗户开关好推顺手。

达人单品推荐

1 广角气密推窗

2 欧风横轴翻转广角窗KE01

1 景观玻璃设计，左右窗采用加压式防台推射窗，隔音STC=35等级。可配新型隐藏纱窗。
（尺寸、价格店洽，图片提供_优墅科技门窗）

2 广角窗为外推窗，中间景观窗可180° 翻转，增加通风同时让窗户清洁更轻松。
（尺寸、价格店洽，图片提供_冠亨钢铝有限公司）

这样保养才用得久

注意窗户沟缝、窗所和窗框使用情形

广角窗和一般窗户的清洁保养方式相同。平时随手清理窗户沟缝的灰尘，以及定期检视窗锁和窗轴是否有损坏即可。若有开启不顺的情形，则可点几滴润滑油使其顺畅。

搭配加分秘技

图片提供_摩登雅舍

临窗设置观景平台

在不变动格局的情况下，沿窗设置卧榻平台，创造休憩的窗景角落，卧榻本身还具有收纳功能，两侧墙面也不浪费地设计收纳柜，多元利用空间坪效。

英式乡村的搭配设计

阳台外推纳入主卧空间，再应用广角窗设计，争取大片窗景。抿石子材质窗台耐湿抗晒，且具自然木石味道，搭配花色窗帘，与空间中的英式乡村风格十分对味。

图片提供_采荷室内设计工作室

卷门窗
开门省事又便利

30秒认识建材

适用空间	一般门窗、阳台窗、落地门窗、车库卷门
适用风格	各种风格适用
计价方式	以m^2计价
价格带	约RMB:2453元/m^2
产地来源	欧洲
优点	方便启动、透气通风
缺点	造型较一致单调

Q 选这个真的没问题吗

1 为了看起来更美观，卷门窗的窗框可以改成隐藏式吗？ 解答见P.306

2 启动卷门窗时，如果不小心有人靠近，有任何安全机制可以暂停开启吗？ 解答见P.306

卷门窗常用于建筑物窗户、落地门，以及阳台、车库等空间。其结构原理是，利用轴心中的管状马达，控制卷门叶片上下。卷门叶片的材质，采用双层镀锌钢板或铝合金板，表面覆有塑化膜，夹层中另包覆PU发泡，借此提升门窗的保温、隔热功能，并兼具防台风、隔音、防盗等优点，尤其在多台风的中国台湾，更能替居家门窗筑一道防护。

卷门窗材质不同、特色各异。如双层钢板卷门窗，防盗效果强，可捍卫门窗安全，建议用于一楼和顶楼空间；铝合金材质则较轻，开合省力，一般常开启或进出的门窗皆适用。卷门窗的另外一大特点，则是卷片内含透气孔，可依个人需求或天气变化，自由选择卷片气孔全闭或开启。当卷片保留透气孔时，可使内外空气流通；紧闭时则能防止风雨进入室内，灵活调度运用，有如一道会呼吸的门窗，较一般传统铁卷门机能更佳。

图片提供＿安进卷门股份有限公司

种类有哪些

1 依施作形态

依卷门窗的卷箱定位，可分为隐藏卷箱以及外挂型卷箱。

2 依材质分

卷门窗依材质可分为双层钢板或铝合金材质。双层钢板重量较重，防盗效果佳，但需较大扭力的马达，可用于宽度约4m的门窗；铝合金材质轻，操作上较省力，在一定面积内可使用较轻的马达或改成手动操作。

3 依卷片宽度

卷门窗的卷片宽度，分为一般型的5.5cm，以及加宽型的7.7cm。面积较大的卷门窗，适合选用较宽的卷片规格。

4 依操作方式

分为电动开关与手控开关两种模式。电动又可使用壁上型开关或是遥控器。

这样挑就对了

1 依用途及面积大小作挑选

卷门窗的挑选可依照使用位置、所需面积，挑选适用材质。若超过4m以上的面积大小，如车库空间，则建议使用双层钢板，卷片用宽度较大的7.7cm较为合适。

2 提升安全性的选配

卷门窗的“安全碰停装置”，在卷门下降时，若遇到障碍物可侦测并自动停止，是增加居家安全的选配装置。

这样施工才没问题

卷门窗的卷箱分为隐藏式卷箱以及外挂式卷箱，施工前须先确认卷箱定位，因为不同的卷箱形式，施作条件限制与程序皆不相同。

1 隐藏式的卷箱定位

隐藏型卷箱与建筑墙体一体成型，外观看起来简洁大方，但其条件是须在房子建筑完工前，搭配新建筑的施工，将卷箱定位于墙体中间，并装上轨道，再立窗户搭配窗帘盒。

图片提供 _ 安进卷门股份有限公司

▲ 卷片夹层中包覆PU发泡，可提升门窗的保温、隔热功能。

2 外挂式的卷箱定位

若是建筑体与外观已经完成，可直接加装外挂式卷箱和轨道，其施作的限制条件较少。可选择安装于外墙或是室内。若欲安装于室内，可在装修未开始前，将卷箱收进天花板中，并预留卷箱维修口。依卷门高低，所需卷门收纳箱的大小不同，卷箱不占空间，约预留20～30cm即可。

监工验收就要这样做

施工完成后须实际操作

需实际操作确认卷片上升和下降启动顺畅，且上限和下限设定完成，卷片升降归位后会自动停止。另外，卷门窗上下运转时无异常声响。若有选配“安全碰停装置”，可于底下放一只布偶，测试卷门下降时，防压感应是否正常。

这样保养才用得久

依正常方式操作，可延长使用年限

卷门窗上下时，底下勿放障碍物、人车勿强行通过；平时须确认安全防压主机是否有电。另外，可以通过看、听的方式确认卷片上升下降顺畅与否。

达人单品推荐

1 铝合金快速卷门

2 PC铝合金快速卷门

3 白铁花格快速卷门

1 采用铝挤型门板，具有抗拉力、硬度和延展率，有效稳定卷门品质。
（尺寸、价格电洽，图片提供_安进卷门股份有限公司）

2 以铝挤型铝门金门板和PC门板结合，一体成型的造型，具有极佳的采光效果，同时也能即时监控户外动静，有助于居家安全。
（尺寸、价格电洽，图片提供_安进卷门股份有限公司）

3 采用304型的不锈钢门板，厚度0.7mm，不会造成室内漆黑，可引入户外阳光。
（尺寸、价格电洽，图片提供_安进卷门股份有限公司）

搭配加分秘技

图片提供 _ 安进卷门股份有限公司

圆弧的柔顺线条

外墙皆采用圆弧线条，柔化墙体的坚固印象，同时三色并陈的色彩排列，让外墙呈现多彩的视觉感受。

图片提供 _ 安进卷门股份有限公司

柔和的大地色系

顺应中性的灰色围墙，以灰绿相间的大地色系创造柔和的视觉印象，与户外景观相呼应，整体呈现自然朴实的氛围。

防盗格子窗
安全防护少不了它

30秒认识建材

适用空间	各种空间适用
适用风格	各种风格适用
计价方式	以m^2计价
价 格 带	RMB:1595~2453元/m^2
产地来源	中国台湾
优　　点	气密、隔热、隔音及防盗，多重机能合一
缺　　点	阻挡对外的视野

Q 选这个真的没问题吗

1 听说有不肖业者会用普通玻璃加铝窗仿造防盗格子窗，该如何避免呢？ 解答见P.309

2 防盗格子窗该选用什么样的玻璃才具有隔音、保温功能？ 解答见P.309

3 如果有紧急危难时，防盗格子窗会不会阻碍逃生呢？ 解答见P.309

防盗格子窗，集气密、隔音及防盗多重机能于一身。窗格材质一般以铝质格或不锈钢格为主，有些品牌以穿梭管穿入，增加架构强度；有些则是以六向交叉组装模式，增加阻力。

窗格内外紧贴强化或胶合玻璃（一般外玻5～10mm、内玻约5mm），复层玻璃中央真空设计，可创造一阻绝层，减缓玻璃对温度及音波的传递，达到维持室温、提升冷房效果，并有效隔绝室外噪音。

难以破坏的复层玻璃，内夹架构强、不易剪断的窗格，其防盗效果较一般铁窗更优异。窗内可搭配防盗锁、侧边固定锁与防盗纱窗，增强牢固性，让居家安全更放心。

在兼顾居家美感与安全双重考量之下，防盗格子窗形式简洁、线条优雅，相较一般道统铁窗，美观许多；且有别于固定式铁窗，防盗格子窗活动式设计的窗扇可左右横拉，能避免逃生安全的疑虑。

图片提供＿优墅科技门窗

种类有哪些

1 窗格材质

可分为铝格与不锈钢格，不锈钢硬度佳，但易有锈水情况产生。

2 窗型样式

可分为横拉式、推射式与固定式。其中各窗型的气密度表现，固定式>推射式>横拉式；价格由高至低，依序为推射式>横拉式>固定式。

这样挑就对了

1 坊间有部分不良厂商以铝窗加贴玻璃，来充当防盗格子窗

其实真正的防盗格子窗，是以复层玻璃搭配中央铝格，由外无法直接接触到铝格，且玻璃为防盗强化玻璃，才能达到提升破坏难度。购买前务必清楚评估，以免买到仿冒商品。

2 衡量防盗格子窗的防风、抗震能力

一般可从水密性、气密性与抗风压系数来确认品质。如CNS 水密50kgf/ m^2、气密2等级以下、抗风压360 kgf/ m^2，为最高等级。

3 考量空气通风问题

为让空气可以流通，以及避免危急情况发生，建议选择可开窗的活动款式，或是部分固定、部分可开启的款式，才能无碍逃生安全。

这样施工才没问题

防盗格子窗的施作，与一般窗户相同。旧窗、新窗施工复杂度不同，部分品牌的旧窗施工可不必拆除原窗，以合并方式干式施作，修缮时间短。新窗工序如下：

1 检查配件：窗户送达施作现场时，首先须检查窗框是否正常、无变形弯曲现象，避免影响安装品质。

2 在墙上标线：在墙上标示水平、垂直线，以此为定位基准，不同窗框的上下左右应对齐。

3 以水泥填缝：固定、安装后以水泥填缝，确认窗框四周防水工程无任何缝隙，避免日后漏水问题。

监工验收就要这样做

防盗格子窗施作完成后，除了检查施工品质之外，记得再次检验以下事项。

检查复层玻璃品质

复层玻璃的中空层，一般以干燥真空方式或注入惰性气体，用以隔绝温度及噪音传递。但若处理不当，造成湿气渗入，便会产生玻璃雾化现象。验收时须有厂商之玻璃雾化处理保证，并确保后续能提供良好解决模式。

达人单品推荐

1 防盗格子窗—白色

2 防盗格子门窗—咖啡色

3 中国风日式格-S100

1　窗型以固定窗扇搭配横拉窗，增加隔音效果。窗格加入不锈钢条、增加强度，且采密封干燥式组合，保证不起雾。
（尺寸、价格店洽，图片提供_百德门窗科技股份有限公司）

2　巾型专利轨排水料，可搭配一般平纱或线板式纱窗。隐藏锁、儿童安全锁与防爆玻璃，可增加居家安全性与防盗机能。
（尺寸、价格店洽，图片提供_百德门窗科技股份有限公司）

3　中国窗饰造型，可强化居家风格营造。特殊表面处理，防腐蚀效能卓越。复层玻璃双重胶封施作，搭配Low-E玻璃，有效隔绝热能传导。
（尺寸、价格店洽，图片提供_优墅科技门窗）

这样保养才用得久

以清水冲洗清洁

防盗格子窗的窗格包夹在玻璃层内，外层光鉴平滑，擦洗相当方便。平时以清水冲洗或用软布擦拭即可。切勿使用酸碱溶剂。

门把五金
兼具美形和机能

30秒认识建材

适用空间	各种空间适用
适用风格	现代风、古典风、乡村风、奢华风、中国风
计价方式	以组计价
价 格 带	RMB:112~2238元/个
产地来源	中国台湾、欧洲
优　　点	美化装饰、提升隔音效果
缺　　点	塑料材质使用年限较短

Q 选这个真的没问题吗

1 DIY更换门把时，该如何施工才是正确的？ 解答见P.311

2 选购门把时，需要和门片材质作搭配吗？挑选时有什么需要注意的事项呢？ 解答见P.311

挑选好的门把、五金配件，可让操作更顺手，还能延长门窗、柜体等的使用寿命。除了实用导向的功能型，近来也发展出许多装饰性强的商品，譬如过去门把五金多以金属为主，现在则增加了陶瓷、水晶、琉璃、PVC等多元材质，增添了艺术美感，也更符合现代人对空间风格的整体搭配要求。

居家中的门把配件，形式上可分为外显把手以及隐形把手（譬如隐藏式或弹开式）。其中外显把手的款式外观若选择得宜，能为居家设计带来画龙点睛效果。不同材质、不同样式，能营造出全然不同的风貌。

另外，不同机能空间（如卧室或橱柜）、不同环境条件（如室内或室外），可搭配不同的五金门锁，例如：大门使用防盗锁，卧室使用水平锁，乐器室使用加压把手，通道用逃生用锁，防盗门用防盗锁等等。建议选购前综合评估考量，才能满足不同的使用需求，选择对的五金门锁，相对也会提升门的隔音效果，为居家带来更好的生活品质。

图片提供＿东顺五金

图片提供＿东顺五金

种类有哪些

1 金属门把

耐用度高、价格平实，可塑造出冷调、现代感。包括不锈钢、黑铁、铝合金、铜等材质。

2 陶瓷门把

质感温润、手感佳，适合彩绘上色，能让乡村风、古典风的设计更到位。但不适用于过重的门片。

3 水晶、琉璃门把

光泽独特、清澈度高，能创造典雅、奢华质感。不会因气候或使用而变质变色。

4 PVC门把

塑化材质，造价低、变化形式多元、色彩缤纷，可用于儿童房的搭配。

这样挑就对了

1 考量环境

若是户外使用，或是用于湿气高的环境、温泉区等，挑选时记得注意门把是否有防锈、抗腐蚀处理。

2 门片厚度

先丈量门片厚度，以及所需把手的尺寸再进行挑选，以避免购买到不合适的商品。

3 门片材质

注意门片材质特性，譬如铝框门的边框较细窄、玻璃门承重度等等，再挑选适用的门把款式。

这样施工才没问题

先测量装设位置、距离

在门片上测量门把装设的位置、距离，门片钻孔、门把试装后拆下，待门片上色后，再行组装。组装时，将内部配件锁舌放进孔洞，内部门把、外部门把对准后锁上便完成。

监工验收就要这样做

1 确认零件、规格是否齐全无误

检查门把的五金配件是否齐全、使用是否灵活，并确认安装的门把产品，其品牌、型号、规格正确无误。

2 实际使用确认稳定度

以手握感受，确认装设牢固，并检查门把的表面处理细致平滑，避免粗糙导致刮手。

这样保养才用得久

若有异声，可滴入润滑油保持顺畅

平时以清水清洁即可，门锁或铰链若有异声，或是使用干涩不顺，可滴一点点润滑油，维持顺畅度。

达人单品推荐

1 铜制门把

2 橱柜把手

3 造型门把

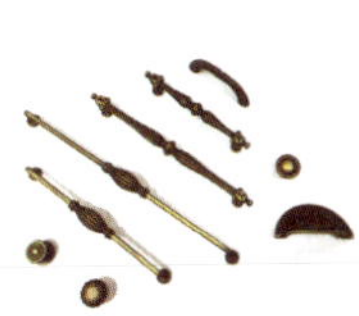

4 古典橱柜门把

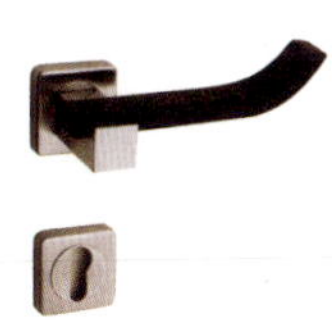

5 意大利PASINI把手—黑

1 多角度的切割方式，呈现有棱有角的立体造型，古朴的暗铜色具有怀旧的古时氛围。
（尺寸、价格电洽，图片提供_东顺五金）

2 仿造洞石的原始素材肌理，不规则的孔洞为橱柜带来自然朴实的印象。
（尺寸、价格电洽，图片提供_东顺五金）

3 细长的造型适合用于玄关大门，呈现大器风范。古铜的色系呈现如工业风的冷硬态度。
（尺寸、价格电洽，图片提供_东顺五金）

4 细致的古典线条，创造优雅迷人的氛围。多种长度的类别，适用于各式橱柜。
（尺寸、价格电洽，图片提供_东顺五金）

5 意大利PASINI时尚系列把手，适用于木门、金属门或玄关大门。
（尺寸、价格店洽，图片提供_蓝鲸国际）

门窗隔热膜
隔绝热能的利器

30秒认识建材

适用空间	客厅、卧室、书房
适用风格	各种风格适用
计价方式	以m^2计价
价格带	RMB:242~980元/m^2
产地来源	日本
优点	有效隔绝热能、紫外线，具有防爆功能
缺点	DIY的技术门槛高

Q 选这个真的没问题吗

1 隔热膜除了能阻隔热能，还有什么好处？ 解答见P.313

2 装贴隔热膜需要注意什么？可以自己动手DIY吗？ 解答见P.313

3 可以在贴了隔热膜的窗户贴上吸盘吗？ 解答见P.313

台湾气候温度逐年向上爬升，夏季特别炎热，平均在32°～35°，阳光中红外线、紫外线也相对提高，因此对于隔热膜等节能建材的需求市场明显增加。隔热膜结构，是借由多层PET组成，包含特殊耐磨层、强化胶膜、紫外线隔离层等，另外还有方便施工的胶膜层与透明膜层。

隔热膜借由对于日光热能的“反射”与“吸收”原理，来达到隔热效果。高透明类型的隔热膜，张贴后透光率高达65%～80%，不影响室内光源亮度，并且隔热率达60%～95%，可提升冷暖气效率、节省电费支出，同时抗紫外线功能，亦能避免皮肤与灵魂之窗受伤害，并保护家具，不因过度日光照射而变质褪色。一般可自行粘贴隔热膜，但其施工品质会影响使用年限，建议交给专业施工人员较为妥当。

由于隔热膜的反射作用关系，仅能单向透视，难以从室外看进室内，可增加空间隐私性。另外，现代许多特殊涂工、贴合技术，能提高玻璃伸张强度达6倍以上，可延缓窃贼侵入时间，具有优越的防入侵性能。

图片提供 _ 摩登雅舍

种类有哪些

1 节能膜

可增加隔热率，提升冷暖气效能、节省能源耗用。能隔离99%的紫外线，用在西晒方位更有明显感受。

2 防爆安全膜

防爆安全膜借由独特的涂工与贴合技术增强厚度，借此提高玻璃伸张度与耐贯穿、耐破损指数。

3 窗饰膜

窗饰膜为装饰玻璃的胶膜。传统以蚀刻方式来装饰玻璃，成本较高、设计形式也较为有限，而窗饰膜变化度高，更换容易、成本也较低，另外还具有防止玻璃碎片飞散的安全功能，相当实用。

这样挑就对了

1 确认产品效能

隔热膜的隔热系数与透光系数越高，则隔热与透光效果愈佳；至于紫外线阻绝率，目前大多产品皆可达99%效能。

2 提供产品保固

挑选隔热膜产品时，最好找信誉佳并且提供产品保固的商家，才能确保品质也较有保障。

这样施工才没问题

1 施作空间不宜有粉尘

避免在空气粉尘多的状态下施工，以免影响品质。

2 施工前注意窗户清洁

施工时于玻璃与隔热膜表面喷水，将有助于刮水整平；施工完成后一个月内，尽量不要清洗窗户。

3 DIY施工步骤如下

STEP 1：清洁玻璃表面与窗框，准备喷水器、玻璃刮刀、刀片等工具备用。

STEP 2：玻璃表面喷水，并用刮刀刮除水分，确保表面完全无脏污。

STEP 3：于玻璃、隔热膜上喷水，撕除隔热膜上的表面离型膜后，再度喷水。

STEP 4：将隔热膜贴至窗户玻璃上，调整位置。

STEP5：于表面再度喷水，并利用玻璃刮刀由上而下，均匀刮除多余的水分与空气。

STEP 6：以刀片修饰隔热膜边缘多余的部分，并确认边缘平整无翘起。

监工验收就要这样做

1 检查表面与边缘

刚贴好的隔热膜，有雾雾的水汽乃属正常现象，等待干燥后即可恢复清澈；但若有过多气泡，则须请原厂商处理。另外，须注意隔热膜的边角是否有翘起或不平整、尺寸是否刚好。

2 察看品牌商标与保固书

查看产品上的品牌商标，以免贴到仿冒品；并索取产品保固书，才能确保完工后使用之权益。

达人单品推荐

1 日本FSK
防爆安全膜

1 符合JIS5759安全规格，透光率89%，隔热率18%，隔紫外线率99%。
（RMB493元 / m²，图片提供_新泰贸易有限公司）

这样保养才用得久

1 不在隔热膜上张贴贴纸或装设吸盘

避免在隔热膜上张贴贴纸或吸盘，以免因拉起时将隔热膜拔起。平时切勿用尖锐物品或刀片于表面刻画，以免造成材质伤害。

2 以湿布和干布先后擦拭即可

隔热纸的抗污效果好，平时以清水擦洗即可。如遇到较顽强污垢时，使用清洁剂喷在抹布上再做擦拭，切勿直接喷洒在隔热纸上，以免隔热纸失去效用。

第16章

调节光线的好帮手

窗帘

窗帘，不止能调节居家光线，在配色选材上也是营造氛围的重点元素。好的窗帘不仅能发挥遮阻光线的效果，还能在空间中担任画龙点睛的装饰主角，营造出舒适的居家空间。

选择窗帘之前，请依照自家的窗户形式和整体风格去思考，像是落地窗就适合选用落地帘、百叶帘；半窗的设计则选用罗马帘或是卷帘，成为空间的装饰焦点。

在窗帘布的选材上，一般以纯棉纯麻等天然材质的透气性最高；而提花布的布料较硬挺，适合作为落地帘营造出垂坠感；在浴室的窗帘材质必须要选有效防水等等。不论是哪种材质，都需要多看多比较，才能选出最符合自身需求的窗帘。

种类	窗帘	窗纱
特性	注重遮光性，材质从棉、麻、丝绒缎面到合成纤维都有。可选择各种窗帘形式，如落地帘、罗马帘、百叶帘等。	强调透光性，材质轻薄，常用于需要大量采光的房间，通常与窗帘做搭配。
优点	1 遮光性强 2 防尘隔音，具装饰效果	材质轻透、款式众多
缺点	丝麻材质日晒后易褪色	遮光性不足
价格	RMB:670~2238元（视产地、设计与材质而定）	RMB:358~2238元

设计师推荐私房素材

采荷室内设计 · 丁荷芬推荐

图片提供

1 罗马帘 · 用料省，适用于小空间： 罗马帘乃是用一整片的窗帘布制作而成，不仅能完整呈现布料的花样，不浪费布料，也保有视觉的完整性，相当适合用于小空间。简单的收拉设计，连小朋友也能轻松使用。

图片提供＿安得利采轩

摩登雅舍室内设计·王思文推荐

2 风琴帘·调节光线的机动性强： 风琴帘特殊上下开合的功能设计，上下两层能分别透光，可遮住景观较差的部分，帘片也可全开或半开，在光线调控和视野选择上比其他窗帘更具变化。价格高，但机动性强，使用上较方便。

图片提供＿摩登雅舍

窗帘
遮光挡影效果一流

30秒认识建材

适用风格	现代风、奢华风、自然风
计价方式	以组 / 码 / 厘米计算
价 格 带	RMB:670~2238元
产地来源	中国台湾、欧美
优　　点	调控光源、防尘隔音，具装饰搭配效果
缺　　点	纯棉、纯麻材质日晒后易褪色

Q 选这个真的没问题吗

1 纯棉、纯麻、纯丝的窗帘一两年之后就褪色，这是正常的吗？ 解答见P.318

2 我家有一岁大的幼儿，要挑选什么样的窗帘绳才不会有危险？ 解答见P.318

3 我家窗户的高度只有墙壁的一半，窗帘的形式这么多，哪一种才是最适合的呢？ 解答见P.317

属于室内装修软性建材的窗帘、地毯等家饰布，往往可以影响整个居家空间的风格。这些居家布饰因为不同的质料、触感、花色可以让空间呈现截然不同的调性。

窗帘种类繁多，依照使用方式可大致区分成“上下开”与“左右开”两种窗帘形式。“上下开”的窗帘以卷帘、罗马帘与百叶为主，“左右开”的窗帘则视有无窗帘盒来决定安装形式。一般而言，大家可先由这两种形式做选择，接着再考虑要哪一种材质，目前常见材质以布料为主，也有棉、纱、蚕丝、羊毛、麻、人造纤维等。

装设窗帘时，常见使用“窗帘盒”的搭配。窗帘盒主要用途为修饰轨道，以及遮蔽窗户缝隙避免漏光。其形式多元，包括布料、PVC材质，或是配合木作打造线板造型、窗框造型，或是在天花挖深留空等方式处理。不论何种形式，提醒设计窗帘盒时须注意预留深度，以免日后产生无法安装的问题。

一般若装设百叶帘、卷帘或风琴帘时，建议预留10cm左右的空间深度；蛇形帘（S形帘）折摆幅度较大，则至少需预留15cm以上深度；若窗帘为复层，则窗帘盒预留空间就需要再加深，像是双层蛇形帘至少需25～30cm。

图片提供＿雅致室内设计配置

种类有哪些

1 落地帘

长度长，可覆盖整片窗户至地面，多为双开式窗帘。使用棉、麻、丝等天然织品制成落地帘有轻盈透气效果；丝绒、提花材质的垂坠度与遮光静音效果出色；人造纤维稳定性高、抗皱防缩，易于洗涤且相当耐用。

2 罗马帘

放下时为平面式的单幅布料，能与窗户贴合，故极为节省空间。收拉方式为将帘片一层层上卷，折叠收合后的帘片，视觉上具立体感，一般使用较为硬挺的提花布和印花布制成。

3 卷帘

平面造型轻薄不占空间，使用操作简单。材质不易沾染落尘，不用担心尘螨过敏问题，且维护保养便利。价格平实，可自行DIY组装。除了传统的天然材质如竹帘、植物纤维编织之外，现今多为合成纤维与纯棉材质，表面经特殊处理，灰尘不易附着，亦有防水功能，适用于浴室等地。

4 百叶帘

通过叶片角度的控制，调节室内光源并阻隔紫外线。可依据窗型比例，搭配不同的叶片宽度。材质可分为铝合金百叶、木片百叶、竹片百叶、环保木百叶（仿木纹塑胶材质）以及布百叶。铝片与环保木百叶材质，适用于潮湿环境（如卫浴空间）。

图片提供_雅致室内设计配置

▲ 落地帘需注意选用耐脏的布料，像是人造纤维等较方便清洗。

5 风琴帘

特殊的蜂巢式结构，形成一个中空空间，能有效调节室温，提升冷房效益。使用时可任意上下（遮上或遮下）、控制缩放范围（遮多或遮少）。风琴帘还有各种不同遮光度可供选择，如透光不透影、半透光、不透光不透影。其中遮光布料加了抗紫外线功能，可阻挡99%光源。

种类	落地帘	罗马帘	卷帘	百叶帘	风琴帘
特色	长度长，可遮盖整片窗户，遮光效果佳。台湾较常见的款式为双开式，使用起来较方便	为平面式的单幅布料，能与窗户贴合，较为节省空间。透过拉绳与环扣带动，将帘片一层层上卷，折叠收合后的帘片，视觉上具立体感	平面造型轻薄不占空间，透过转轴转动，使用操作简单	通过叶片角度的控制，调节室内光源并阻隔紫外线	为特殊的蜂巢式结构，形成一个中空空间。可依个人喜好与需求，自由调整光源与隐秘程度
优点	1 有效遮光、防噪音 2 防尘效果佳	1 为整片布料制作而成，用布量较少 2 易于营造乡村风格	1 不易沾染落尘，不用担心尘螨过敏问题 2 维护保养便利，亦适用于潮湿环境 3 价格平实，可自行DIY组装	可依据窗型比例，搭配不同的叶片宽度	有效隔热、控温、节能，提升冷房效果
缺点	需常拆洗，保养手续较复杂	车工繁复，车工工资所占的费用比例，较材料费来得高	较不适用大面积的窗型	叶片保养不易	价格稍高
价格	以码或尺计价。由于织品的价格差异极大，估价方式可以“用布量”乘上布品单价，另外再加车工工资与轨道费用。	以材（30cm×30cm）计价。费用包含车工和材料。	以m^2计价。每m^2 RMB:165~616元	以m^2计价。每m^2RMB:320~495元（依材质，叶片宽度计价不同）	120cmx120cm，RMB:1455~2014元（依遮光/不遮光材质，以及单巢/双巢而计价不同）

这样挑就对了

1 窗幅大小会影响窗帘的型式
大型观景窗若两边开有对称的小窗，建议可使用落地帘或百叶帘。罗马帘和卷帘以杆子承载布料，较适合小窗。

2 半窗设计的窗帘不宜用大印花图案布
印花或提花的对纹若尺寸较大，较不适合半窗的设计，如果窗下没有其他会遮蔽的家具，建议把半窗设计成落地帘形式，更显大气。

3 纯蚕丝的布料背后要加遮光布
由于日晒强烈，纯蚕丝的布料应避免用于西晒或长时间阳光暴晒的窗面，最好在背后再加上一层遮光布。

4 依遮光和装饰效果选择不同材质的窗帘
有垂坠效果的布料较适合做落地帘，轻柔的纱质不适合做罗马帘或卷帘。

5 依空间用途挑选合适的材质
客厅窗型通常为落地窗或长条形半窗，可选用双层的对开式落地帘。卫浴空间可选择防水的卷帘或百叶；厨房使用防焰、不易沾染油烟的材质，较为安全也方便清理；睡寝空间则可选择遮光效果佳的窗帘或搭配双层帘，以提高睡眠效果。

6 有过敏问题建议选用平面帘
若有呼吸道问题或担心尘螨，可选择较为平面简约、材质不易吸附灰尘的窗帘样式，如罗马帘或卷帘。

7 家中有幼儿，须注意窗帘绳的固定
家中若有幼儿，建议加装链绳固定器，或选择拉棒、遥控等无绳的窗帘系统。多一分注意，让美丽的窗帘不致变成安全杀手。

这样施工才没问题

1 决定窗帘形式

安装窗帘前必须确认自家窗户适合哪一种形式的窗帘，以及喜欢的布料是否适合该种形式窗帘的装设。

2 丈量

安装窗帘前必须确实丈量尺寸，宽度要多留

▲ 风琴帘特殊的蜂巢结构能有效节约能源。

20～30cm，高度则视窗户是否有平台，若有平台则需减少1cm，避免布料磨损。若没有则可多10～20cm，才能有效遮光。若有对花图案的窗帘布必须预留较多的损料。

3 确认支撑组架与零件

窗帘盒是否牢固常常会影响窗帘的使用年限，落地帘若是电动式须考虑隐藏马达的设计。卷帘的马达通常隐藏在卷轴内，但不同国家制造的马达功能与效果不同，选择有口碑的厂牌或厂商可避免日后发生故障的概率。

4 注意间距与水平

若为紧邻的两扇窗，装设百叶时，两窗之间需留1～2cm间距，避免垂下或拉起时两扇叶片互相卡住；若为卷帘，在定位时固定架须离边至少1cm以上，以免影响卷轴装设。另外，横式窗帘施工时须注意水平，以免完工后施力易产生左偏或右偏问题。

监工验收就要这样做

1 注意窗帘盒是否稳固
完工后要检视窗帘盒的水平及稳定度是否足够。

2 完工后试拉窗帘
装设完窗帘后建议试拉看看，检查是否顺畅。

达人单品推荐

1 Jubilee Square

2 Dandelion Clocks

3 Forest

4 Silhouette 柔丝百叶

5 新锦缎（BROCATELLO NUOVO）

1 Sanderson品牌中，少数可以布置小孩房用的花色，简单大方又不失细节，图案中有花草、动物、路灯房子等等日常街景。
（尺寸店洽、RMB:560~694元，图片提供_雅致室内设计配置）

2 Sanderson品牌中的经典图案，从2008年第一次亮相以后，成为历年来的热卖款！更有一样的壁纸花纹做搭配，成为设计师们热爱的图案。
（尺寸店洽、RMB:560~694元，图片提供_雅致室内设计配置）

3 采用数位印刷做了全新的诠释，选择森林图案，创造出崭新的设计；不同布质分别采用不同的色彩表现，既有现代感也不失传统风味。
（尺寸店洽、RMB:760~1970元，图片提供_雅致室内设计配置）

4 前后两层柔纱、中间夹帘片，结合百叶、纱帘与卷帘优点。布料经防静电、防尘及抗紫外线处理，且纱质透光度佳、视野清晰。
（120cm × 120cm · RMB:3806~4477元/cm²，图片提供_阪多）

5 重新演绎经典的Zoffany图案，全新的丝绸感纱线搭配最富现代气息的柔美色彩，呈现高雅精致的风格。这款面料可水洗，具有阻燃性。
（尺寸、价格店洽，图片提供_雅致室内设计配置）

※以上为参考价格，实际价格将依市场而有所变动

这样保养才用得久

1 顽强污垢以布用清洁剂处理

窗帘由于挂在窗边，难免会沾上风沙。由纯棉麻等天然纤维制成的窗帘，平常只要掸一掸就能去除灰尘。若有脏污，用湿布擦拭即可。倘若遇到较难处理的污垢，使用布品专用的清洁剂是最佳的拯救办法。若仍留有污渍，建议送至洗衣店或请专业的清洁公司来处理。

2 务必看清织品上的洗涤说明

在清洗前先阅读洗涤说明，有些品牌的纯棉窗帘可自行在家用洗衣机清洗。洗窗帘时千万不可用温水洗，务必要用冷水。洗完后，先将窗帘按照原有折子折成长条；前后两个人对拉确保折子平整。若要脱水，则整齐地放入洗衣机，轻微脱水约1~2分钟即可，然后挂在阴凉通风处阴干。若要减轻棉布缩的问题，只要在窗帘脱水之后就立刻吊回去，此时，窗帘布因为还带有湿度，就会自然下垂，从而减少“缩幅”的程度。

3 不可使用漂白剂或强效洗衣粉

若窗帘尺寸不大，可以冷洗精浸泡后自行手洗，但不可使用漂白剂或强效洗衣粉，洗完后也不可放入烘衣机烘干，以免导致脱色或变形。

4 以湿布擦拭百叶、罗马帘或风琴帘

百叶、罗马帘或风琴帘较不方便拆下来清洗，只要用湿布或沾湿的海绵擦拭即可；卷帘局部脏污，则可利用胶带粘贴之后，以小牙刷蘸牙膏轻刷，最后再用湿毛巾拧干擦净。另外，可受热材质的窗帘，平时亦可用直立式蒸气熨斗轻轻带过，达到杀菌、除尘螨效果。至于窗帘盒、轨道与拉杆等等配件，用软布擦拭。若蘸上强效的清洁剂或是很用力地刷洗，可能会导致掉漆。

搭配加分秘技

图片提供_摩登雅舍

不同风格搭配不同的窗帘形式

喜欢乡村风格的话，可以选择罗马帘，不论是花一点的纹路，或是素色都很有意境。想走奢华风格的人，可在材质上选择较特殊的布料，或是利用较重的颜色与有质感的花纹来呈现奢华感。

多层次的全白空间

运用相同色系、不同的材质表现视觉层次，即便是全白的空间中，也能有丰富的视觉感受。米白色的半圆形沙发，搭配法式波浪帘，本身的圆弧曲线就能营造出甜美轻柔的气息，展现浓厚的欧式居家风格。

图片提供_摩登雅舍

窗纱
透光与装饰并具

30秒认识建材

适用空间	客厅、餐厅、厨房、卧室、书房
适用风格	现代风、混搭风、自然风
计价方式	以码计价
价 格 带	RMB:358~2238元
产地来源	中国台湾、欧美
优　　点	设计多元，透光性佳，实用与装饰兼具
缺　　点	遮光性不足，需和窗帘一起使用

Q 选这个真的没问题吗

1 **薄透的窗纱该如何搭配效果才会最好呢?** 解答见P.322

2 **关于窗纱的清洁或保养有什么需要注意的?** 解答见P.322

半透光的窗纱，能柔化光线，为室内带来更舒适的照明，尤其是一些纱布本身带有虚实之间的织纹变化，让阳光在穿透与不穿透之间，营造空间中光影幻化的效果；另外，有许多窗纱印上缤纷图案，甚至还有各种不同织法、造型剪裁、镂空手法，形形色色的精彩表现，让窗纱跳脱出搭配窗帘布的配角地位，已然成为窗饰的视觉焦点!

窗纱一般用于需要大量采光的公共空间、客厅、书房等，亦可搭配遮光布用于卧室，提升睡眠效果及美感氛围。常见天然材质如棉、麻、丝，随着技术的进步，现今也有许多化学纤维窗纱，亦能营造透明轻薄，以及多元的造型变化，而且价格更亲切平实。不论是天然材质的混纺，或是搭配聚脂纤维纱线、金属线的混织，各式各样塑胶亮片装饰，绣花、印花、贴绣提花布等异材质结合，甚至还有融入回收再制PET瓶的独特创新质料，透过窗纱织品的革新演绎，为居家增添更丰富的感官效果。

图片提供_安得利采轩

种类有哪些

为了能使室内空间达到适切的透光效果，一般窗纱材质多选用轻薄、飘逸款式，依材质大致可分为天然纤维与人造纤维。

1 天然纤维材质

以丝、麻等轻盈材质为主，透气度佳、手感舒适柔软，能为居家营造自然风。价格上丝较麻高一些。

2 化学纤维材质

材质可塑性高，样式变化丰富。稳定性亦佳，容易保养、使用期限长亦不易变色。相对天然材质，价格更为便宜。

这样挑就对了

选用一层窗纱，一层布帘的组合

布帘可阻挡白天的阳光（防晒），到了晚上则能维护室内的隐私权（遮蔽性）；在白天，收拢窗帘、放下窗纱，可让室内的亮度更柔和，半穿透的窗纱也增添了窗边的氛围。

这样施工才没问题

窗纱的施工大致与窗帘做法相同，只是须另外留心以下注意事项。

1 事先决定窗纱形式

安装窗纱之前，必须确认是要单独装设？或与窗帘搭配？若是后者，则除了款式之外，还必须考量风格、色彩等整体性搭配。

2 丈量

除了窗户与窗纱的尺寸丈量，另外若要制作窗帘盒，则须预留足够的空间深度（尤其是双层款式），以免造成日后使用不顺手。

3 确认组架的水平与牢固度

施工时须确认支撑组架的水平是否抓准，以避免影响操作施力。另外，须注意接合、固定的零件是否安装牢固。

监工验收就要这样做

1 剪裁车缝

除非是特殊剪裁，不然一般窗纱不会拼接布料，以免影响美观。验收时可检查整体布面的剪裁车缝是否符合预期。

图片提供 _ 安得利采轩

▲ 丝麻材质的手感舒适，质感佳。

2 细节收头

检查窗纱的帘头与皱褶处理是否完善，另外还需留意边缘是否有毛边。

3 布面饰品

若是有装饰亮片、珠珠等的窗纱，记得完工后检查是否完整无掉落情形。

4 轨道顺畅

完工后试着操作看看，确认使用施力时轨道是否顺畅无碍。

这样保养才用得久

参考洗涤说明正确保养

若要清洗窗纱，可送到专业洗衣厂，用冷水洗涤、低温蒸气烘干。除非窗纱为特殊材质不适合水洗（如真丝），不然较不建议干洗方式，以免因溶剂影响呼吸道健康。若是局部脏污，用中性洗衣精针对脏污处进行揉洗即可。另外有些窗纱织品为复合材质，若不清楚洗涤方式，建议可送回原厂商代为保养处理。

达人单品推荐

1 FLAMENCO

2 SAHCO Matador

3 Goldrush

4 LUANA

1 荣获欧洲百大设计师之一的Ulf Moriz所诠释创作，透明的网纱上以手工缝制出精巧花朵，让纱帘不再是配角，也成为独一无二的视觉艺术！
（幅宽140cm、RMB:2462元/码，图片提供_安得利采轩）

2 天然织棉布料制成，表面做出特殊织纹和皱褶，让窗纱更有立体感。
（幅宽135cm，RMB:1746元/码，图片提供 _ 安得利采轩）

3 特殊的横纹设计效果，让窗帘更有层次，底层颜色若隐若现，显得大方高贵。
（尺寸店洽、RMB:436元/码，图片提供_雅致室内设计配置）

4 粗细格子状，杏色带点金色，在光线照射下更会有不同的效果。
（尺寸店洽、RMB:526元/码，图片提供_雅致室内设计配置）

※以上为参考价格，实际价格将依市场而有所变动

搭配加分秘技

图片提供_摩登雅舍

以窗纱增加隐秘
在卧室隔间开窗，为了增加隐私性，以窗纱遮蔽，形成一面怡人的窗景，同时也点缀居家氛围。

图片提供 _ 摩登雅舍

以花草为主题，展现女性柔美
窗纱以花草为主题，清亮的蓝色与墙面色系相呼应，展现女性柔美的温柔气息。

第17章

点亮各空间的主角

照明设备

从实用的角度来看，灯具身负着居家照明的重责大任，而从美学的角度，灯具所散发的光辉能左右空间的气氛，各式独具风格的造型灯具，绝对能成为空间中令人惊艳的主角。当然，不可不提的还有灯泡，灯泡与灯具相辅相成，灯泡的色温、演色性，能影响空间的氛围情境。再者，能源耗竭的议题持续延烧，能够有效节约能源、使用寿命长的省电灯泡成为现今的新宠儿。因此，如何在各空间中选择实用性和装饰机能兼具的灯泡和灯具是一个相当大的课题。

种类	灯泡	灯具
特色	一般市面上以节能省电的CFL&CFL-i、CCFL和LED灯泡为多。卤素灯和白炽灯泡为较传统的灯泡，耗电量较高	从经典到现代，造型风格各异，可依照使用空间选择合适的灯型
优点	LED灯和省电灯泡发光性能较佳、较省电	装饰性强、易于营造空间氛围
缺点	传统灯泡易耗电、较不环保	进口灯饰造价较高
价格	RMB:18~358元	RMB:22~1567元

设计师推荐私房素材

朵卡艺术空间设计 · 邱柏洲推荐　图片提供_朵卡设计

1 LED灯 · 年限长不易损坏： LED 灯具有寿命长、耐碰撞的优点，且价格便宜，长期下来能节省频繁更换传统灯泡的费用。若选择具有暖白光源的LED灯，不论是用在客厅、书房或办公室都是不错的选择。灯具可配合富有建筑美的精致铝条，就能形成高雅简单的风格。

图片提供_Design Butik集品文创

演拓室内设计 · 张德良推荐

2 卤素灯 · 营造氛围的高手：卤素灯的优质演色性、色温和聚焦性，对于展示品或是画作的表现效果是所有灯泡中最好的。而且价格低廉，又能营造空间氛围，换算起来，卤素灯的CP值是相当高的。若担心卤素灯会散发紫外线的问题，可选购具有特殊处理的玻璃罩，能有效衰减大部分的紫外线，使用起来更安心。

图片提供_演拓室内设计

灯泡
照亮居家不可少

30秒认识建材

适用空间	各种空间适用
适用风格	各种风格适用
计价方式	以颗计算
价格带	RMB:18~358元
产地来源	德国、中国、日本、美国
优点	LED灯和省电灯泡发光性能较佳、较省电
缺点	传统灯泡易耗电、较不环保

Q 选这个真的没问题吗

1 LED灯和省电灯泡一样有节能效果，为何不能用来当作家中的主要光源？ 解答见P.327

2 省电灯泡分为球型灯泡、U型灯泡以及螺旋型灯泡，这三种有什么不一样？ 解答见P.327

3 用完的灯泡该如何回收？可否直接丢弃？ 解答见P.327

照明是室内空间中最需要细细思量的设备，光线设计得宜，可以让空间更舒适。其中的关键在于灯泡的选择，性质优良的灯泡不仅能照顾眼睛不易疲劳之外，还具有使用寿命长、省电的功效。一般常见的灯泡种类有白炽灯泡、卤素灯、省电灯泡、LED灯等。

依照空间使用的不同，在客厅、餐厅、卧室、书房用的灯泡类型、色温和瓦数就不相同。俗语说，“明厅暗房”，因此客厅内适合装设照明范围较广、节能效果好的省电灯泡。以休憩为主的卧室与餐厅，则可以装设给人有温暖感的黄光灯泡，如LED灯、卤素灯或省电灯泡皆可。至于书房则建议采用明亮度高的省电灯泡，再搭配近距离台灯更理想。

以省电灯泡而言，通常使用寿命可长达15000个小时，使用完毕后，废弃灯泡不可直接丢弃，除了灯泡玻璃容易破损，有割伤人的危险之外，灯泡内的导电金属亦会危害环境，建议送到邻近的居家卖场回收，进行专业后续处理。

图片提供_PHILIPS飞利浦

种类有哪些

1 白炽灯泡

俗称电灯泡或白钨丝灯泡。白炽灯泡要先转化成热能才能发光，其中仅有10%～20%的热能会转成光能，其余皆为无用的热能，消耗了不少能源，再加上过程中会产生二氧化碳、耗电量也较高。为有效节约能源，全球有不少国家已经开始淘汰并禁用白炽灯泡，台湾地区则将于2012年后全面禁用。

2 卤素灯

又称卤素杯灯，是白炽灯泡的一种。原理是在灯泡内注入碘或溴等卤素气体。其亮度高且光源集中，再加上体积小容易安装，不过与白炽灯泡一样耗电易发热，目前多以较省电的LED灯取代。

3 CFL&CFL-i灯泡

即所谓的省电灯泡，省电灯泡是为取代传统的钨丝灯泡，故意将灯管折弯缩短，常见有球形灯泡、U形灯泡以及螺旋形灯泡等。球型和螺旋形的省电灯泡差别在于球型灯泡多了一层玻璃外罩，发光效率减损；如以相同的光亮度来看，螺旋形比球形更省电，而U型灯泡又比螺旋形的转折少，发光效率相对较高。

另外，目前还有电子式省电灯泡，乃以电容器取代传统的真空管启动系统，开灯效率快，光源不闪烁一次到位，护眼且省电，灯泡使用寿命更长。

4 CCFL冷阴极灯管

源自于液晶银幕的背光板技术，具有光源稳定，钨丝不易烧断的优点，且CCFL拥有“100,000次耐点灭”特色，有别传统灯泡因频繁点灭，会减少使用寿命，启动时不闪烁，不易造成闪频光害。适合用在餐厅和客厅作为背景灯光，且相较于省电灯泡，能有效滤除紫外线，降低对人体的伤害，肤色在光线照射下也显得较自然，使用寿命最长可用3万个小时。值得注意的是，CCFL灯泡的管径非常细小，相对质量较轻，施工时易压碎，须小心使用。

▲球型灯泡

第一代省电灯泡，在灯泡外多加一层玻璃外罩，光线较柔和，但亮度减损，使用寿命较短。

▲U型灯泡

第二代省电灯泡，呈直管状，适合用于细长空间，发光效率高，解决了球型灯泡亮度不足的问题，缺点是灯管中间需要有接桥，若技术不好容易断裂。

▲螺旋型灯泡

第三代省电灯泡，优点是体积小，不需额外接桥，且发光范围广，可产生较高的亮度，缺点是光线较为刺眼。

图片提供＿PHILIPS飞利浦

5 LED灯

LED发光二极体是一种半导体元件，利用电能转化为光能，因此发热小，其中80%的电能转化为可见光。它无灯丝、不含汞与氙等有害元素，也不怕震动和不易碎，相当环保。目前因为法规规定，所以在产品标示上凭各厂商内部测试资料标示，建议消费者选择时，选购可靠的品牌，这样较有品质保障。

而LED灯发散光源属于“点光源”，光源集中，方向性明确，不似省电灯泡的照明范围广，因此不适合当成家中的主要光源，可用于玄关、走廊等局部空间。

这样挑就对了

1 考虑面积与层高

灯泡的使用和空间面积、层高有很大关系，因此购买前一定要先确认好，预防面积太大、灯泡瓦数不足的情况。简单来说，3㎡、层高2.8m～3m，23瓦的灯泡就足以适用。

2 依照色温挑选

色温，简单来说就是颜色的温度，是指光波在不同能量下，人眼感受的颜色变化，以度k（kelvin）表示。通常色温在5500k时，红、绿、蓝可获得平衡，混合后产生白光，演色性也愈高，被照物的颜色也较逼真，接近自然光下的颜色。

种类	CFL&CFL-i灯泡	CCFL灯泡	LED灯泡
光效（lm / W）	55	58	70～80
寿命（hr）	6000~15000	>20000	50000
色温（k）	2700 / 6500	2700 / 4600 / 6200	2700～6500
演色性（CRI）	85	82～85	70～90
发热温度	高	低	低
耐点灭性	低	高	高
耐摔耐震	不耐摔不耐震	不耐摔不耐震	耐摔耐震
操作	启动时，闪烁	启动时，不闪烁	一点就亮，不闪烁
价格带	RMB:45~146元	RMB:67~100元	RMB:22~358元

一般来说，常见的灯泡色温可分成以下三种：

（1）黄光：灯泡色，色温2700～3100k。一般若想要温暖的感觉，多选择黄光。

（2）自然光：冷白色，色温4000～5000k。光源较明亮，演色性佳，但品项较少，台湾的灯泡种类大多为黄光或白光。

（3）白光：昼光色，色温5700～7000k。演色性与亮度的效果较差，长时间暴露其下会造成眼睛的疲劳，一般较少使用。

3 同一空间最好使用同一厂牌的灯泡

目前市售灯泡品牌相当多种，每家厂牌的色温不尽相同，建议可以在同一空间中，使用同一厂牌的灯泡，如此一来视觉感受光源的颜色与温度变化就不会差异那么大。

4 不同居家空间有不同亮度需要

（1）客厅：最好要有100W以上，色温可选择较温暖不刺眼的光源。

（2）餐厅：使用演色性高，色温较低的光源。演色性高让菜肴看起来更可口，低色温能营造温暖、愉悦的用餐氛围。

（3）厨房：建议使用色温为白光的灯泡，料理时光线能更清楚，不致发生危险。

（4）卫浴：卫浴的照明需要经常开关，建议选择点灭性高的灯泡较合适，可选择60W的灯泡或者更低的瓦数。

（5）卧室：卧室的照明以提供安适的氛围为主，因此选择黄光较合适。若选用床头灯，大多为轻微照明需求，灯泡选择40～60W范围即可。

这样施工才没问题

1 安装前切断电源

安装灯泡时，务必切断电源，确实将灯泡旋入灯座内，达到完全嵌合，并需检查是否牢固不易晃动，若有掉落之虞应予以改正。

2 安装前确认灯泡规格

一般常见的灯泡尺寸为E27和E14。

监工验收就要这样做

1 确定灯座与灯帽是否有固定

建议在安装前先观察灯座和灯帽是否有松动摇晃的情形，以免掉落造成危险。

2 检视电极是否有变形

安装前，先检视灯泡电极是否有变形的情形。若有，应及时做更换。

达人单品推荐

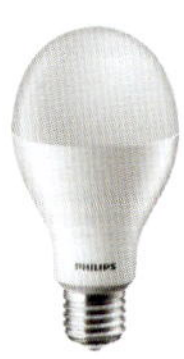

1 飞利浦LED球形灯泡

2 TORNADO T2省电灯泡

3 New Essential plus省电灯泡

4 飞利浦螺旋形灯泡

1 飞利浦全系列LED灯泡皆荣获国际IEC安心认证，9W的LED灯泡，可取代60W白炽灯泡，寿命为15000小时。（价格店洽，图片提供＿PHILIPS飞利浦）

2 与前一代的省电灯泡相比，照度增加20%，体积小，高效率，适用多种灯具。（23W，价格店洽，图片提供＿PHILIPS飞利浦）

3 与前代相比，灯管性能提升1%，可用于重点照明，提升居家气氛质感。（价格店洽，图片提供＿PHILPS飞利浦）

4 比白炽灯泡省电80%，耐点灭10万次。（尺寸、价格店洽，摄影＿杨宜倩）

这样保养才用得久

1 依灯泡种类决定使用方式

不同光源的灯泡，使用方式也大不相同。CFL省电灯泡使用时，至少需要3分钟的预热，才能达到最佳光源效率，使用时尽量不要频繁地开关，否则容易减少使用寿命。相较之下，CCFL冷阴极管与LED灯的耐点灭性高，若空间需要经常开关电源，建议使用CCFL 或LED灯泡较适合。

2 灯泡怕潮湿也怕油烟

灯泡装在卫浴与厨房时要多加留意。装在卫浴间一定要加装防潮灯罩，防止湿气进入并延长使用寿命；装在厨房同样建议加装防油烟灯罩，若无法加装，则要特别注意油烟，因油垢的累积会影响灯的亮度，要定期擦拭清洁。

3 灯泡使用中要保持开放通风

使用灯泡时，环境不通风会导致内部温度升高，会很快将灯泡消耗掉，缩短使用期限。

4 定期清洁照明灯具

想提高灯泡的照明效率，应该定期每半年清洁灯具一次，灯具久未清洁，灯泡与反射罩、灯罩等逐渐累积的尘埃，会使得输出效率降低。清洁时一定要在电源关闭下进行，并用干布做擦拭，避免湿气入侵，以预防时间久了出现生锈、损坏、漏电短路的现象。

5 定期更换老旧灯泡

别再有灯泡坏了才替换的习惯，任何光源均有使用的寿命，同时也会有光衰产生，建议在光源完全损坏之前进行更换，可提高室内照度的同时，也能节约用电。

6 换掉的灯泡不建议直接丢弃

除了灯泡玻璃容易破损，有割伤人的危险，灯泡内的导电金属亦会危害环境，建议送到邻近的居家卖场回收，像一些大卖场即设有专门回收处，每月都会将废弃的灯泡集中打包，专业后续处理。

搭配加分秘技

灯光结合扶手的造型墙面

墙面做出造型与走道灯光结合，除了能营造美丽端景之外，也兼具扶手的机能性，对于有老年人的家庭，可以保障夜间行走的安全。

图片提供＿山大生空间设计

灯具
聚焦视觉点缀空间

30秒认识建材

适用空间	客厅、餐厅、卧室
适用风格	各种风格适用
计价方式	以盏或组计价
价 格 带	RMB:22~1567元
产地来源	中国、日本
优　　点	装饰性强、易于营造空间氛围
缺　　点	进口灯饰造价较高

Q 选这个真的没问题吗

1 购买吊灯时，吊灯长度要估计多少，才不会因为太长而有压迫感？ 解答见P.331

2 家里的面积已经很小了，如果用立灯会不会很占空间而且妨碍动线？ 解答见P.331

灯具的选择多元，风格各异，可营造出空间氛围。从古至今，不少艺术大师设计许多极具风格的经典灯具。照明对人们而言不再是唯一功能，灯具成为空间中不可或缺的艺术装置之一。

常见灯具的样式可分为吊灯、立灯、壁灯、桌灯等，可依照用途和空间选择。一般来说，客厅多使用吊灯、嵌灯、吸顶灯等，另外可使用间接照明、立灯或台灯，看电视较不会觉得刺眼，视觉更舒适柔和。在餐厅若安装吊灯，则建议外加灯罩，尽量不要让灯泡外露，预防眼睛直视灯泡造成不适。卫浴或厨房的天花板因有装设管路而下压，建议装设压克力吸顶灯或嵌灯，这类的灯具不会太大或过重，也可让空间得到充分的平均照度。另外也可以在厨房流理台加装工作灯，让料理更安全方便。在浴室中的灯具建议加装防潮灯罩，避免湿气入侵，以延长灯泡的使用寿命。

图片提供＿森境&王俊宏室内设计

种类有哪些

1 嵌灯

为镶嵌在平面内的灯具，厚度厚，但整体空间高度会降低，给人压迫感较重，较适合装设于挑高空间。可技巧地遮住梁或天花板，光源较均匀，照明范围较广泛。样式可分为下投灯、局部可调灯以及洗墙灯。

2 吸顶灯

厚度较薄，约15～25cm，相对而言，空间的压迫感较轻，且安装简易，整个灯座可拆卸下来，容易清理。但照明范围无法太广，若装设于房间边角则光线会偏暗。

3 吊灯

长度长，造型多变，通常成为空间中的聚焦所在。其长度需配合空间的高度做变化，以免产生压迫感。照明范围广，主要装设在客厅、餐厅等。

4 立灯

多置于空间的一角，高度不一，可选择适合空间高度的立灯做配置。若在经常使用的空间放置立灯，可运用立灯作为空间的过场，可统合空间的视觉，让视觉有些区隔与层次，即使是物件多的小面积空间也不会显得凌乱。

5 桌灯

可分为Table与Desk两种，Table灯以气氛为主，适用于床头柜、矮柜、边桌等；Desk就是阅读灯。气氛型桌灯的造型与材质变化多样，在于营造空间层次、亮点与区隔空间，也适合放于地面。阅读灯以聚光为要，亮度在60～100W，不适合选择透光材质灯罩。

6 壁灯

通常以墙面装饰为重，适合用在狭长的走廊、过道、楼梯转角，除了有装饰作用外，有时也兼具夜灯的功效，黄色的光源让夜间下楼的人产生温馨与安心的感受。

这样挑就对了

1 餐厅吊灯依桌型挑选

餐厅吊灯建议与餐桌的桌型统一搭配，若为圆桌，则选用圆形吊灯；方桌则使用方形吊灯，这样搭配的美感较为恰当。一般而言，目前流行的二盏或三盏的灯具序列式地搭配，不适用于圆桌；长方形餐桌视长度，可以两盏或三盏灯具搭配；椭圆形桌则可以选择水平线性（比例上是长型）但灯具为圆形等变化形式来搭配，也要视空间其他条件的配合。

2 餐厅吊灯高度离地170cm为宜

西方习惯将餐桌吊灯高度订于餐桌上方75cm，等于离地150cm的高度，因为他们认为餐桌是用于坐着吃饭的区域，餐桌灯在于使菜色更可口，营造聊天轻松气氛。但大多数国人觉得站立时会遮挡彼此视线，多定在离地170cm位置。

3 立灯以180cm高为佳

一般来说，若是2.3m～2.6m左右的天花板高度，建议180cm左右的立灯高度，视觉线条也较适当。经常性使用空间的立灯，可选用一盏打向天花的200W～300W的2m高立灯，作为空间照明；北欧等小空间则在沙发旁、书柜旁等区域摆放160cm高的立灯，营造空间层次并具阅读灯功能。

4 注意水晶灯的品质是否良好

选购水晶灯时，要注意水晶的品质是否良好，不好的水晶灯不仅可能有褪色状况，光芒也不会如刚购买时漂亮。

这样施工才没问题

1 事先测量空间高度

装吊灯前要确认该空间能容纳的高度，若因空间不足将吊灯锁链缩短，只留灯体，就失去装吊灯的意义。另外，若是木作天花板，要先告知木作师傅未来将装多重的吊灯灯具，以预作处理。

2 较重的吊灯以膨胀螺丝固定

建议过重的吊灯最好不要直接锁在线盒上，要另外打膨胀螺丝加以固定，避免过重而掉落。

监工验收就要这样做

确认灯具支架是否稳固

若是DIY自行装设，要确认灯具的支架是否稳固，螺丝一定要锁紧，以防地震来时倾覆。

达人单品推荐

1 AruMAZE!灯具 Product

2 Norm 03

3 Ikono

4 米妮可携式床边灯

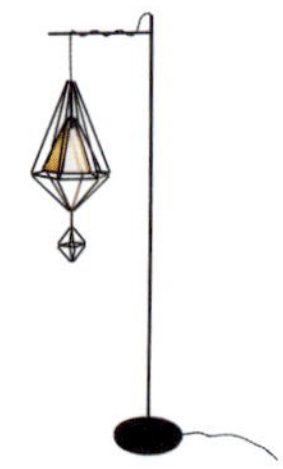

5 Himmeli立灯

1 借由创新制程打破灯泡及灯具的区隔，创造一体式全塑胶的照明产品，达到省能、环保且呈现机能与美学兼具的灯体设计。
（价格电洽，2015年新品预备上市中，图片提供_奇想创造）

2 灯具的设计灵感来自于绣花球的简单线条，当灯光打开时，Norm03 能在墙上投射出令人惊艳的光影效果。
（尺寸、价格电洽，图片提供_Design Butik集品文创）

3 甜筒状的圆柱形玻璃，结合两扇同色调的钢制灯罩。灯光从上层灯罩打下来的同时，下层的灯罩也确保不会产生眩光。
（尺寸、价格电洽，图片提供_Design Butik集品文创）

4 选用最受孩童欢迎的迪士尼人物造型，制作出LED可携式床边灯，材质选择硅胶材质与LED省电设计，长时间发光不发烫，有效保护家人安全。
（RMB:376/个，图片提供_PHILIPS飞利浦）

5 与斯堪的纳维亚工匠合作，来自于传统芬兰圣诞节饰品的灵感，电镀铝管桁架结构形成支撑张力，具有高度艺术风格。
（尺寸、价格电洽，by Roll&Hill，图片提供 _ bhome）

这样保养才用得久

1 以白手套擦拭水晶灯

大型的吊灯式水晶灯可以请厂商提供售后服务的专业清洁人员，其他较小型的水晶灯饰可以用白手套轻轻擦拭，或喷洒清洁剂后以抹布擦干。在清洁的同时，要记得先关闭电源，以免受伤。

2 以水清洗或抹布擦拭灯罩即可

玻璃灯罩或塑胶灯罩建议直接拆卸以水清洗，如果表面有一层烤漆，平时以抹布擦拭灰尘即可。若表面是金属电镀材质者，建议用凡士林涂上薄薄一层，以防氧化。

搭配加分秘技

善用悬吊灯，浪漫氛围好加分
空间里看不见书桌上台灯的设计，为了减少一些死角的清洁负担，设计师也挑选悬吊式的灯具，简化空间多余的线条，同时也空出了不起眼的小空间。

图片提供_演拓空间室内设计

造型立灯成为空间亮点
客厅的梧桐木电视墙面，以烤漆铁件勾勒出线条，展现空间深度。沙发一旁用造型立灯点缀，简约的线条和金属材质，与电视墙相呼应。

图片提供_明代设计

Plus

建材潮流趋势大赏

趋势新建材

NEW!

在强调绿能环保、永续经营的现代，节能节源成为当今的重要课题。从近几年的趋势来看，不少厂商在建材的生产过程就开始思考如何有效节约能源，以及如何利用高科技，减少天然资源的耗费。将石材或砖材做到更为轻薄，不仅能降低资源的开采，在应用上也能更为多元。而在制作过程中也加入减碳的概念，制作出更为健康、环保的新兴建材。

另外，为了因应追求高生活品质的现代，建材的功能不断推陈出新，逐渐走向精致化、人性化的设计，像是机能性高的卫浴、地暖系统，以及全热交换机等，则从使用者的角度出发，在实用性和外观上为人们提供另一种崭新的使用体验。以下分别从石材、砖材、涂料、卫浴设备等挑选出具有指标性的趋势建材做介绍。

种类	卡多泥	乐土	安新轻质节能砖	植物漆	优的钢石	皮革砖
特色	来自德国的水泥涂料，使用时不易龟裂和起砂，养护期短，7～10天就可完成，硬化的强度也高于水泥地坪。	以水库淤泥再生利用作为出发，巧妙利用水库泥矿细致滑润的特性，使得水泥壁面具防水透气性能，制成各式具备仿生透气的商品。	具有隔音与防火特性，蜂巢结构主要是通过无数个独立的气孔所含的空气球体，形成一层又一层的空气层，来达到音源与热源的一个阻隔能力。	成分萃取自植物，颜色多达150种，色调自然、不易褪色，不使用任何危害环境及损害人体的物质，因此在施工完成后就能立刻入住。	以德国的Wacker水泥材质为基础材料，具有无收缩特质，不因热胀冷缩而龟裂。同时也不起尘，改善水泥粉光地板的缺点。	是高密度的环保发泡材料，有别于一般瓷砖，本身柔软有弹性，可用于壁面装饰。
优点	表面不易龟裂、不起砂，加上镀膜后可耐磨抗刮	兼具防水与透气、防壁癌、黏着性好、施作厚度薄、可DIY施作	防火隔音、隔热节能、耐震、干式施工、耐冲击、环保零污染	萃取自矿物、植物的天然成分，无毒且不含甲醛	无粉尘、无接缝，施作厚度薄，不影响室内高度	可弯曲、可简易切割。为环保材质、具有阻燃、防撞效能
缺点	色系选择较少、价格比水泥粉光来得高	人工手作易有手作痕迹与纹理	因密度低，吊挂力较差、怕碰撞	价格、施工成本皆比一般传统涂料来得高	若施作不当，表面会形成脱裂	不可用于卫浴空间等直接接触水的区域
价格带	RMB:610~814元/m^2（地面）	RMB:28/m^2（仅材料）	以每m^2计算	RMB:672元（未税）/5L	依需求而定	依产品而定

图片提供＿宝创科技 Polytron Technologies Inc

种类	陶瓷木地板	无毒护木油	静音板	防侵入玻璃	电控液晶调光玻璃	hue 个人连网智慧照明	无障碍卫浴
特色	以木素材压塑、染色一体成型，特殊的木质纤维运用不同的染色树脂，呈现原石的立体纹路。	以天然的亚麻仁油混合，不含甲醛、人工香精等，将植物油和天然蜡的分子微细化，能深层渗入木材内部。	质轻的专利塑胶成型，在表面做出细微穿孔，有效吸收声音。同时具有耐候、防水特性，户外也能使用。	由透明材料中硬度最高的“玻璃”与耐冲力最强的“聚碳酸酯板材”胶合而成，可以防止 5 分钟以上的撞击。	玻璃内部胶合液晶膜，经过通电与否，调整不透明或透明的形式。在同一片玻璃上，兼具两种效用。	将联网功能带入 LED 灯泡设计中，通过各式的 APP 程式，运用灯光能创造多种的实用功能。	面盆、马桶加宽和加大，并在通道或淋浴区增设把手，贴心思考银发族或轮椅使用者的生活需求，创造出人性化的设计。
优点	耐撞击、具有石材的纹理质感	由天然亚麻仁油制成，不含甲醛、塑化剂等有毒物质	质轻易组装，具有高效吸音、防水、易洁、耐候的特质	坚固、耐撞击；可抵挡冲击 5 ~ 30 分钟不贯穿，有效防盗	坚固耐用，除了可作为隔间、对外窗，也能做投影、白板之用	有效运用灯光创造居家情境、工作行程提醒	实用性及功能性强，并同时兼具设计与美感
缺点	卫浴、厨房等较潮湿的空间无法使用	单价较高	大面积视觉需透过拼接组装呈现	需搭配适宜的铝门窗玻璃沟槽宽度安装	单价较高	价格较高	价格较高
价格带	RMB:1628 ~ 1832/m^2（连工带料）	RMB:30 ~ 44 元 /m^2（仅材料）	RMB: 67 ~ 112 元 / 片	基本规格 RMB:957 元 / m^2（不含安装）	RMB:783 ~ 20147 元不等（依产品及案件而定）	RMB:1656 元（含三个色调灯泡和一个桥接器）	依产品而定

卡多泥
水泥粉光进化版

30 秒认识建材

适用空间	居家和商业空间
适用风格	现代风、工业风
计价方式	墙面、柜体以 m^2 计价
价 格 带	柜体价格依施作的难易度而定
产地来源	德国
优　　点	表面不易龟裂、不起砂，加上镀膜后可耐磨抗刮
缺　　点	色系选择较少、价格比水泥粉光来得高

卡多泥，是一款来自德国的水泥涂料，经过多年研发，改善了水泥粉光用久容易有粉尘、产生裂痕的缺点。使用时不易龟裂和起砂，养护期短，7 ~ 10 天就可完成，硬化的强度也高于水泥地坪，完工后表面还会涂上一层抗污镀膜，有效避免脏污进入毛细孔，造成污渍沉淀，也有高耐磨的特性，成为取代水泥粉光的新兴建材之一。

卡多泥可谓水泥粉光的改良版，但同时也保有水泥粉光的优点，本身有黑、白、灰三色可供选择，可运用混色处理或镘刀镘涂，展现云朵般的渐层效果，呈现自然原始的水泥质地。本身加入一款特殊的合成树脂，使之延展性高，施作于地面的完成厚度仅有 6mm 厚，比起瓷砖、大理石地面来得薄，可维持更多的屋高高度。

适用的区域广泛，用于居家时，全室都可使用，连厨房、卫浴都不例外，也能施作于地面、墙面，甚至柜体。当用于厨房时，在靠近炉火处的壁面会建议涂上耐燃涂料，避免高温产生质变。要注意的是，施作卡多泥时必须一次到位，这是因为水泥若是经过两次不同的干固时间，这两次施作的地坪之间必然无法完全密合，且容易有色差，呈现如补丁般的外观，因此在施工前的规划必须谨慎评估。

材质透视

Point 1

图片提供_卡多泥无缝创意地坪

Point 2

图片提供_卡多泥无缝创意地坪

Point 1 施作前，必须先解决地面状况

若要在地坪施作卡多泥时，接着面的材质必须经过事先处理。以瓷砖地面来说，无须拆除地砖就可施作，用研磨机磨粗瓷砖表面，以利加强后续水泥的附着抓力，有效节省一笔拆除费用。但要注意的是，需确认瓷砖地面有无膨共的情况，一旦底层的瓷砖膨共，就会连带影响上层的卡多泥，会有地坪裂开，甚至翘起破裂的情况，事后较难修复为无缝地坪的外观。

Point 2 可与异材质拼接，丰富视觉变化

卡多泥有黑、白、灰三色，透过不同色系的混搭，能呈现如云朵般的混色，同时也可与瓷砖、木地板相接，提供丰富多变的视觉效果。施工时，事前需预留出卡多泥的施作范围，等到地坪、木作工程结束后再进场。透过卡多泥的高延展性，能与相接的材质紧密接合，展现无缝光滑的地坪，使空间感更为开阔。若相接的材质为木地板，则建议加上收边材质，以防水泥中的水气渗入。

乐土灰泥
仿生透气装饰材

30 秒认识建材

| 适用空间 | 室内空间墙面、柜体装饰使用
| 适用风格 | 工业风、现代风、Loft 风等水泥质感
| 计价方式 | 依材料、施作厚度等需求而定
| 价 格 带 | RMB:28 元 / 每 m^2（仅材料）
| 产地来源 | 中国台湾
| 优　　点 | 兼具防水与透气、防壁癌、黏着性好、施作厚度薄、可 DIY 施作
| 缺　　点 | 灰泥原色于各底材显色不一、非均匀材质，人工手作易有手作痕迹与纹理

日本的珪藻土闻名世界，而台湾壁面装饰材料——“乐土灰泥”，则以其兼具防水与透气功能，逐渐于壁面装饰与防水材料市场打响名号，成为居家室内装修建材新宠。

有别于台湾许多高级壁面装饰材料大部分由欧美日进口，源于台湾水库淤泥（泥矿）作为原料的“乐土灰泥”，是成功大学第一家衍生公司成大昶闳以专利“水库淤泥改质技术”，将废土变成黄金所研制而成的最新装饰材料。

防水透气防壁癌

一般来说，水泥砂浆潮湿，是壁癌的主要原因，若要改变容易吸水、受潮的不良体质，最佳方式就是让水泥砂浆具有防水透气的自主能力。以水库淤泥再生利用作为出发，乐土灰泥是将废弃黏土转化成具斥水性粉体，以水泥材料为基底，巧妙利用水库泥矿细致滑润的特性，使得水泥壁面具防水透气性能，制成各式具备仿生透气的商品，落实于民众生活当中，有效解决居家壁癌漏水等问题。

此外，“乐土灰泥”能把木作、水泥板、硅酸钙板等各种板材所做的造型，轻松地转化成水泥质感，建构出生活空间的美感，除了提供专业厂商新建修缮与装饰工程使用之外，民众亦可 DIY 修缮，只要具创作力，都能轻松地做出自己喜爱的水泥装饰。不过，由于乐土呈现灰泥天然原色，于各种材质底材显色不一样，需先充分了解水泥质感材料的特性与质感，建议经过小量试做，确认颜色再来施作。

材质透视

Point 1 图片提供_成大昶闳科技股份有限公司

Point 2 图片提供_合风苍飞设计工作室

Point 3 图片提供_成大昶闳科技股份有限公司

Point 1 施作范围广泛，附着性佳

其施作范围很广泛，于室内任何材质都可以施作上去，甚至施作于汽车钢板也没问题，依然可保有抗裂光滑的特色。施作厚度仅约 0.5mm，服帖贴在表面如同汽车镀膜，实测车子上路跑了近 1 万公里，材料附着度依然良好。

Point 2 台湾水库淤泥改质技术，适于高温湿热气候

以水泥为基底，与台湾水库淤泥（泥矿）制成的改质水库淤泥巧妙配比，将水泥材料的本质改良，使其拥有皮肤般仿生透气的性能，适合热带与亚热带气候环境；水库泥矿的片状构造穿插在灰泥浆体内，使得灰泥结构拥有伸缩的弹性，呈现片状堆积雾面的表情。

Point 3 质感光滑，誉为“水泥花岗石”

乐土灰泥经抹刀抛镀，可使水库泥矿崁入孔隙中，微结构更密实，表面会自然呈现光滑如丝的触感，其呈现纹路仿若台湾月世界地形一般，表面光滑质感如同石材，被称为台湾的“水泥花岗石”。

安新轻质节能砖
防火隔音耐冲击

30 秒认识建材

适用空间	室内空间隔间墙面、天花板
适用风格	各种风格适用
计价方式	以每 m^2 计算
价 格 带	依需求而定
产地来源	中国台湾
优 点	防火、隔音、隔热节能、轻质耐震、干式施工、耐冲击、环保零污染
缺 点	因密度低，吊挂力较差、怕碰撞

建材强调绿能环保已不是新闻，在台湾，春池玻璃厂愿意创造环保废玻璃的新价值，运用回收面板玻璃材质，通过筛选、粉碎制成墙体原料，落实从根源爱护地球的使命，2015 年进入市场，立即成为受建筑界欢迎的新材料。

6 大特性提升建筑与居家安全品质

2002 年起台湾液晶电视与手机蓬勃发展，但光学玻璃含氧化铝与氧化硼，融点太高，难以回收融化再利用，但是“安新轻质节能砖”的诞生，却是由此展开，将其“缺点”变成优点，掌握电子光学玻璃回收后“磨粉”、“发泡”与“温度控制”的关键技术，做出台湾第一块具隔热、防火与隔音效果的“高科技玻璃砖”，取名为“安新轻质节能砖”。

“安新轻质节能砖”即是将面板玻璃砂混合水泥后，进行微米分子化后常温发泡形成蜂巢结构，具有隔音与防火特性，蜂巢结构主要是通过无数个独立的气孔所含的空气球体，形成一层又一层的空气层，来达到音源与热源的一个阻隔能力。由于是以全无机质制成，在遭受火焰喷烧时，完全不会产生任何有毒有害的气体，也不会产生浓雾。将其应用于建筑材料、隔音材料、防火材料上，具有防火、隔音、隔热、环保、无毒、减震 6 大特性，将建筑与居家品质提升至另一个层次。不仅如此，过去美、日用光学玻璃原料制作节能砖的成本很高，但由于春池掌握回收关键技术，亦让节能砖售价仅为美国同级产品的 1/4。

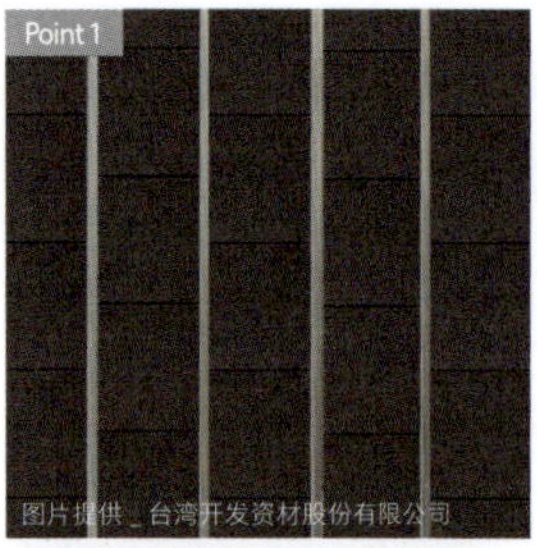

图片提供＿台湾开发资材股份有限公司

图片提供＿台湾开发资材股份有限公司

图片提供＿台湾开发资材股份有限公司

材质透视

Point 1 硬度够、热传导低，阻热性佳

安新轻质节能砖主要成分为水泥、面板玻璃砂（氧化铝、氧化硅成分），氧化铝晶体为红宝石、蓝宝石等稀有宝石的主要成分，坚硬结构也应用于精密切割、高速铁路的煞车系统。氧化硅则具有较低的膨胀系数，对于温度变化不会有显著变化，对于热的传导性也很低，是作阻热材的绝佳成分。

Point 2 采干式施工，减少环境污染

安新轻质节能砖的施作，可采干式施工，具备了对环境清洁、整理方便又省时，且不造成污染的好处。

Point 3 轻量化材质，减轻建筑物负担

使用轻钢构的骨料材质与框架理论概念，设计基本工法，配合安新轻质节能砖，组成安新轻质实心墙。隔间建材通过回收废弃玻璃再利用，能防火、耐震、隔音、隔热保温，符合 CNS14705 耐燃一级规定，墙体防火时效 1 ~ 2 小时以上，而重量仅为红砖 1/5，可减轻建筑物负担，并大幅度提升建筑物结构。

植物漆
覆盖力好耐刷洗

30 秒认识建材

适用空间	各种空间适用
适用风格	各种风格适用
计价方式	以罐计价
价格带	RMB:672 元（未税）/ 5L，调色漆因使用天然色浆，每 5L 增加 RMB:22~180 元不等，视颜色而定。
产地来源	德国
优　点	萃取自矿物、植物的天然成分，无毒且不含甲醛
缺　点	价格、施工成本皆比一般传统涂料来得高

天然植物漆成分包括矿物填料、水、二氧化钛、REPLEBIN®、纤维素、表面活性剂（提炼自油菜籽油、蓖麻油）、氨水、噻唑。不但成分取自植物，从植物的种植、涂料的制造过程中，皆诉求对环境的友善，生产过程也强调有效利用自然能源达到碳排放的平衡，也因为成分自然安全，当植物漆干燥之后，甚至可以自然完全被分解，回归大地、再次变成植物的肥料，无须如同传统石化涂料必须作为有害废弃物处理。

覆盖力强，且耐湿摩擦、透气性佳

天然植物漆的颜色多达 150 种，色调自然、不易褪色，最新研发的生态黏着剂 Replebin®，产品更优化，提升了植物漆的覆盖力、耐湿摩擦、透气性等功能，并通过多项奖项认证：抗洗刷能力测试（根据德国 DIN53778 及欧盟 EN13300 标准）、符合德国建材健康审核委员会挥发性有机化合物 VOC 的规定、法国国家挥发性有机化合物 VOC 最高等级，也因为无添加溶剂、不含动物性原料、不使用任何危害环境及损害人体的物质，因此在施工完成后就能立刻入住。

材质透视

Point 1

图片提供 _ 乔和工程

Point 2

图片提供 _ 乔和工程

Point 3

图片提供 _ 乔和工程

Point 1 耐湿摩擦不易褪色

颜色多达 150 种，色调自然、不易褪色，最新研发的生态黏着剂 Replebin®，产品更优化，提升了植物漆的覆盖力、耐湿摩擦、透气性等功能。

Point 2 具有净化空气的效果

利用天然原物料当作催化剂，可进行光触媒效用，分解空气中的污染物、甲醛、异味，达到净化空气的效果。

Point 3 成分天然安全

通过多项奖项认证：抗洗刷能力测试（根据德国 DIN53778 及欧盟 EN13300 标准）、符合德国建材健康审核委员会挥发性有机化合物 VOC 的规定、法国国家挥发性有机化合物 VOC 最高等级，也因为无添加溶剂、不含动物性原料、不使用任何危害环境及损害人体的物质，因此在施工完成后就能立刻入住。

优的钢石
不龟裂、不起尘

30 秒认识建材

| 适用空间 | 各种空间适用
| 适用风格 | 工业风、现代风、Loft 风
| 计价方式 | 以 m^2 计价
| 价 格 带 | RMB:610 元 /m^2 (连工带料)
| 产地来源 | 德国
| 优　　点 | 无粉尘、无接缝。施作厚度薄，不影响室内高度
| 缺　　点 | 若施作不当，优的钢石表面会形成脱裂

在工业风的空间中，经常运用水泥粉光地坪呈现冷硬原始的水泥基调，但水泥粉光地坪有易起粉尘、易裂的缺点，因此近来发展出“优的钢石”，解决了水泥地坪易起粉尘、易吃色的问题，也拥有无接缝的优点。不只能用于地面，也能施作于墙面，多用途的优势成为居家装潢的建材新宠儿。

各种材质的壁面和地坪皆能施作

优的钢石地坪是以德国 Wacker 水泥材质为基础材料，和水泥相比具有无收缩特质，不会因热胀冷缩而在表面形成龟裂，因此可维持表面的平整，同时可做出如云彩般的天然纹路，呈现不规则的图案。表面可再施作特殊的面层处理，有效形成保护膜，具有止滑、耐磨的特性，和 Epoxy 不同，不会在表面产生刮痕。因此，施作在厨房、餐厅也没有问题。不过要注意的是，由于是以水泥为基底，材质本身会有毛细孔，一旦有脏污要立即擦去，避免时间一久，油污渗入就难以清理了。

优的钢石能施作于任何材质的墙面和地坪，只需将施作的区域整平便能开始施工，像是修补龟裂的水泥；拆除木地板的面材部分，重新铺一层底板和 PVC，避免底板因此受潮。如此一来，优的钢石才能和原有壁面或地板完美结合，避免完工后造成优的钢石脱裂的情形。

Point 3

图片提供＿鍍达实业

材质透视

Point 1

图片提供＿鍍达实业

Point 2

图片提供＿鍍达实业

Point 1　施作快速，养护期短

优的钢石养护时间比水泥快速，施工后 7 天后即可进入。基材的耐重和耐磨高达 2.3 吨，表面防水、耐磨、家具重压也不会产生凹痕。完工后的厚度仅有 0.5cm 厚，不仅不影响原有的空间高度，承重载量也较水泥地坪轻，适合用于中古屋的装潢改造。

Point 2　除了地坪，也可施作于墙面

优的钢石是以水泥为基底，不仅可施作于地面，墙面也能使用。除了一般常见的水泥原色，优的钢石可选择多种色系，颜色变化多，但无法调出鲜艳带有萤光的颜色。

Point 3　特殊水蜡保养地坪

优的钢石施作完成后，建议表面再做一层特殊防护处理，以有效保护地坪防止脏污渗入。而清洁时，以清水擦拭即可，建议在居家内每三个月做特殊的水蜡保养，商业空间则是一个月。

皮革砖

创新室内装修材料

30 秒认识建材

适用空间	居家或商业空间
适用风格	各种风格适用
计价方式	依照尺寸、片数而计
价 格 带	依产品而定
产地来源	中国台湾
优　　点	可弯曲、可简易切割。为环保材质、具有阻燃、防撞效能
缺　　点	不可用于卫浴空间等直接接触水的区域

近年来，许多材质逐渐轻量化，不仅能减少原料的浪费，也能降低施工上的难度。像是壁面的绷布，开发出如砖材般可自行拼组的软质皮革砖，不需像以往大费周章请师傅现场裱布、装订，只要将一块块的软质皮革砖贴覆于墙面，就能创造时尚精致的墙面印象。

柔软有弹性，具防撞、除噪功能

软质的皮革砖本身是高密度的环保发泡材料，有别于一般瓷砖，本身柔软有弹性。皮革砖可运用的范围广泛，可使用于卧室、玄关的墙面或天花，甚至也能使用于柜面门板。本身具有防撞、降低声音的效果，家中若有长辈、小孩，可使用于房内墙面或柜面，为家人打造更安全的环境。皮革砖表面有数种材质和花色可供选择，雾面、亮面、鳄鱼纹路等，多样化的材质，能让居家变得更为多彩。施作方式容易，只需以特定黏着剂贴覆，就能用于各式墙面，可自行 DIY 拼贴。若有墙面宽度的限制，也可直接切割后贴覆，为居家创造独一无二的个性风貌。

材质透视

Point 1

图片提供＿渥亚壁饰

Point 3

图片提供＿渥亚壁饰

Point 2

图片提供＿渥亚壁饰

Point 1 多样化材质可供选择

具备各式色系和不同表面材质的皮革砖，能丰富居家的样貌，同时在商业空间更能发挥多种风格变化、施工快速的装潢效益。在铺设时，每块砖之间稍微挤压粘贴，就能牢牢固定且能对齐边线。不过一旦贴覆牢固就难以卸除，在施作前要经过事先排列再上胶粘贴。

Point 2 避免施作于潮湿区域

本身除了菱形之外，也有六角的造型，经过巧手拼组，能创造不同的风格。可施作电视墙、沙发背墙、玄关、床头、天花板、橱柜等任何想要装饰的表面上。但由于本身为发泡材质，因此需避免设置于直接碰水的潮湿区域。

Point 3 为健康无毒建材

拥有多国专利，材质本身无毒、无甲醛、无八大重金属，具有防焰一级的认证。无论居家或商业空间使用都很适合，是兼具美观和功能的产品。

陶瓷木地板
拟真石材纹理

30 秒认识建材

适用空间	除了卫浴、厨房，各种空间适用
适用风格	各种风格适用
计价方式	以 m^2 计价
价 格 带	RMB:1630~1833 元 /m^2（连工带料）
产地来源	德国
优　　点	耐撞击、具有石材的纹理质感
缺　　点	卫浴、厨房等较潮湿的空间无法使用

温暖厚实的木地板一向是居家爱用的素材之一，其温润的触感和木质的香味是其他材质无可取代的，而近年来地板的纹路花色向自然元素取材，出现了仿石材的粗犷纹路，在居家空间中呈现大家风范。

一体成型的染色压纹设计

Celenio 陶瓷木地板以木素材压塑、染色一体成型，特殊的木质纤维运用不同的染色树脂，呈现原石的立体纹路，粗犷自然的外观为居家增添丰富样貌。陶瓷木地板具有原本木质的优点，踩踏舒适，能感受木质的温润质感，冬天行走不冰冷。柔软的木材富有弹性，有耐冲击的特性，即便物品掉落也不会破碎。

陶瓷木地板施作简单，为接扣式的地板，每片扣接后再用特定的黏着剂粘贴，能呈现无沟缝的样貌，使整体视觉更为平整大器。不仅可施作在地面，也能在墙面展现奢华独特的空间氛围。要注意的是，虽然陶瓷木地板表面有涂布耐磨涂层，具有耐磨的特性，但仍为整块木质成型的压缩，需避免施作于卫浴、厨房等潮湿空间，以免木地板膨起损坏。

材质透视

Point 1

图片提供＿永逢建材

Point 2

图片提供＿永逢建材

Point 3

图片提供＿永逢建材

Point 1 仿造火山等粗犷石材样貌

以木材为基础，Celenio 陶瓷木地板采用了特殊的木质纤维，以及不同的染色树脂呈现原始的石材纹理，像是取材自产于希腊地区或源于火山的石材，粗糙自然的纹路，凝塑居家不同的风貌。

Point 2 无石材的沟缝痕迹

不同于石材每块需留伸缩缝，木地板运用接扣的方式拼组，使表面呈现无沟缝的痕迹。

Point 3 耐磨、耐撞击

具有木质弹性的陶瓷木地板，有耐冲击力，可确保物品掉落或重物敲击不破裂，同时于表面施涂耐磨涂层，经得起长期使用的磨损。

无毒护木油
打造居家健康环境

30 秒认识建材

适用空间	各种空间适用
适用风格	各种风格适用
计价方式	以罐计价
价 格 带	RMB:30~44 元 /m² (仅材料)
产地来源	德国
优　　点	天然亚麻仁油制成，不含甲醛、塑化剂等有毒物质
缺　　点	单价较高

在居家装潢中，木作工程的面漆、板材，甚至木作家具，都会在施工的过程中容易在室内留下甲醛、强力胶等刺鼻气味，或是不慎使用到掺有甲苯的油漆、溶剂，这些有害的物质容易影响居住者的健康。尤其在实木家具、地板这些需要特别养护且平日都会接触到的木材上，使用无甲醛、天然原料制成的护木油保护木质表面，便能打造无毒健康的居家安全。

以亚麻仁油为基底调和而成，天然无毒

一般护木油或木器漆以石化原料合成，含有甲醛、甲苯、二甲苯等有机溶剂，这些物质会散发出刺激性气味，容易引起过敏不适等症状。莉芙丝无毒天然护木油以天然的亚麻仁油及天然矿物色粉调制而成，不含甲醛、人工香精等物质，开发出先进技术，将植物油和天然蜡的分子微细化，并非像一般的木器漆形成一层膜封住木材表面，而是能够深层渗入木材内部，与纤维紧密结合，保持木材原有纹理，不堵塞木材毛细孔，使木材呼吸，持续散发原有的木质香味。耐候性强，施作于户外不易褪色。

材质透视

Point 1

图片提供 _ 交泰兴

Point 2

图片提供 _ 交泰兴

Point 3

图片提供 _ 交泰兴

Point 1 取材天然，无毒环保

以天然的植物油、天然蜡和矿物色粉调和而成，使用不含杀虫剂的植物原料，不添加合成树脂、甲苯等，有效保障居家无毒环境。

Point 2 保持木材毛细孔呼吸

多分子细微，能直接渗透进木质内部，不会在表面形成膜层，即便是放滚烫的杯子，在木质表面也不会出现白色热塑痕迹。具有良好的透气性，使木质香气透出。

Point 3 多种色系可供挑选

内部添加矿物色料，可依照设计的需求，为家中的地板和家具选择适合的色系，染色、护木一次完成，简单，方便操作、自行 DIY 也可以。

静音板
高效减噪和美化壁面

30 秒认识建材

适用空间	各种空间适用
适用风格	各种风格适用
计价方式	专案方式计价
价格带	依需求而定
产地来源	中国台湾
优点	质轻易组装，具有高效吸音、易洁、防水、耐候的特质
缺点	大面积视觉需通过拼接组装呈现

不论是居家或商办空间，墙壁立面一向是视觉的瞩目焦点，除了传统运用壁纸、砖石、木材等不同材质来营造空间美感，也逐渐朝向装饰风格与实用功能并重发展。因此，具有吸音减噪、墙面美化的静音板便应运而生。

防水、耐候，图案还可随选客制

奇想静音板 SonicMAZE 克服传统吸音材风格单一、体积厚重占空间、不易组装、难以清理保洁的缺点，研发出塑胶射出一体成型的微穿孔专利技术，让音波穿越微孔隙后在预留腔体内形成共振而耗弱，创造全音频的吸音效能，有效降低环境噪音。

奇想静音板有多种色彩可供选择，通过专业印刷处理，也能客制各种图案，创造独特风格化甚至个性化空间。可采直接贴附、磁吸或是简易施工吊挂，安装简易。日后亦只需简单地擦拭除尘，即可长保清洁与效能。同时具备防水、耐候、无锈蚀的特性，室内和户外皆可使用。高效减噪的特性可用于咖啡厅、会议室或饭店大厅等密闭或开放空间。

材质透视

Point 1
图片提供 _ 奇想创造

Point 2
图片提供 _ 奇想创造

Point 3
图片提供 _ 奇想创造

Point 1 质地轻巧、耐候性强

奇想静音板 SonicMAZE 突破以往吸音材厚重的印象，选择质轻的专利塑胶成型，在表面做出细微穿孔，有效吸收声音。同时具有耐候、防水耐潮的特性，即便在户外也能使用。

Point 2 安装、拆卸容易

奇想静音板 SonicMAZE 的板件轻巧，可免除施工的困扰。较为平滑的墙面材质如水泥、木板、金属及玻璃等，皆可以粘贴方式进行，其他较粗糙的墙面或天花板，则能选择五金件悬吊或施作的方式进行强化。也可单独抽换独立板件，拆装简单便利。

Point 3 墙面美化的最佳选择

静音板提供多种色彩，甚至可依需求客制图案或商标，让空间呈现独特设计，同时也满足环境减噪需求。

防侵入玻璃
优越的防盗效用

30 秒认识建材

适用空间	各种空间适用
适用风格	各种风格适用
计价方式	以 m^2 计价，安装费用另计
价 格 带	基本规格 RMB957 元 /m^2（不含安装）
产地来源	中国台湾
优　　点	坚固、耐撞击；可抵挡冲击 5 ~ 30 分钟不贯穿，有效防盗
缺　　点	需搭配适宜的铝门窗玻璃沟槽宽度安装

为了因应居家安全，大多数的人都运用铁窗作为防止宵小进入的第一道防护，但近年来已有开发出“防侵入玻璃”的产品，高强度的耐冲击设计让“玻璃”也能成为防盗的重要机制，就能去除铁窗的遮蔽，还给家中干净的视野之外，同时兼具更好的隔音和高效的紫外线阻隔率。

运用聚碳酸酯板材，强化耐撞力

防侵入玻璃和一般玻璃不同的差异在于，防侵入玻璃是由透明材料中硬度最高的“玻璃”与耐冲力最强的“聚碳酸酯板材”胶合而成，聚碳酸酯板材夹于两片玻璃的中间，是外观如玻璃一样的透明防盗设施。防侵入玻璃经过德国莱因公司耐冲击（TUV）检测，其耐冲击力大于 447 焦耳以上，相较于一般的强化玻璃，其耐冲击力仅在 45 焦耳以下。

由于具有高强度耐冲击力，因此防侵入玻璃可以防止 5 分钟以上的撞击，延长宵小侵入的时间，迫使小偷放弃，达到防盗的目的，可用于住家对外窗、珠宝银楼的橱柜等。而防侵入玻璃除了具有防盗功效，也能依需求制作出 Low-E 节能玻璃，达到隔热、隔音的效果，有效降低空调的耗损。

不过要注意的是，由于防侵入玻璃具有高强度防破坏力，为了预防火灾发生需要逃生的状况，建议在逃生动线上安装横拉窗或推窗的窗型，开关较容易。

材质透视

Point 2

图片提供 _ 台炜有限公司

防侵入时效测试结果比较

Point 1

一般强化玻璃

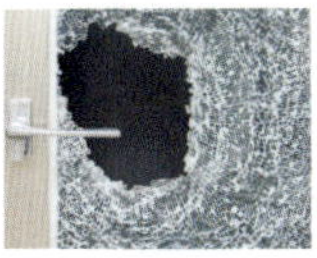

低于1秒

一般胶合玻璃

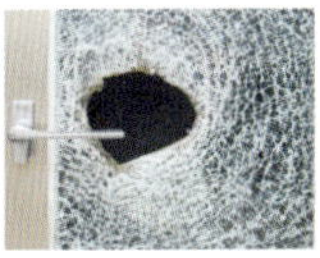

3~5秒

雷明盾方防侵入玻璃

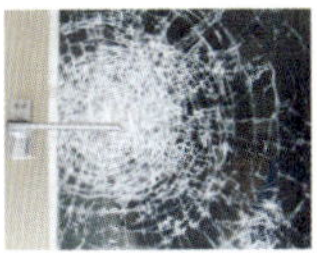

5~30分钟

图片提供 _ 台炜有限公司

Point 1 耐撞力可延长至 5 分钟以上

防侵入玻璃与一般的强化玻璃不同，强化玻璃仅是增加玻璃表面的硬度。而防侵入玻璃中的聚碳酸酯板材，是最具耐冲击的材质，耐撞的时间可达 5 分钟以上，属于“防盗玻璃”。依照统计指出，有 66% 的窃案发生是破坏门窗侵入的，而有 69% 的歹徒如果 5 分钟内无法侵入会选择放弃，因此可有效遏止歹徒的进入。

Point 2 除了防盗，也有隔热、隔音效果

依据不同的功能，防侵入玻璃可满足居家防盗安全、节能隔热、隔音与防紫外线的需求；另外也可以采用中空复层设计，达到断热保温的作用。

电控液晶调光玻璃
遮蔽、通透一片搞定

30 秒认识建材

| 适用空间 | 医院诊所、隐私格间、办公简报室、卫浴、商业空间、玻璃帷幕
| 适用风格 | 现代风
| 计价方式 | 客制化尺寸计价，依材积计算
| 价 格 带 | RMB:784~20170 元不等（依产品及案件而定）
| 优　　点 | 坚固耐用，除了可作为隔间、对外窗，也能做投影、白板之用
| 缺　　点 | 单价较高

电控液晶调光玻璃是一般玻璃的进化版，通过内部的液晶分子来达到或遮蔽，或通透的视觉效果，使用起来不设限，兼顾双重需求。除此之外，电控液晶调光玻璃也能作为投影幕、白板、户外窗使用，一物多用，简化空间机能。

内部胶合液晶分子，达到遮蔽或通透效果

电控液晶调光玻璃是在两片玻璃之间胶合液晶膜，液晶分子在不通电的情况下，是不规则的排列，因此光线无法穿透，而有遮蔽的效果。通电之后，使液晶分子翻转变成整齐地排列，光线就可透入，使玻璃变得通透可视。在同一片玻璃上，可依据不同的需求，随时调整不透明或透明的形式，兼具双重功能。近期更发展出“百叶窗电控液晶玻璃”，突破以往控制整面玻璃的转换，演变成像百叶窗一样可分区遮蔽，可作为对外窗使用，有效调节光线。

可作白板、投影幕

电控液晶调光玻璃用途广泛，可用于卫浴、吧台、诊所等。而玻璃本身的材质可做不同挑选，不论是强化玻璃、茶玻、黑玻都可以使用。像是在高照度的场所，户外阳台或游艇等较常使用茶玻材质的电控液晶调光玻璃，在提升整体质感的同时，借由茶玻避免日照进入。但要注意的是，玻璃本身的颜色在透明或不透明都会存在。

除此之外，电控液晶调光玻璃也可使用于会议室等办公空间，在不透明的状态下可作为背投影使用，让投影机从玻璃后方投射影像，再也不需要清空投影机前方的东西，就能直接进行简报。同时也可搭配触控式的边框，并下载配合的 APP 应用程式，便能直接在玻璃上点选、书写，人性化的智慧设计成为未来简报的趋势形态。

嵌入 LED 光源成为未来趋势

电控液晶调光玻璃是将液晶膜嵌入两片玻璃之中，另一新产品即是将 LED 光源嵌入胶合玻璃里创造出各种样式，成为目前最新的趋势。LED 光源透过点状的规则分布，经由通电后，可做出动态显示变化出简单的图案，可用于商标、商号显示。也可如跑马灯一般展现即时讯息，玻璃两面皆可直视的特性，可运用于车站、机场等区域，不论是从正面或从背面看，都能清楚可知，方便人们查询资讯。

图片提供 _ 宝创科技 Polytron Technologies Inc.

材质透视

Point 1

不通电，雾面的状态

通电，透明的状态

Point 2

Point 3

Point 4

Point 1 耗电量低、切换速度快

电控液晶调光玻璃通电后转换迅速，切换成透明或不透明的时间在 1/100 毫秒，变得通透后，光线的穿透率可达 75%（一般透明玻璃的穿透率在 90% ~ 95%）。再加上耗电量小，0.1 m²的玻璃不到 20 毫安培，开机的消耗电量不到 10W。

Point 2 安装时留出线孔

由于电控液晶玻璃的两侧会留出粗 1mm 的线路，在搬运和入框时注意不要去磨断。入框时需留直径 1cm 的圆孔出线即可。另外，收边时务必使用中性硅利康以避免腐蚀胶合玻璃。

Point 3 一天需有 4 小时的断电休息时间

由于为电子产品，建议一天需有 4 小时的断电时间，让液晶分子休息得以延长使用寿命。一般来说，使用寿命可长达 10 年之久。而电控液晶玻璃表面的维护和清洁和一般玻璃相同，可使用清水或玻璃清洁剂擦拭。

Point 4 内嵌 LED 灯，双面皆可显示

崭新的 LED 双面显示技术，经过通电后，可动态显示任何文字讯息和图案，可运用于展出陈列、隔屏、照明和广告墙。

hue 个人联网智慧照明 光影明暗一指触控

30 秒认识建材

| 适用空间 | 各个空间适用
| 适用风格 | 各种风格适用
| 计价方式 | 整组计算
| 价 格 带 | RMB:1658 元（含三个色调灯泡和一个桥接器）
| 优　　点 | 与智能手机连接，有效运用灯光创造居家情境、工作行程提醒等实用功效
| 缺　　点 | 价格较高

科技日新月异，通过网路和 APP 应用程式，智能居家的型塑也日趋成熟，不仅可运用智能手机控制电脑、电视等，至今也发展出 hue 智慧照明，不仅能型塑居家氛围，也能成为个人贴身秘书，出门前就能知道天气阴晴，即时提醒行程时间，重要的 E-mail 收发也不遗漏。

LED 灯泡 + 桥接器 + 网路 &APP 应用程式

所谓的 hue 个人联网智慧照明，是将联网功能带入 LED 灯泡设计中，是第一支连接网路及 APP 应用程式操控的 LED 灯泡。通过各式的 APP 程式，运用灯光能创造多种的实用功能。

（1）贴身秘书，精准掌控生活大小事

hue 通过 IFTTT 平台能与多种社群平台串联。例如可连接天气网站，透过灯光提供各种天气预报，出门前是阴是晴？看一下灯色便知晓。hue 也能串接脸书、手机行事历等，当有重要留言、收到信件或是约会通知时，hue 就会用灯光提醒，不遗漏任何讯息。

而 hue 也是居家的小管家，具备闹钟和定时功能，设定起床和就寝时间后，就能让灯光逐渐变亮和变暗，贴心提醒日夜的到来。

（2）专属的个人化设定

hue 能运用手机开关灯光之外，想要改变居家氛围，不需买各种颜色的灯泡，hue 本身就有 1600 万种颜色的转变，能直接点选手机内的照片颜色，就能随之变换家中灯色。同时 hue 也预设各式氛围的情境灯光，像是放松、活力、静心阅读等灯光组合，创造对应的空间情境。

运用 Zigbee 系统，讯号不弱化

运用 wifi 桥接器使用 Zigbee 发送网路讯号，搭配特定的 LED 灯泡，网络讯号就能通过灯泡相互串接，能使讯号不弱化，有效确保 wifi 可覆盖到家里每个角落，即便是透天楼层也能全部远端遥控。安装 Zigbee 也简单容易，所有新的灯泡可以通过应用程式以一个按钮就可找到，还能通过简单的远端控制系统来进行配对。

图片提供＿飞利浦

材质透视

Point 1

图片提供＿飞利浦

Point 2

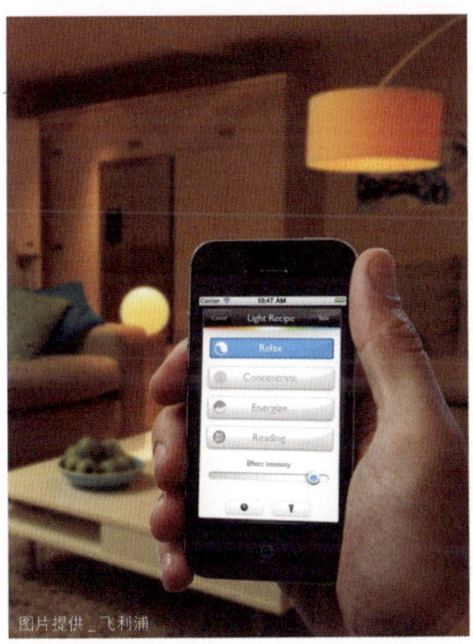

图片提供＿飞利浦

图片提供＿飞利浦

Point 1 讯号通过灯泡串接，远端也能遥控

通过特定 LED 灯泡，让网路讯号相互串接，就能一指遥控所有的灯光，同时也能通过 meethue.com 平台操控 hue，即便出国旅游，也能遥控家中的照明开关，不担心宵小进入。同时 hue 通过智慧装置的地理定位功能，在你到家时自动开灯、离家时自动关灯，就像家人般给你温暖的问候。

Point 2 灯光情境创造，照片就能取色

每颗 hue 灯泡有 1600 万种颜色的色彩选择，通过人体生物学的研究成果预设了放松、专注、活力、静心阅读等灯光组合，能够随时调整灯光配方，一指遥控舒适照明生活。

同时 hue 也能配合进行照片取色，只要手指点选相片任一处，无论要用巴黎的黄昏伴你晚餐或是用极光伴你入眠，还是随手拍下孩子的快乐瞬间或刚完成的美食佳肴，动动手指，随心情改变灯光色彩。

无障碍卫浴设备
保障洗浴安全

30 秒认识建材

适用空间	卫浴空间
适用风格	各种风格适用
计价方式	依照产品而定
价 格 带	依产品而定
产地来源	德国
优　　点	实用性及功能性强，并同时兼具设计与美感
缺　　点	价格较高

由于近年来已逐步迈入高龄化的社会结构，在居家的设计上也需要贴心纳入银发族和轮椅使用者的需求，不仅要留出更开阔的行走区域，像是卫浴、厨房等容易发生意外的地方也要更注重安全和舒适，因此无障碍的卫浴空间便是居家设计的一大课题。

加宽设备和增设扶握把手

在卫浴空间中，银发族和轮椅使用者无法拿高处的物品，在收纳空间有限的情况下，运用加宽面盆的设计，可以借此摆放盥洗用品，在随手可得之处就能直接取用。而为了坐轮椅时能方便接近面盆，下方还需预留约 30cm 的深度让腿部有置放的空间。在安装时可依个人需求调整面盆高度，建议高度约 80cm 为佳。

同时也有加长马桶的设计让轮椅使用者拥有更宽敞的使用空间，拥有专利研发技术的马桶盖边缘增加了握柄设计，让使用者轻松操作不费力。

此外，较没有力气的银发族，在起身时容易因没抓稳而跌倒。因此，在马桶区和淋浴区增设安全把手，使用时更方便扶握。

淋浴也要安全座椅

为了在淋浴时更加安全和舒适，除了在淋浴区的地板选择高防滑设计的地砖，能避免因为地板湿滑而造成危险，无高低落差的地面设计，当使用轮椅时也能顺利进出。

并在淋浴区配置安全淋浴椅，由防水材质所制造的防滑淋浴座椅，可承载 130kg 重量，本身附有安全椅背，银发族和身障者都能尽情享受舒适的洗浴时光。

图片提供＿楠弘厨卫

材质透视

Point 1

图片提供_楠弘厨卫

图片提供_楠弘厨卫

图片提供_楠弘厨卫

Point 2

图片提供_楠弘厨卫

Point 3

圖片提供_楠弘廚衛

Point 4

图片提供_楠弘厨卫

Point 1 马桶设计贴近无障碍需求

Omnia Architectura Vita 的马桶除了使座体更加长，马桶盖也特别设计方便好握的握把设计，并可依需求加装两侧辅助手把，起身移动更加安全。

Point 2 防滑地砖，预防意外不发生

Villeroy & Boch 拥有独家专利研发的石英压克力 Quaryl® 材质，并通过 DIN51097 防滑测试最高标准，再加上淋浴区与干区的无落差设计，让使用者在淋浴时可轻松安全进出。

Point 3 小椅凳再见！防滑淋浴椅安全更加倍

KEUCO Plan care 系列的安全淋浴椅，可安装在淋浴区的墙面，防水防滑的材质，具有耐潮、坐上去不容易滑动的优点。不仅能尽情享受洗浴，也能让安全更加倍。

Point 4 特制的面盆设计

Villeroy & Boch 的 O.novo Vit 系列开发出 80cm 宽面盆，特殊的宽敞边缘设计，方便轮椅使用者随手取得经常使用之卫浴用品。另外，面盆两侧辅助手把和底部的特殊握槽设计，有效辅助使用者抓握，确保居家安全。

附录 确认建材品质与退换货须知

没有人会希望遇到新买的东西发现瑕疵而要退货，若是真的遇到了，建议消费者也不要以情绪化或无形的感觉作为退货依据，容易造成有理说不清的情况，导致双方产生困扰，反而损失为自己争取最佳权益的黄金时间。以下提供检查建材品质的步骤，以及退换货流程步骤，真的发生问题，可依此作为和厂商沟通的凭据。

检查10步骤确保建材品质

STEP 1：确认无破损

先看包装有无经过拆封、破损的情况，如果有，要向厂商反映并请厂商解释说明。

STEP 2：确认型号无误

要确认产品包装上的制造日期以及产地是否与之前确认过的相同，比方以瓷砖建材来说，产品背后标示的CK500 & CK500 hb就有可能是颜色的差异。拆封务必先确定型号及批号是否正确，以免产生退换货问题。

STEP 3：确认制造产地

确认该产品或建材是原厂制造的或者是OEM（代工）的，最好能在选购前事先沟通了解。

STEP 4：确认批号

避免单一材质两个批号，否则易有色差或形状上的差异性，例如：壁纸、木皮板、瓷砖类等，就要特别注意此类问题。

STEP 5：确认尺寸

瓷砖、玻璃或者铝门窗的尺寸，绝对不可有误差，否则会造成监工施工的困难度，甚至使工程无法进行。若退货更换，又要损失一笔花费。

STEP 6：确认数量

一定要做清点的工作，因为送货过程会发生误送、送错，或因作业疏忽、最初订货的笔误等造成的错误情况。

达人私房话

网上采购建材要特别注意品质及成本

网上的资讯取得虽然速度快，但上面所标示的产品单价，可能不含施工费用，例如仅以地区标示价钱，或是数量的限制，这些都有可能是等客户上门之后，才巧立各种名目于事后追加。因此，决定购买前一定要充分了解。建议在抓预算时，切勿以网上价格为准，网上的价格仅供参考，通常和实际上需花费的预算会有差距。另外，很多人会用网上价钱和厂商议价，但因网上贩售的产品可能没有提供完整安装或保固服务，得到的服务品质不同，价格当然有差异。

建商赠送的建材不一定只能找指定厂商安装

消费者可通过各种渠道与原厂取得联系，询问该指定厂商与施工单位是否为该品牌的合作厂商。即便厂商表示为原厂的合作厂商，建议最好要求厂商提供原厂的相关证明与保固，或者来电至原厂问清楚，比较有保障。另外，也可以与原厂确认，如非指定厂商安装的机器，是否有不做保固的事实或不负保固的责任，且如果有保固，则要了解保固时间为多长。品牌所提供的安装厂商，在训练与服务上有无一定准则与依据，可以请品牌厂商提供资讯，作为和安装人员与消费者的参考和对照依据。

图片提供＿馥阁设计

STEP 7：确认配件

拆箱之后要确认里面的基本配件是否都到位，例如：螺丝、感应器、卫浴马桶的配件，或者把手附几支钥匙，等等。举例说明：以附件来说，像是马桶是否附马桶盖。配件的话，像是空调里面有无配合铜管、感应器、遥控器等。若零件是必备的物品与接合体，像是把手五金所含的螺丝、锁匙等，都应该要一一对照说明书检核清楚。

STEP 8：确认保证书

购入之后一定要确认保证书是否附在里面。

STEP 9：确认外观

要注意产品外观是否有瑕疵、玻璃是否有刮痕或不必要的毛边、板材是否污损，以及颜色是否正确等等。

STEP 10：确认图面

安装的定型图比如冷气定型图、马桶定位图以及孔距图等，是否有在其中。另外，施工说明书的注意事项要详阅。

图片提供＿明代设计

退换货流程步骤

STEP 1：现场或开封时发现有问题即拍照存证

若是真的发现货物有问题而必须退货时，要在第一时间做拍照存证的动作，并告知厂商发现缺失内容，马上传真、简讯或电话，请该公司人员或提供厂商来现场说明与处理；或者在下货之前、未签收之前告知，直接原车退回。所以即便是在签收完、拆箱，甚至进场之后，发现缺失，例如平整度有问题，或有刮痕，甚或配件有短少等等，也一定要拍照存证，并于第一时间马上告知，请对方前来了解说明，做退货或更换的动作。

STEP 2：进场安装后发现则必须厘清责任

像是空调、卫浴、家电器具等等安装完之后，若发现缺失，凭保证书请厂商派人确认，看是因为工法有问题，还是安装程序不对，或是设计疏失等，厘清责任问题，如果须退货，依收据做退货的动作。

达人私房话

天然材质小心色泽变化

若是实木地板与石材等天然材质的建材，常会遇到因时间的关系而有色泽上的变化，基本上若是对整体施工的影响不大，其实尚可接受。若是色泽每片不同，以致影响整体的室内设计，则必须要求换货，以保障权益。但若只是一点点的色泽差异即要求退换货，恐怕也会有失公允。